Yii2 框架从入门到精通

51CTO学院策划　刘琨　著

人民邮电出版社

北京

图书在版编目（CIP）数据

Yii2框架从入门到精通 / 刘琨著. -- 北京：人民邮电出版社，2018.11（2020.4重印）
（51CTO学院丛书）
ISBN 978-7-115-49211-1

Ⅰ．①Y… Ⅱ．①刘… Ⅲ．①软件工具 Ⅳ．①TP311.561

中国版本图书馆CIP数据核字(2018)第198892号

内 容 提 要

Yii 是一个基于组件、用于开发大型 Web 应用的高性能 PHP 框架，它提供了当今 Web 2.0 应用开发所需要的大部分功能，是极具开发效率的 PHP 框架之一。

Yii 2.0 版是一个完全重写的版本，采用了最新的技术和协议。本书以框架设计的高度，从源代码级别剖析了 Yii2 框架的工作机制。全书共分为 15 章，其内容涵盖了 PHP 框架的概念、Yii2 框架的工作流程、布局的概念及作用、模块的概念及作用、ActiveRecord 模型的原理和作用、ActiveRecord 模型的查询方法、小部件的概念及作用、小部件 ActiveForm 的作用以及调用方法、模型验证的概念及作用、Yii2 框架中的 AJAX 验证、与用户登录相关的内容、Yii2 框架中基于角色的访问控制系统的设计与实现、Memcached 缓存在 Yii2 框架中的使用、日志在 Yii2 框架中的实现，以及 Yii2 框架中 URL 管理组件。此外，本书还包含 3 个附录，分别介绍了 HTTP 状态消息、Yii2 相关 PHP 语法介绍以及依赖管理工具 Composer 的内容。

本书适合 Web 开发人员，以及有一定的 PHP 开发基础进而希望通过学习使用框架来提升开发能力的读者阅读。

◆ 著　　刘　琨
责任编辑　陈聪聪
责任印制　焦志炜

人民邮电出版社出版发行　北京市丰台区成寿寺路11号
邮编　100164　电子邮件　315@ptpress.com.cn
网址　http://www.ptpress.com.cn
涿州市京南印刷厂印刷

◆ 开本：800×1000　1/16
印张：24.5
字数：485千字　　2018年11月第1版
印数：2 001 – 2 200 册　　2020年4月河北第2次印刷

定价：89.00元

读者服务热线：(010)81055410　印装质量热线：(010)81055316
反盗版热线：(010)81055315
广告经营许可证：京东工商广登字 20170147 号

前言

本书不是简单地介绍如何使用 Yii 框架，而是站在框架设计的高度，从源代码级别对其进行深度剖析。本书首先介绍 PHP 框架技术的概念及其应用领域，然后开始仿照 Yii 框架源代码自定义框架，其中包括了 MVC 设计模式、单入口模式和应用（前端控制器模式）的实现。充分了解这部分知识后，读者会对 Yii 框架有初步的认识，从而深入进行 Yii 框架的学习。

本书可帮助那些希望借助框架进行开发的读者熟悉 Yii 的基本结构、规范和开发流程，轻松掌握常用的 Yii 组件，敏捷、稳健地开发 Web 2.0 应用程序。

本书适合读者群

- 开源技术爱好者。
- 计算机专业的学生。
- 广大的 Web 开发从业人员。
- 具备 PHP 开发基础进而希望通过学习使用框架来提升开发能力的读者。
- 已经掌握了 PHP 面向过程的开发方式，正在转向 PHP 面向对象编程的读者，通过学习 Yii 框架，可以更加迅速、规范地掌握 MVC 架构以及面向对象的思想和语法。

本书内容

- 第 1 章，初识 PHP 框架技术。首先介绍 PHP 语言的发展历史及其适合的应用领域；然后介绍框架的概念，并且在自定义框架部分实现 MVC 框架模式、单入口文件设计模式和前端控制器模式，目的是让读者能够更好地理解 Yii2 框架的工作机制，因为这些设计模式都是框架技术通用的设计思想。

- 第 2 章，Yii2 框架基础。主要介绍 Yii2 框架的执行流程，其中详细介绍了 Yii2 框架的入口文件、应用（前端控制器）的具体作用、MVC 框架模式在 Yii2 中的具体实现方式，以及控制器渲染视图的实现步骤。通过本章的学习，读者对于 MVC 应有更深层的认识。

- 第 3 章，布局。主要介绍布局的概念及作用，重点分析控制器渲染布局的 render() 方法，帮助读者加深对布局文件使用的认识。最后，为了更加灵活地实现视图文件的渲染，学习了应用级布局和嵌套布局。

- 第 4 章，模块。主要介绍模块的概念、作用，以及如何创建和访问模块。

- 第 5 章，ActiveRecord 模型。主要介绍 ActiveRecord 模型设计原理和作用，以及 Yii2 框架是如何创建 ActiveRecord 模型的，同时详细介绍了 Yii2 框架 ActiveRecord 类中 CRUD 操作的相关方法。

- 第 6 章，ActiveRecord 模型类的查询方法。重点介绍了 ActiveRecord 类中数据查询的相关知识。本章以基础的 find() 方法开始，随后介绍了查询构建类 ActiveQuery 的使用。ActiveQuery 的成员方法提供了多种查询参数类型，准确应用这些不同类型的参数是有效提高开发效率的手段。最后，为了更好地理解本章所学内容，通过项目实现了首页中的数据填充功能。

- 第 7 章，Widget（小部件）。主要介绍小部件的概念及作用。通过创建首页中幻灯片小部件，讲解小部件是如何嵌入到视图中的，以及自定义小部件的方法。

- 第 8 章，前端资源管理。主要介绍了 Yii2 提供的强大的资源管理功能。由资源包类开始，讲解了 PHP 的输出缓冲控制，并分析了 Yii2 框架实现资源管理的详细过程，带领读者了解了 AssetBundle 类的成员属性之后，具体实现了实际项目中的前端资源管理。

- 第 9 章，ActiveRecord 模型验证。首先，介绍模型验证的概念和作用；然后介绍 MVC 框架模式下模型验证的步骤，包括模型的编写验证规则、预定义验证器的调用、在控制器中给模型安全赋值、触发验证和显示错误信息的方法等。

- 第 10 章，AJAX 验证。重点介绍 Yii2 框架中的 AJAX 验证。因为 AJAX 验证是服务器端验证，所以它是在 ActiveForm 中实现的。为了更好地理解 Yii2 框架中的 AJAX 验证，在本章开始依次介绍了 AJAX、JavaScript 实现 AJAX 验证和 jQuery

实现 AJAX 验证。

- 第 11 章，用户登录。主要介绍为了实现用户登录，需要掌握的 Yii2 框架的相关内容，包括表单模型、客户端验证、如何自定义验证器来验证用户名和密码的身份类，以及保存用户登录状态的 yii\web\User 类。

- 第 12 章，基于角色的访问控制。主要介绍 Yii2 框架中基于角色的访问控制系统（RBAC）的设计与实现。作者结合自己多年的工作经验，在 Yii2 框架高级版的基础上实现了比较完善的权限管理系统。

- 第 13 章，Yii2 框架中的 Memcached 缓存应用。主要介绍在 Yii2 框架中如何应用 Memcached 缓存。本章系统、详细地介绍了内存缓存软件 Memcached 的安装及管理，以及 PHP 的 Memcached 客户端扩展方法库。这些都是理解 Yii2 框架 MemCache 缓存组件的基础。当然，Yii2 框架为了更好地使用缓存，还提供了缓存依赖、片段缓存和页面缓存的使用方法。

- 第 14 章，日志。主要介绍了 Yii 框架中的日志记录系统。首先介绍 Apache 服务器是如何记录访问日志和错误日志的；然后介绍 PHP 语言如何通过修改配置项或在程序中调用日志方法来生成日志文件；最后，在了解了 Apache 和 PHP 的日志功能之后，读者就会更好地理解 Yii 框架的日志功能的设计思路以及相关方法的使用方式。

- 第 15 章，URL 重写。主要介绍 Yii 框架的 URL 管理组件。为了使用 Yii2 框架的 URL 管理组件，需要充分了解 URL 的模式和良好 URL 的格式，并且也需要借助 Apache 服务器的重写模块。

- 附录 A，HTTP 状态消息。主要介绍了浏览器请求服务发生错误时，可能返回的状态消息。

- 附录 B，Yii2 相关 PHP 语法介绍。Yii2 要求开发环境是 PHP 5.4 以上版本，所以在学习 Yii2 之前希望读者先熟悉 PHP 5.4 版本中增加的语法，如命名空间、PHP 的输出缓冲控制。

- 附录 C，依赖管理工具 Composer。主要介绍了依赖管理工具 Composer 的安装方法，通过 Composer，读者可以进行 Yii2 及其扩展包的安装。

致谢

由于 PHP 开源的特性，虽然作者使用 PHP 框架技术多年，但将庞大数量的碎片知识整合为一本厚达几百页的书，其中的辛酸非三言两语能够道破。

感谢家人的鼓励，是他们的宽容让我能够安心做好每件事。感谢河北地质大学李文斌老师的耐心指导。感谢韩立刚老师让我回归到教育的本真，静心琢磨提高课堂教学的质量。感谢同事吕建军一直以来无私地向我分享案例、数据和发现。感谢我的学生对我的支持，这是我克服困难的原动力。

本书作者

本书主要由刘琨写作，参与资料整理的其他人员有刘卓、刘云龙、贾春华、刘雄章、郭元鹏、张继颖、王子乾、刘鑫钰、魏晓特、杨洪昌、郝建瀛、杨硕、柳航、杨姗姗、刘禹含、易江梅等。

勘误及支持

由于作者水平有限，书中难免存在不足和疏漏之处，恳请读者批评指正。本书作者的邮箱地址为 71873467@qq.com。

为了方便读者更好地学习，作者在 51CTO 学院创建了本书内容视频，读者可以在 51CTO 学院搜索"《Yii2 从入门到精通》配套视频课程"。欢迎读者加入 QQ 群 231113585 获取图书配套代码，并和其他读者一起交流学习体会和心得。

资源与支持

本书由异步社区出品，社区（https://www.epubit.com/）为您提供相关资源和后续服务。

配套资源

本书提供如下资源：
- 本书配套资源请到异步社区本书购买页处下载。

要获得以上配套资源，请在异步社区本书页面中点击 配套资源 ，跳转到下载界面，按提示进行操作即可。注意：为保证购书读者的权益，该操作会给出相关提示，要求输入提取码进行验证。

提交勘误

作者和编辑尽最大努力来确保书中内容的准确性，但难免会存在疏漏。欢迎您将发现的问题反馈给我们，帮助我们提升图书的质量。

当您发现错误时，请登录异步社区，按书名搜索，进入本书页面，点击"提交勘误"，输入勘误信息，单击"提交"按钮即可。本书的作者和编辑会对您提交的勘误进行审核，确认并接受后，您将获赠异步社区的 100 积分。积分可用于在异步社区兑换优惠券、样书或奖品。

扫码关注本书

扫描下方二维码,您将会在异步社区微信服务号中看到本书信息及相关的服务提示。

与我们联系

我们的联系邮箱是 contact@epubit.com.cn。

如果您对本书有任何疑问或建议,请您发邮件给我们,并请在邮件标题中注明本书书名,以便我们更高效地做出反馈。

如果您有兴趣出版图书、录制教学视频,或者参与图书翻译、技术审校等工作,可以发邮件给我们;有意出版图书的作者也可以到异步社区在线提交投稿(直接访问www.epubit.com/selfpublish/submission 即可)。

如果您是学校、培训机构或企业,想批量购买本书或异步社区出版的其他图书,也可以发邮件给我们。

如果您在网上发现有针对异步社区出品图书的各种形式的盗版行为,包括对图书全部或部分内容的非授权传播,请您将怀疑有侵权行为的链接发邮件给我们。您的这一举动是对作者权益的保护,也是我们持续为您提供有价值的内容的动力之源。

关于异步社区和异步图书

"异步社区"是人民邮电出版社旗下IT专业图书社区,致力于出版精品IT技术图书和相关学习产品,为作译者提供优质出版服务。异步社区创办于2015年8月,提供大量精品IT技术图书和电子书,以及高品质技术文章和视频课程。更多详情请访问异步社区官网 https://www.epubit.com。

"异步图书"是由异步社区编辑团队策划出版的精品IT专业图书的品牌,依托于人民邮电出版社近30年的计算机图书出版积累和专业编辑团队,相关图书在封面上印有异步图书的LOGO。异步图书的出版领域包括软件开发、大数据、AI、测试、前端、网络技术等。

异步社区

微信服务号

目录

第 1 章　初识 PHP 框架技术 ···1

1.1　PHP 语言发展历史及其适合的应用领域 ···1
1.2　什么是框架 ···3
1.3　为什么要用框架开发 ···4
1.4　自定义框架 ···4
　　1.4.1　MVC 框架模式的实现 ···4
　　1.4.2　入口文件 ··11
　　1.4.3　应用（前端控制器） ··15
　　1.4.4　从自定义框架到 Yii2 框架 ··20
1.5　小结 ···22

第 2 章　Yii2 框架基础 ···23

2.1　Yii 简介 ··23
　　2.1.1　什么是 Yii 框架技术 ···23
　　2.1.2　Yii2 的优点 ···24
　　2.1.3　应用案例 ··25
2.2　下载 Yii2 ··27
2.3　运行应用 ··30
2.4　输出"Hello World" ···31
2.5　入口文件 ··33
2.6　应用主体 ··33

2.7　MVC 框架模式 ·· 36

2.8　Yii2 框架中的控制器 ·································· 36

2.9　Yii2 框架中的视图 ······································ 37

※2.10　项目实现迭代一：渲染首页、列表页和内容页视图 ·········· 39

2.11　小结 ·· 41

第 3 章　布局 ·· 42

3.1　布局概述 ·· 42

※3.2　项目实现迭代二：创建并使用布局渲染首页视图 ·········· 43

3.3　Controller 类的 render()方法执行流程 ·········· 45

3.4　应用级布局 ·· 47

3.5　嵌套布局 ·· 48

※3.6　项目实现迭代三：使用嵌套布局渲染"新闻中心"列表页 ·········· 49

3.7　视图文件的存储路径 ······························ 53

3.8　小结 ·· 54

第 4 章　模块 ·· 55

4.1　模块概述 ·· 55

4.2　使用 Gii 创建模块 ··································· 57

4.3　模块中的资源文件 ·································· 59

※4.4　项目实现迭代四：文章管理 ···················· 62

4.5　小结 ·· 64

第 5 章　ActiveRecord 模型 ······························ 65

5.1　ActiveRecord 模型概述 ···························· 65

5.2　通过 CRUD（增查改删）操作理解 ActiveRecord 类 ·········· 66

　　5.2.1　文章表（ds_article） ·························· 66

　　5.2.2　在配置文件中初始化数据库连接 ·········· 67

　　5.2.3　创建 ActiveRecord 模型 ······················ 68

　　5.2.4　通过查询操作理解 ActiveRecord 类 ······ 69

　　5.2.5　通过插入和更新操作理解 ActiveRecord 类 ·········· 73

　　　　5.2.6　通过删除操作理解 ActiveRecord 类 ····················· 74
　※5.3　项目实现迭代五：首页"行业百科"数据查询 ····················· 75
　※5.4　项目实现迭代六：在"文章添加"页面实现数据插入 ··············· 77
　5.5　小结 ··· 78

第 6 章　ActiveRecord 模型类的查询方法 ······························ 79
　6.1　ActiveRecord 模型类的 find()方法与查询执行流程 ··············· 79
　6.2　查询方法 find()实例 ·· 80
　　　6.2.1　实现带有逻辑运算符和比较运算符的查询 ····················· 81
　　　6.2.2　实现范围比较查询 ·· 81
　　　6.2.3　实现模糊查询 ·· 82
　6.3　查询构建类 ActiveQuery ····································· 82
　　　6.3.1　ActiveQuery 成员属性简介 ································ 83
　　　6.3.2　ActiveQuery 成员方法简介 ································ 84
　　　6.3.3　Query 类 where()成员方法简介 ···························· 85
　6.4　关联查询 ··· 87
　※6.5　项目实现迭代七：完成首页中的数据填充 ······················· 90
　　　6.5.1　实现幻灯片切换 ·· 90
　　　6.5.2　实现成功案例 ·· 92
　　　6.5.3　实现其他栏目的文章内容查询 ······························ 94
　6.6　小结 ·· 102

第 7 章　Widget（小部件） ·· 103
　7.1　调用小部件的两种方式 ······································· 103
　　　7.1.1　调用 widget()方法使用小部件 DatePicker ················· 103
　　　7.1.2　调用 begin()和 end()方法使用小部件 ActiveForm ··········· 106
　※7.2　项目实现迭代八：使用 ActiveForm 小部件替换添加文章视图
　　　　　页面中的 HTML 表单标签 ··································· 108
　　　7.2.1　调用小部件 ActiveForm ·································· 108
　　　7.2.2　"文章标题"文本输入框 ································· 109

>   7.2.3 "文章栏目"下拉列表框 ·· 115
>   7.2.4 "文章图片"上传文件输入框 ·· 118
>   7.2.5 "内容"文本输入域 ··· 119
>   7.3 自定义小部件 ··· 121
>   7.3.1 继承 Widget ·· 121
>   7.3.2 自定义小部件的 MVC 结构 ·· 125
>   ※7.4 项目实现迭代九：自定义首页幻灯片小部件 ······························ 128
>   ※7.5 项目实现迭代十：分页显示列表页 ·· 131
>   7.5.1 分页组件 Pagination ·· 131
>   7.5.2 新闻中心列表页实现数据填充 ··· 135
>   7.5.3 分页的超链接列表小部件 LinkPager ·································· 137
>   7.6 小结 ··· 139

第 8 章 前端资源管理 ·· 140

  8.1 初识资源包类 ··· 141
  8.2 Yii2 框架资源管理代码分析 ·· 143
    8.2.1 视图中注册资源包类 ·· 143
    8.2.2 注册资源文件 ··· 145
    8.2.3 输出缓冲区的数据 ··· 148
  8.3 AssetBundle 类的成员属性 ··· 149
  ※8.4 项目实现迭代十一：本书配套项目实现前端资源管理 ···················· 151
    8.4.1 实现首页前端资源管理 ·· 151
    8.4.2 实现新闻中心列表页前端资源管理 ···································· 154
  8.5 小结 ··· 157

第 9 章 ActiveRecord 模型验证 ·· 158

  9.1 模型中编写验证规则 ·· 159
  9.2 控制器中安全赋值 ··· 161
  9.3 控制器中触发验证 ··· 163
  9.4 视图中提取错误信息 ·· 164

※9.5　项目实现迭代十二：完成"添加文章"页面中的模型验证 ·············· 165

　　9.6　小结 ··· 169

第 10 章　AJAX 验证 ··· 170

　　10.1　AJAX 简介 ··· 170

　　10.2　传统的 JavaScript 实现 AJAX 验证 ··· 171

　　　　10.2.1　创建 AJAX 引擎 XMLHttpRequest 对象 ···························· 173

　　　　10.2.2　创建 HTTP 请求 ··· 174

　　　　10.2.3　设置响应 HTTP 请求状态变化的方法 ································ 175

　　　　10.2.4　设置获取服务器返回数据的语句 ······································· 176

　　　　10.2.5　发送 HTTP 请求 ··· 177

　　10.3　jQuery 实现 AJAX 验证 ·· 177

　　※10.4　项目实现迭代十三：完成"添加用户"页面的 AJAX 验证 ············ 179

　　10.5　小结 ··· 184

第 11 章　用户登录 ·· 185

　　11.1　表单模型 ··· 185

　　11.2　客户端验证 ·· 187

　　　　11.2.1　ActiveForm 实现客户端验证代码分析 ································ 187

　　　　※11.2.2　项目实现迭代十四：完成登录页面的客户端验证 ············ 191

　　11.3　模型中的自定义方法作为 rules()验证器 ······································· 193

　　11.4　用于验证用户名和密码的身份类 UserIdentity ······························· 197

　　※11.5　项目实现迭代十五：完成用户登录 ··· 200

　　11.6　保存用户登录状态的 yii\web\User 类 ··· 204

　　11.7　小结 ··· 207

第 12 章　基于角色的访问控制 ··· 208

　　12.1　访问控制技术综述 ·· 208

　　12.2　RBAC 简介 ·· 210

　　12.3　RBAC 需求分析及功能概述 ·· 210

　　※12.4　项目实现迭代十六：最简方式实现 RBAC ································ 211

    12.4.1 数据库设计 ··· 211
    12.4.2 用户管理 ··· 213
    12.4.3 角色管理 ··· 214
    12.4.4 权限管理 ··· 216
    12.4.5 用户—角色配置管理 ··· 222
    12.4.6 角色—权限配置管理 ··· 223
  ※12.5 项目实现迭代十七：使用 yii\rbac\DbManager 实现 RBAC ············ 224
    12.5.1 基本概念 ··· 224
    12.5.2 用户管理 ··· 229
    12.5.3 角色管理 ··· 234
    12.5.4 权限管理 ··· 239
    12.5.5 权限管理系统验证 ··· 242
  ※12.6 项目实现迭代十八：使用 yii2-admin 扩展实现 RBAC ················ 243
    12.6.1 配置 ··· 243
    12.6.2 使用的数据库表 ··· 245
    12.6.3 路由列表 ··· 246
    12.6.4 角色列表 ··· 249
    12.6.5 用户列表 ··· 249
    12.6.6 菜单列表 ··· 251
    12.6.7 集成 AdminLTE 后台主题及菜单展示 ··························· 253
    12.6.8 基于存取控制过滤器（ACF）的用户登录页面 ···················· 255
  12.7 小结 ·· 257

第 13 章 Yii2 框架中的 Memcached 缓存应用 ································ 258
  13.1 初识 Memcached ··· 258
  13.2 Memcached 在 Web 中的应用 ·· 259
    13.2.1 减小数据库查询的压力 ·· 260
    13.2.2 对海量数据的处理 ·· 260
  13.3 Memcached 的安装及管理 ··· 261
    13.3.1 安装 Memcached 软件 ··· 262

13.3.2　Memcached 服务器的管理 ··· 263
13.4　使用 Telnet 作为 Memcached 的客户端管理 ······························ 263
　　13.4.1　Telnet 客户端连接 Memcached 服务器 ························· 264
　　13.4.2　连接 Memcached 服务器 ·· 264
　　13.4.3　基本的 Memcached 客户端命令 ································· 265
　　13.4.4　查看当前 Memcached 服务器的运行状态信息 ················· 265
　　13.4.5　数据管理指令 ··· 267
13.5　PHP 的 Memcached 客户端扩展函数库 ···································· 269
　　13.5.1　安装 php_memcache.dll 扩展函数库 ···························· 269
　　13.5.2　相关扩展方法 ··· 272
　　13.5.3　实例应用 ·· 279
13.6　Yii2 框架 MemCache 缓存组件 ··· 281
　　13.6.1　配置使用 MemCache 缓存组件 ································· 281
　　13.6.2　缓存 API ··· 282
　　13.6.3　MemCache 实例 ··· 284
13.7　缓存依赖 ·· 286
　　※项目实现迭代十九：产品中心内容页中应用缓存依赖 ················ 286
13.8　片段缓存 ·· 288
　　13.8.1　片段缓存的起始和结束 ··· 289
　　13.8.2　小部件 FragmentCache 类部分构成 ····························· 290
　　※13.8.3　项目实现迭代二十：产品中心栏目实现片段缓存 ············ 292
13.9　页面缓存 ·· 294
　　※项目实现迭代二十一："关于我们"内容页中应用页面缓存 ·········· 295
13.10　局部无缓存 ··· 297
13.11　Yii2 框架其他缓存组件介绍 ··· 297
13.12　小结 ·· 299

第 14 章　日志 ··· 300

14.1　Apache 服务器的日志 ·· 300
　　14.1.1　访问日志的格式 ··· 301

- 14.1.2 错误日志的格式 ... 305
- 14.1.3 日志的定制 ... 306
- 14.2 PHP 日志 ... 309
  - 14.2.1 PHP 配置文件 "php.ini" ... 309
  - 14.2.2 通过配置文件生成日志 ... 310
  - 14.2.3 通过方法记录日志到指定文件 ... 311
  - 14.2.4 错误信息记录到操作系统的日志里 ... 311
- 14.3 Yii2 框架的日志记录 ... 313
  - 14.3.1 记录日志消息 ... 313
  - 14.3.2 在配置文件中设置日志保存路径目标 ... 315
- 14.4 小结 ... 317

第 15 章 URL 重写 ... 318

- 15.1 关于 URL ... 318
  - 15.1.1 URL 组成 ... 318
  - 15.1.2 良好的 URL 设计原则 ... 319
- 15.2 初步认识 Apache 重写模块 ... 320
- 15.3 Yii2 框架的 URL 管理 ... 324
  - 15.3.1 创建 URL ... 324
  - 15.3.2 解析 URL ... 328
  - 15.3.3 URL 模式 ... 330
  - 15.3.4 实现伪静态 ... 331
  - 15.3.5 带有正则表达式的 URL 规则 ... 332
  - 15.3.6 一个规则匹配多个路由 ... 334
- 15.4 隐藏入口文件 index.php ... 336
  - 15.4.1 再次使用 Apache 重写模块 ... 336
  - 15.4.2 RewriteCond 指令详解 ... 337
  - 15.4.3 Yii2 框架创建 URL 时隐藏入口文件 ... 343
- 15.5 小结 ... 345

附录 A	HTTP 状态消息	346
附录 B	Yii2 相关 PHP 语法介绍	349
B.1	命名空间	349
	B.1.1 命名空间的基本应用	350
	B.1.2 命名空间的子空间和公共空间	351
	B.1.3 命名空间中的名称和术语	352
	B.1.4 别名和导入	353
B.2	PHP 的输出缓冲控制	355
附录 C	依赖管理工具 Composer	359
C.1	安装 Composer	359
C.2	安装 Yii2	362
C.3	安装扩展组件 yii2-widget-datepicker	369
C.4	安装扩展组件 yii2-admin	370
C.5	安装扩展组件 yii2-adminlte-asset	373

第 1 章
初识 PHP 框架技术

Yii2 框架基于 PHP 语言,本书就从 PHP 语言的发展历史说起。本章首先介绍 PHP 语言发展历史及其适合的应用领域,然后讲解 PHP 框架技术的概念并仿照 Yii2 框架代码自定义一个框架,其中包括 MVC 框架模式、单入口模式和应用(前端控制器模式)的实现。读者在充分了解了这部分内容后,将正式进入到 Yii2 框架的学习。

1.1　PHP 语言发展历史及其适合的应用领域

PHP 最初为 Personal Home Page 的缩写,但现在已经正式更名为 PHP: Hypertext Preprocessor(中文名为"超文本预处理器")。PHP 于 1994 年由拉斯姆斯·勒多夫(Rasmus Lerdorf)创建,它起初是勒多夫为了要维护个人网页而制作的一个简单地用 Perl 语言编写的程序。这些工具程序用来显示他的个人履历,以及统计网页流量。后来他又用 C 语言重新编写,并增加了访问数据库的功能。他将这些程序和一些表单直译器整合起来,称为 PHP/FI。PHP/FI 可以和数据库连接,产生简单的动态网页程序。

1995 年,勒多夫以 Personal Home Page Tools(PHP Tools)开始对外发布第一个版本,并写了一些介绍此程序的文档。在发布的 PHP 1 版本中,提供了访客留言本、访客计数器等简单的功能。此后,越来越多的网站开始使用 PHP,并且强烈要求增加一些特性,如循环语句和数组变量等。在新的成员加入开发行列之后,勒多夫在 1995 年 6 月 8 日将 PHP/FI 公开发布,希望可以通过社群来加速程序开发并寻找错误。这个发布的版本被命名为 PHP 2,它是 PHP 的一个雏形,具有类似 Perl 的变量命名方式、表单处理功能,以及嵌入到 HTML 中执行的能力。程序语法上也类似 Perl,有较多的限制,不过更简单,更有弹性。PHP/FI 加入了对 MySQL 的支持,从此建立了 PHP 在动态网页开发上的地位。到了 1996 年年底,有大约 15000 个网站使用 PHP/FI。

1997 年，任职于 Technion IIT 公司的两个以色列程序设计师——齐弗·苏拉斯基（Zeev Suraski）和安迪·古特曼斯（Andi Gutmans），重写了 PHP 的解释器，这成为 PHP 3 的基础。而 PHP 也在这个时候改称为 PHP: Hypertext Preprocessor。经过几个月的测试，开发团队在 1997 年 11 月发布了 PHP/FI2。随后就开始了 PHP 3 的开放测试，并在 1998 年 6 月正式发布 PHP 3。苏拉斯基和古特曼斯在 PHP 3 发布后开始改写 PHP 的核心，随后在 1999 年发布了 Zend Engine 解释器。同年，在拉马特甘成立了 Zend Technologies 公司来管理 PHP 的开发。

2000 年 5 月 22 日，以 Zend Engine 1.0 为基础的 PHP 4 正式发布。2004 年 7 月 13 日，PHP 5 发布。PHP 5 使用了第二代的 Zend Engine 解释器，使 PHP 包含了更多新特性，如面向对象功能、引入 PDO（PHP Data Object，一个存取数据库的延伸方法库），以及许多效能上的增强。PHP 4 已经不会继续更新，以鼓励用户转移到 PHP 5。随着 PHP 语言面向对象功能的实现，PHP 5 版本后出现了框架技术，我们要学习的 Yii 框架就是其中一个"佼佼者"。

当框架技术出现后，基于 PHP 的产品逐渐多了起来。如图 1-1 所示，首先我们来看第一大类，我把它们称为 PHP 开源产品，其中包括一些适合作为开发企业、政府、公司门户网站的内容管理系统，如 DedeCMS、PHPCMS 和帝国 CMS 等，还有制作论坛的 Discuz 系统，开发商城可以选择 ECShop 等系统，开发博客选择 WordPress。开源 PHP 产品有很多，这里不再一一列举。接下来是我想说的重点，也是我们学习 Yii 框架后经常选择应用的领域（第二大类），即基于 Web 的各种管理软件，如贸易公司及其下属销售中心使用的

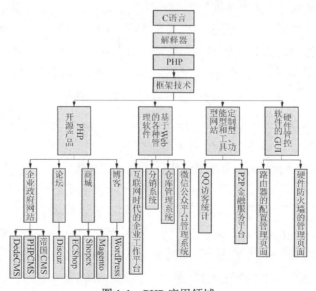

图 1-1　PHP 应用领域

分销系统等。第三大类是定制型、功能型和工具型网站，类似 CNZZ 网站的访问情况统计。还有就是硬件管控软件的 GUI，如路由器中的配置管理页面。

我相信，在当今这个互联网的时代，PHP 语言和它的框架技术会有更加辉煌的未来！

1.2 什么是框架

框架（Framework）是在给定的问题领域内，实现了应用程序的一部分设计，是整个或部分系统的可重用设计，表现为一组抽象构件及构件实例间交互的方法。简单来说，就是一个"半成品"，帮助项目把"骨架"搭好，并提供丰富的组件库，只需要增加一些内容或调用一些提供好的组件就可以完成自己的系统。

如图 1-2 所示，已经有一个成型的房子"骨架"和一些建筑材料，我们可以把它比喻成一个程序的框架。其中"骨架"可以看作是为我们创建的项目管理结构（半成品），而建筑材料则相当于为我们提供的现成组件库。在这个已有房子框架结构的基础上，结合现成的建筑材料，再经过我们的"装修"，就可以将这个"半成品"建造成私有住宅、办公楼、超市或酒吧等。同理，使用程序框架也会很快开发出个人主页、OA 系统、电子商城和 SNS 系统等软件产品。

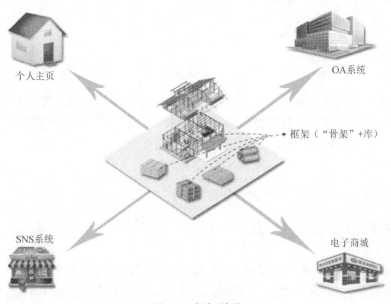

图 1-2　框架说明

1.3　为什么要用框架开发

框架的最大好处之一就是重用。面向对象系统获得最大的复用方式就是框架，一个大型的应用系统往往可能由多层互相协作的框架组成。Web系统发展到今天已经变得很复杂，特别是服务器端软件，涉及的知识、内容和问题已经非常多。在项目开发中，如果使用一个成熟的框架，就相当于让别人帮你完成一些基础工作（大约50%以上），而你只需要集中精力完成系统的业务逻辑设计即可。

框架一般是成熟稳健的，它可以处理系统的很多细节问题，如事物处理、安全性、数据流控制等。

此外，框架一般经过多人反复使用，其结构和扩展性已都得到优化，而且它是不断升级的，你可以直接享受别人升级代码带来的好处。

框架也可以将问题划分开来各个解决，易于控制，易于延展，易于分配资源。应用框架强调的是软件的设计重用性和系统的可扩充性，以缩短大型应用软件系统的开发周期，提高开发质量。

框架能够采用一种结构化的方式对某个特定的业务领域进行描述，也就是将这个领域相关的技术以代码、文档、模型等方式固化下来。

1.4　自定义框架

在学习Yii2框架前，我们先自定义一个框架，这样能更好地掌握框架技术的工作机制，为以后学习Yii2框架做好准备。同时，设计一个自己的PHP框架并一步步地实现，可以及时融入最新的思想和理念。更重要的是，属于自己的框架可以根据项目的需要为其量身定制。

那么，就先从实现MVC框架模式开始。

1.4.1　MVC框架模式的实现

Yii2使用了Web开发中广泛采用的MVC框架模式，因此，使用者在使用Yii2建立应用系统时，必须对MVC的原理有一些了解。MVC一直以来是Yii2框架初学者很难跨过的一个障碍，本节仿照Yii2框架代码实现MVC的软件架构，希望能够通过深入浅出的方式，让读者对 MVC 有清楚的认识。

1. MVC 框架模式的工作原理

传统的基于 PHP 语言的 Web 应用程序把 PHP 代码和 HTML、CSS、JavaScript 代码混合在一起，这样不利于代码的后期维护，同时也不利于程序功能的扩展。基于 MVC 的应用程序，把应用程序中的各个功能独立出来，可以很好地实现程序功能的分工合作，对于代码的维护和扩展也十分方便。

MVC 是一种目前广泛流行的框架模式。近年来，随着 PHP 的成熟，它正在成为在 LAMP 平台上推荐的一种框架设计模式，也是广大 PHP 开发者非常感兴趣的框架设计模式，并有不断成长的趋势。随着网络应用的快速增长，MVC 模式对于 Web 应用的开发无疑是一种非常先进的设计思想。无论用户选择哪种语言，无论应用多么复杂，都能为用户理解分析应用模型提供基本的分析方法，为用户构造产品提供清晰的设计框架，为用户的软件工程提供规范的依据。MVC 的设计思想是把一个应用的输入、处理和输出流程按照视图（View）、模型（Model）和控制器（Controller）的方式进行分离，这样的一个应用分成 3 个层——模型层、视图层和控制层，下面分别进行介绍。

（1）视图

视图是用户看到的并与之交互的界面。视图可以向用户显示相关的数据，并能接收用户的输入数据，但它并不进行任何实际的业务处理。视图可以向模型查询业务状态，但不能改变模型。视图还能接收模型发出的数据更新事件，从而对用户界面进行同步更新。作为视图，它只是作为一种输出数据并允许用户操作的方式。

（2）模型

在 MVC 的 3 个部件中，模型是主体部分，包含业务数据和业务逻辑，同时负责访问和更新持久化数据。一个模型能为多个视图提供数据，每个视图都从不同角度来表达模型。由于应用于模型的代码只需写一次就可以被多个视图重用，因此降低了代码的重复性。

（3）控制器

控制器负责协调整个应用程序的运转，作用就是接收浏览器端的请求。它接收用户的输入并调用模型和视图去完成用户的需求，当用户单击 Web 页面中的超链接或发送 HTML 表单时，控制器本身不输出，只是接收请求并决定调用哪个模型去处理浏览器端发出的请求，然后确定用哪个视图来显示模型处理返回的数据。

MVC 处理过程如图 1-3 所示,首先控制器接收用户的请求,并决定应该调用哪个模型来处理;然后模型根据用户请求进行相应的业务逻辑处理,并返回数据;最后控制器调用相应的视图来格式化模型返回的数据,并通过视图呈现给用户。

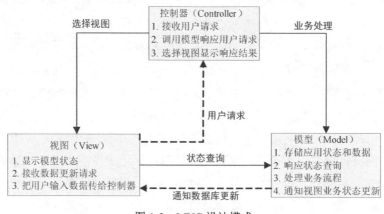

图 1-3 MVC 设计模式

2. MVC 模式的优点

使用 PHP 开发出来的 Web 应用,初始的开发模板就是混合的数据编程。例如,直接向数据库发送请求并用 HTML 显示,开发速度往往比较快,但由于数据页面的分离不是很直接,因此很难体现出业务模型的样子或者模型的重用性。产品设计弹性力度很小,很难满足用户的多样化的需求。MVC 要求对应用分层,虽然要进行额外的工作,但产品的结构清晰,产品的应用通过模型可以得到更好的体现。

首先,最重要的是应该有多个视图对应一个模型的能力。在目前用户需求快速变化的情况下,可能有多种方式访问应用的要求。例如,订单模型可能有本系统的订单,也有网上订单,或者其他系统的订单,但对于订单的处理都是一样,也就是说,订单的处理是一致的。按照 MVC 设计模式,一个订单模型以及多个视图即可解决问题。这样减少了代码的复制,即减少了代码的维护量,一旦模型发生改变,也易于维护。其次,由于模型返回的数据不带任何显示格式,因而这些模型也可直接应用于接口的使用。再次,由于一个应用被分离为 3 层,因此有时改变其中的一层就能满足应用的改变。面对一个应用的业务流程或者业务规则的改变,只需改动 MVC 的模型层。

控制器还有一个好处,就是可以用它来连接不同的模型和视图去完成用户的需求,这样它可以为构造应用程序提供强有力的手段。给定一些可重用的模型和视图,控制器可以根据用户的需求选择模型进行处理,然后通过视图将处理结果显示给用户。

最后，MVC 还有利于软件工程化管理。由于不同的层各司其职，每一层不同的应用具有某些相同的特征，因此有利于通过工程化、工具化特性产生管理程序代码。

综上所述，MVC 是构筑软件的常用框架模式，它将业务处理与显示分离，强制地将应用分为模型、视图及控制层。总之，MVC 模式会使得应用更加强壮、更加有弹性、更加个性化。

3. MVC 框架模式的实现

在实现 MVC 框架模式之前，我们先来介绍一下不使用 MVC 的开发流程。这里有一个网站的 3 个页面，分别是首页（index.html）、列表页（arc_list.html）和内容页（article.html）。这 3 个页面都是静态页面。接下来将由静态页面改写成 PHP 动态页面，以便能及时从数据库中读取最新内容。这里只实现首页中的"行业百科"模块，效果如图 1-4 所示。

静态页面 index.html 中"行业百科"模块代码如下。

图 1-4　首页中"行业百科"模块效果图

```
<div class="title2 indextt4">
    <span><a title=行业百科 href="#">行业百科</a></span>
    <em><a href="#">更多 &gt;&gt; </a></em>
</div>
<div class="rightList2 marginbtm15">
    <ul class=ulRightList1s>
        <li><a title=洗碗机分类 href="#" target=_blank>洗碗机分类</a></li>
        <li><a title=家用全自动洗碗机分类 href="#" target=_blank>家用全自动洗碗机分类</a></li>
        <li><a title=洗碗机在中国的三起三落 href="#" target=_blank>洗碗机在中国的三起三落</a></li>
        <li><a title=家用全自动洗碗机发展历史 href="#" target=_blank>家用全自动洗碗机发展历史</a></li>
        <li><a title=什么是洗碗机？ href="#" target=_blank>什么是洗碗机？</a></li>
    </ul>
</div>
```

使用 PHP 语言从数据库中读取"行业百科"栏目下的文章标题，重新编写成 index.php 文件，代码如下所示。

```
<div class="title2 indextt4">
    <span><a title=行业百科 href="#">行业百科</a></span>
    <em><a href="#">更多 &gt;&gt; </a></em>
```

```
        </div>
<div class="rightList2 marginbtm15">
    <ul class=ulRightList1s>
<?php
    $dbh = new PDO('mysql:dbname=dscms;host=127.0.0.1','root','aa09090909');
    $dbh->exec("set names 'utf8'");
    $query = "SELECT title FROM ds_article WHERE cid='14'";
    try {
    //执行 SELECT 查询,并返回 PDOstatement 对象
        $pdostatement = $dbh->query($query);
        $result=$pdostatement->fetchAll();
        foreach ($result as $row)
        {
?>
        <li><A title=<?php echo $row["title"]; ?> href="#"
        target=_blank><?php echo $row["title"];?></A></li>
<?php
        }
    } catch (PDOException $e) {
        echo $e->getMessage();
    }
?>
    </ul>
</div>
```

实现了首页中"行业百科"的查询功能后,首页中的其他功能(列表页、内容页)的实现过程和"行业百科"类似,这里就不列举了。

如此编写代码是很多初学者都会经历的一个阶段,就是将 PHP 代码和 HTML、CSS、JavaScript 代码混合在一起使用。如果有人之前这样做的话,能否体会出代码混合在一起编写所带来的麻烦?

首先就是不利于代码的重复使用,如上文中的"行业百科"模块。如果在列表页和内容页中也有一样的模块,则需要重复编写;或者把这部分的代码放到一个文件中,频繁使用 include 语句去调用;或者代码连重复利用都不行,如数据库操作等。其次就是不利于较大项目的团队合作,如后端开发不需要使用 HTML、CSS 和 JavaScript 等技术;前端开发不需要使用数据库、PHP 开发。最后,不利于代码的后期扩展,如在后期的项目维护过程中,代码混杂,层次不清,将导致重复修改。

如何解决这些不利于软件开发的问题呢?毫无疑问,MVC 框架模式就是一个不错的选择,具体处理流程如下。

步骤 1:创建 models/Article.php,并在文件中定义文章模型类 Article,其中的 find()方法返回查询数据的结果。

```php
<?php
namespace models;
class Article
{
    public function find()
    {
        $dbh = new \PDO('mysql:dbname=dscms;host=127.0.0.1','root','');
        $dbh->exec("set names 'utf8'");
        $query = "SELECT title FROM ds_article WHERE cid='14'";
        try {
        //执行 SELECT 查询，并返回 PDOstatement 对象
            $pdostatement = $dbh->query($query);
            return $result=$pdostatement->fetchAll();
        } catch (\PDOException $e) {
            echo $e->getMessage();
        }
    }
}
?>
```

步骤 2：在 vendor/Controller.php 文件中创建控制器的基类 Controller，并实现控制器渲染视图方法 render()，这个方法的功能是加载指定目录下的视图文件，并将控制器中的数据传递到视图文件中。

```php
<?php
namespace vendor;
class Controller{
    /**
    加载指定目录下的模板文件，并将控制器中的数据传递到视图文件中
    @param string  $fileName    提供模板文件的文件名
    @param array                变量名=>变量值
    */
    public function render($viewName, $data){
        extract($data, EXTR_PREFIX_SAME,'data');//将数组$data 变成变量的形式
        require($viewName);//包含视图文件
    }
}
?>
```

步骤 3：创建 controllers/DefaultController.php 文件，创建控制器 DefaultController 继承父类 Controller，创建首页管理方法 actionIndex()，在其中创建模型 Article 对象，并调用 find() 方法获取数据，渲染视图，并把数据输出到视图页面。

```php
<?php
namespace controllers;

//use 只是使用了命名空间，但是要想调用类，必须要加载类文件
require '../vendor/Controller.php';//导入框架文件
```

```php
require '../models/Article.php';//导入文章表模型类文件

use framework\Controller;
use models\Article;

class DefaultController extends Controller
{
    //首页管理
    public function actionIndex()
    {
        //创建模型对象
        $article=new Article();
        //获得数据
        $result=$article->find();
        //渲染视图,并把数据输出到视图页面
        return $this->render("../views/index.php",["result"=>$result]);
    }
    //列表页管理
    public function actionList(){}
    //内容页管理
    public function actionArticle(){}
}
$default_con = new DefaultController();
$default_con->actionIndex();
?>
```

步骤4：创建 views/index.php，在视图文件中，对查询结果变量$result 进行循环处理，生成完整的 HTML 页面。

```php
<DIV class="rightList2 marginbtm15">
<UL class=ulRightList1s>
<?php
        foreach ($result as $row)
        {
?>
        <li><A title=<?php echo $row["title"]; ?> href="#"
        target=_blank><?php echo $row["title"];?></A></li>
<?php
        }
?>
</UL>
</DIV>
```

实现的 MVC 框架执行流程如图 1-5 所示。

1）用户直接调用控制器实例对象。控制器调用类中的 action 方法（动作）。

2）控制器调用模型实例对象从数据库中读取数据。

3）渲染视图。

4）视图读取并显示模型的属性。

5）动作完成视图渲染并将其返回给用户。

本节按照 MVC 框架模式的工作思想，完成了控制器、模型、视图 3 个部分的代码分离。访问程序时，需要去访问 controllers 目录下的控制器文件来实现，这样做存在明显的设计缺陷。如果控制器文件较多，则会导致系统结构访问混乱，并存在后期维护困难、安全性差等一系列问题，而且不便于系统的统一管理。

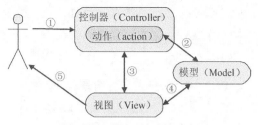

图 1-5　MVC 框架执行流程

下一节将新增入口文件，通过解析用户请求的 URL，提取出控制器名和动作方法名，创建相应控制器实例对象，并执行动作方法。

1.4.2　入口文件

本节首先介绍系统多个请求入口设计带来的不便，然后介绍单一请求入口设计模式实现原理。本节的学习目标是明确单一入口文件设计模式的优点，避免在以后的开发项目中出现多入口。

1. 入口文件设计

系统中凡是能够被访问的 PHP 文件都称为入口文件。如果用户的不同请求直接对应到 Web 服务器中的不同 PHP 文件，即系统是多入口设计。在刚开始学习 PHP 的时候，通常一个项目都会这样做：

- index.php ——网站首页
- list.php?page=5 ——内容列表页
- info.php?id=12 ——内容详细页
- login.php ——用户登录页

又或者在 1.4.1 节实现 MVC 框架模式后，访问不同的控制器类文件，如 DefaultController.php 或 SiteController.php。

对于这些项目来说，都有多个入口文件，随着项目规模的不断扩大，多入口的设计缺陷会越来越明显，如系统目录结构混乱，后期维护困难，容易暴露程序漏洞，不便于系统的统一管理等。为了避免多入口设计带来的诸多问题，可以使用单一入口设计模式。单一入口设计模式就是一个文件处理所有的 HTTP 请求，也就是说，访问任何控制器文件，无论是

DefaultController.php、SiteController.php 还是其他控制器类文件，每一次请求都是指向服务器的同一个文件。如入口文件 index.php，该文件负责 URL 解析，最终转向所要访问的页面，如图 1-6 所示。

PHP 单一入口模式可谓是现在一种比较流行的大型 Web 应用开发模式。当前比较流行的一些 PHP 开发框架，如 Zend、ThinkPHP 和 Yii2 等都是采用单一入口模式。

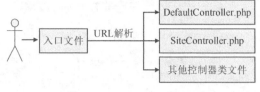

图 1-6　单一入口文件模式

使用单一入口文件模式的优点如下。

- 更加安全。单一入口模式给用户提供了单一的请求入口，在入口文件可以对请求进行过滤，加入安全处理代码，而传统的多请求入口模式需要为每个文件都加入安全处理程序块。
- 模块化程度高。开发人员只需关注自己所开发的模块，开发人员之间不需考虑程序是否正常运行，因为这一切全部交给入口文件来协调。
- 便于统一管理，定制性强。系统的所有模块都由入口文件进行统一管理，任何一个模块都可以不经模块本身启用或禁用。

2．入口文件中实现 URL 的解析

在上文中提到入口文件的 URL 解析，即入口文件会将原始请求转发给相应的处理控制器，完成具体的业务处理。例如，有以下 URL 地址：

```
http://<hostname>/
http://<hostname>/index.php
http://<hostname>/index.php?r=site
http://<hostname>/index.php?r=site/index
```

我们希望上面所有 URL 被解析后都会访问 SiteController 控制器的 actionIndex()方法。URL 解析执行流程如图 1-7 所示，首先访问入口文件，在其中分析请求 URL 的参数，在没有 "r" 参数的情况下默认访问 SiteController 的 actionIndex()方法，否则依据 "r" 参数访问 SiteController 的 actionIndex()方法，即所有的访问由 URL 的参数来统一解析和调度。

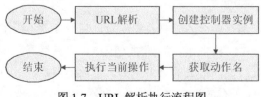

图 1-7　URL 解析执行流程图

入口文件 index.php 中代码实现如下。

```php
<?php
    //默认控制器是 SiteController
    $defaultController="site";
    //默认动作 actionIndex
    $defaultAction="index";
    //http://localhost/index.php?r=controllerid/actionid
    //得到 controllerid/actionid
    if(!empty($_GET['r']))
    {
        $route=$_GET['r'];
        //得到 controllerid 赋值给成员变量
        $pos=strpos($route,'/');
        $defaultController=substr($route,0,$pos);
        $defaultController=strtolower($defaultController);
        //得到 actionid 赋值给成员变量
        $defaultAction=(string)substr($route,$pos+1);
    }
    //得到控制器类名
    $className=ucfirst($defaultController).'Controller';
    //加上命名空间
    $className_ns = 'controllers\\'.ucfirst($defaultController).'Controller';
    //获得控制器文件路径
    $classFile="./controllers/".$className.'.php';
    //最后一步操作：该类文件存在则导入，该类存在则创建对象并调用 acion 方法。
    if(is_file($classFile))
    {
        if(!class_exists($className,false))
        {
            require($classFile);
            $class= new $className_ns();
            //$class= new controllers\.$className();
            $functionName="action".ucfirst($defaultAction);
            $class->$functionName();//actionList()
        }
    }
?>
```

由上面的程序可知，默认的控制器是 SiteController，默认的执行方法是 actionIndex() 方法。控制器的类名首字母大写，以"Controller"结尾，而且控制器类文件必须保存在 controllers 文件夹中；动作方法名必须以"action"为前缀，acitonID 首字母大写。从这段程序中也可以了解到代码规范的重要性，因为文件名或类名等都会在程序中使用。同样的道理，在将要学习的 Yii2 框架开发过程中，也要遵守一定的编码规范。例如，命名类时，使用驼峰风格，即每个单词的首字母大写并连在一起，中间无空格；变量名和方法名应该使它们的第一个单词全部小写，其余单词首字母大写，以使其区别于类名，如$basePath、runController()；对私有类成员变量来说，推荐以下划线作为其名字前缀，如$_actionList。

> 提示：为了使 PHP 语言开发的框架能够遵循共同的编码风格，在 2009 年由几个框架的开发者组成了 PHP-FIG（PHP Framework Interoperability Group）小组，一直扩展到现在已经拥有 20 多位成员。

实现入口文件后，框架执行流程如图 1-8 所示。

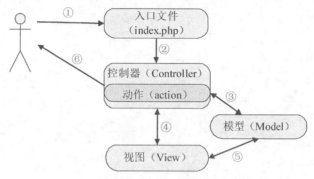

图 1-8　框架执行流程

① 用户发出了访问 URL 的请求，Web 服务器通过执行入口文件 index.php 处理此请求。

② 入口文件负责完成 URL 的解析，根据 URL 请求创建控制器并调用动作处理用户请求。

③ 控制器调用模型实例对象从数据库中读取数据。

④ 渲染视图。

⑤ 视图读取并显示模型的数据。

⑥ 动作完成视图渲染并将其返回给用户。

3．单一入口模式服务器环境配置

实现单一入口模式之后，需要确保应用根目录下，除入口文件外的 PHP 文件（所有安全敏感的 PHP 文件）都不允许访问。实践证明，使用 Apache 服务器的目录级配置文件.htaccess 文件保护目录比使用其他方式更为有效和安全。更重要的是，使用.htaccess 的方式进行设置，不需要编写程序就可以实现，具体操作比较容易。

（1）目录级配置文件.htaccess

.htaccess 是一个纯文本文件，其中存放着 Apache 服务器配置相关的一些指令，它类似于 Apache 的站点配置文件，如 httpd.conf 文件。.htaccess 与 httpd.conf 配置文件不同的是，它只作用于此目录及其所有子目录。另外，httpd.conf 是在 Apache 服务启动的时候就加载的，而.htaccess 只有在用户访问目录时加载，其中，修改.htaccess 文件不需要重启 Apache 服务器。.htaccess 的功能包括设置网页密码、设置发生错误时出现的文件、禁止读取文件、重新定向文件等。

在需要针对目录改变服务器的配置，而对服务器系统没有 root 权限时，应该使用.htaccess 文件。如果服务器管理员不愿意频繁修改配置，则可以允许用户通过.htaccess 文件自己修改配置，尤其是在一台机器上提供多个用户站点，而又期望用户可以自己改变配置的情况下，一般会开放部分.htaccess 的功能给使用者自行设置。

注意：.htaccess 是一个完整的文件名，不是***.htaccess 或其他格式。

如何允许用户使用.htaccess 文件呢？在 Apache 服务器的配置文件 httpd.conf 中，查找服务器的根目录的配置信息。

```
<Directory "e:/wamp/www/">
    ……
    AllowOverride None
    ……
</Directory>
```

在此块配置项中，把"AllowOverride None"修改成"AllowOverride All"，即允许 Apache 服务器调用.htaccess 文件，在需要时针对目录改变服务器的配置。

提示：httpd.conf 配置文件中的 AllowOverride 会根据设定的值决定是否读取目录中的.htaccess 文件，来改变原来所设置的权限。为避免用户自行建立.htaccess 文件修改访问权限，httpd.conf 文件中默认设置每个目录为：AllowOverride None。
All：读取.htaccess 文件的内容，修改原来的访问权限。
None：不读取.htaccess 文件。

（2）实现禁止访问除入口文件之外的 PHP 文件

在 Apache 服务器的目录级配置文件.htaccess 文件中添加"deny from all"（表示全部 IP 地址都不许可，而"allow from all"则表示全部都允许），即可实现包含该.htaccess 的文件夹不允许被外部访问。

1.4.3 应用（前端控制器）

1.4.2 节中对原有的 MVC 模式进行了改进，在入口文件中实现了 URL 的解析。用户的每一次请求都指向服务器的唯一可访问文件。经过解析 URL，最终转向所要访问的控制器。但是当系统日趋复杂和多样时，如 URL 参数和 POST 数据需要进行必要的检查和特殊字符过滤、记录日志、访问统计等，如果各种可以集中处理的任务都放在入口文件执行，那么将会出现代码重复、业务逻辑混乱且分散的情况。因此，为了降低系统代码逻辑的复杂度，进一步集中控制系统，并提高系统的安全控制能力以及可维护性、可重用性和可伸缩性，本节中对原有的 MVC 模式进行了改进，提出了应用（前端控制器）的概念，实现 MVC 在复杂系统中的前端控制器开发模式优化策略。

1. 在应用中实现 URL 解析

采用前端控制器模式，提供一个处理不同请求的中心，处理工作包括安全事务、视图选择、异常处理和响应内容的生成，通过将这些处理工作集中在一点进行，大大降低了 PHP 代码量，同时也减少了视图层的程序逻辑，保证了在不同请求之间可以大量地重用逻辑代码。

应用（前端控制器）的 URL 解析功能在 vendor/Application.php 文件中实现，流程如图 1-9 所示。解析 URL 代码如下。

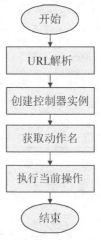

图 1-9　应用中解析 URL 流程图

```php
<?php
class Application {
    public $name;
    //默认控制器是 SiteController
    public $defaultController="site";
    //默认动作是 actionIndex
    public $defaultAction="index";
    //执行应用
    public function run()
    {
        //http://localhost/index.php?r=controllerid/actionid
        //得到 controllerid/actionid
        if(!empty($_GET['r']))
        {
            $route=$_GET['r'];
            //得到 controllerid 赋值给成员变量
            $pos=strpos($route,'/');
            $this->defaultController=substr($route,0,$pos);

$this->defaultController=strtolower($this->defaultController);
            //得到 actionid 赋值给成员变量
            $this->defaultAction=(string)substr($route,$pos+1);
        }
        //得到控制器类名
        $className=ucfirst($this->defaultController).'Controller';
```

```php
            //加上命名空间
            $className_ns= 'controllers\\'.ucfirst($this->defaultController).'Controller';
            //获取控制器文件路径
            $classFile="./controllers/".$className.'.php';
            //最后一步操作：该类文件存在及该类存在则导入并调用 acion 方法。
            if(is_file($classFile))
            {
                if(!class_exists($className,false))
                {
                    require($classFile);
                    $class= new $className_ns();

                    $functionName="action".ucfirst($this->defaultAction);
                    $class->$functionName();
                }
            }
        }
    }
```

2．单例模式创建应用（前端控制器设计模式）

对于系统中的某些类来说，只有一个实例很重要。例如，一个系统中可以存在多个打印任务，但是只能有一个正在工作的任务；一个系统只能有一个窗口管理器或文件系统；一个系统只能有一个计时工具或 ID（序号）生成器。例如，在 Windows 中就只能打开一个任务管理器。如果不使用机制对窗口对象进行唯一化，将弹出多个窗口，如果这些窗口显示的内容完全一致，则是重复对象，浪费内存资源；如果这些窗口显示的内容不一致，则意味着在某一瞬间系统有多个状态，与实际不符，也会给用户带来误解，不知道哪一个才是真实的状态。因此，确保系统中某个对象的唯一性（即一个类只能有一个实例）是非常重要的。

我们希望系统中的应用（前端控制器）只有一个实例对象而且该实例对象易于外界访问，从而方便应用实例对象个数的控制并节约系统资源，单例模式是一种非常好的解决方案。

单例模式是一种常用的软件设计模式。其要点有 3 个：一是类只能有一个实例，二是它必须自行创建这个实例，三是它必须自行向整个系统提供这个实例。

从具体实现角度来说，就是以下 3 点：一是单例模式的类只提供私有的构造方法，二是类定义中含有一个该类的静态私有对象，三是该类提供静态的公有方法用于创建或获取它本身的静态私有对象。在 vendor/Application.php 文件中添加下面所示的部分代码。

```php
<?php
class Application {
    ……
    //定义类的静态私有对象
```

```php
    private static $_app;
    //构造方法在实例对象被创建时自动执行
    private function __construct($config=null)
    {
        //获取配置文件中的数组
    }
    //静态的公有方法用于创建它本身的静态私有对象
    public static function createApplication($config=null)
    {
        if(self::$_app===null)
            self::$_app = new Application($config);
        return self::$_app;
    }
    //静态的公有方法用于获取它本身的静态私有对象
    public static function app()
    {
        return self::$_app;
    }
    //执行应用
    public function run(){……}
}
```

3. 应用的配置文件

默认情况下，应用是一个 Application 的实例。要自定义它，通常需要提供一个配置文件以在创建应用实例时初始化其属性值。这就如同去组装计算机，客户拿来具体的配置单，按照要求就可以组装符合要求的计算机。而 Application 就是组装工人，配置单就是下面要说明的配置文件。

配置信息在配置文件中以数组元素的方式存放，一个元素就是两个字符串组成的键值对，一个字符串是键（key），另一个字符串是这个键的对应的值（value）。大多数的系统都有一些配置常量，将这些常量放在配置文件中，系统通过访问这个配置文件取得配置常量，就可以通过修改配置文件而无须修改程序达到更改系统配置的目的。系统也可以在配置文件中存储一些工作环境信息，这样在系统每次访问时，这些信息可以运行在每一个应用的生命周期中。

通常在一个单独的 PHP 脚本（config/main.php）中保存这些配置。在脚本中，通过以下方式返回此配置数组。

```php
<?php
    return [
        //默认控制器
        "defaultController"=>"default",
        //默认动作方法
        "defaultAction" => "list",
        //通过应用全局访问函数 Yii::$app->name;直接访问。
```

```
        "name"=>"my application",
    ];
?>
```

在应用的构造方法中添加对配置文件操作的代码。

```
<?php
namespace vendor;
class Application {
    ……
    //构造方法在实例对象被创建时自动执行
    private function __construct($config=null)
    {
        //获取配置文件中的数组
        if(is_string($config))
            $config=require($config);
        /*
            把配置文件中数组定义的元素赋值给CWebApplication类中相同成员属性
            array(
                "name"=>"my application",
                "defaultController"=>"default",
            );
        */
        if(is_array($config))
        {
            /*
                第一次循环: $this->name="my application";
                第二次循环: $this->defaultController="default";
            */
            foreach($config as $key=>$value)
                $this->$key=$value;
        }
    }
    ……
}
```

要应用此配置,将配置文件的名字作为参数传递给应用的构造器,或像下面这样传递到 Application::createApplication(),这通常在入口脚本中完成。

```
<?php
    //加载 vendor 文件夹下的文件,为了清楚演示这里没有用__autoload()。
    require "./vendor/Application.php";
    use vendor\Application;
    //定义配置文件路径
    $config="./config/main.php";
    //创建应用(前端控制器)对象
    $app = Application::createApplication($config);
    $app -> run();
?>
```

实现前端控制器模式后，框架执行流程如图 1-10 所示。

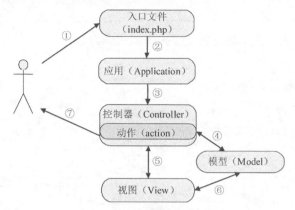

图 1-10　框架执行流程

① 用户发送访问 URL 的请求，Web 服务器通过执行入口脚本 index.php 处理此请求。

② 入口脚本创建一个应用实例并执行。

③ 创建一个所请求控制器的实例以进一步处理用户请求。控制器决定动作指向控制器类中的 action 方法。

④ 控制器调用模型实例对象从数据库中读取数据。

⑤ 渲染视图。

⑥ 视图读取并显示模型的数据。

⑦ 动作完成视图渲染并将其呈现给用户。

1.4.4　从自定义框架到 Yii2 框架

在前几节中，介绍了框架的概念及使用框架技术的优势，并结合 PHP 的发展历史总结了现阶段 PHP 及其框架技术的应用领域。

为了让读者更好地理解 Yii2 框架，并认识到框架技术并不是多么复杂，本节自定义了一个 MVC 框架，实现控制器、模型、视图的分离，创建单一入口模式的目录结构，实现应用的预处理、初始化和执行。显然，自定义的框架功能还很少，不能满足框架作为"半成品"的需要。因此，接下来要进入到 Yii2 框架的学习，因为 Yii2 提供了目前 Web 2.0 应用开发所需要的几乎一切功能。下面是这些特性的简短说明。

- 模型—视图—控制器（MVC）设计模式：Yii2 在 Web 编程中采用这一成熟的技术

从而可以更好地将逻辑层和表现层分开。

- 数据库访问对象（DAO）和 Active Record：Yii2 允许开发者引用模型数据库中的数据对象，从而节省他们在编写冗长和重复的 SQL 语句上所使用的精力。
- 与 jQuery 整合：作为目前最流行的 JavaScript 框架之一，jQuery 可以编写高效而灵活的 JavaScript 接口。
- 表单输入和验证：Yii2 使得收集表单输入变得非常容易和安全。Yii2 拥有一套确保数据的有效性的验证器，它也有辅助方法和部件，显示验证失败时的错误。
- Web 2.0 部件：由于 jQuery 的支持，Yii2 配备了一套 Web 2.0 的部件，如自动完成输入字段、TreeView 等。
- 身份验证和授权：Yii2 具有内置的身份验证支持。它也支持通过分层的基于角色的访问控制（RBAC）的授权。
- 主题：它能够瞬间改变一个 Yii2 应用的视图。
- Web 服务：Yii2 支持自动生成复杂的 WSDL 服务规范和管理 Web 服务请求处理。
- 国际化（I18N）和本地化（L10N）：Yii2 支持消息转换、日期和时间格式、数字格式和界面本地化。
- 分层缓存方案：Yii2 支持数据缓存、页面缓存、片段缓存和动态内容。缓存的存储介质，可以轻松地更改而不触及应用程序代码。
- 错误处理和日志记录：错误的处理可以很好地呈现出来，日志信息可以分类、过滤并分配到不同的位置。
- 安全：Yii2 拥有许多安全的措施，包括跨站点脚本（XSS）预防、跨站点请求伪造（CSRF）预防和 Cookie 篡改预防等。
- 符合 XHTML：Yii2 的组件和命令行工具生成的代码符合 XHTML 标准。
- 自动代码生成：Yii2 提供了可以自动生成代码的工具，根据用户的需要可生成一个程序"骨架"、CRUD 应用等。
- 完全面向对象：Yii2 框架坚持严格的面向对象编程范式。它没有定义任何全局方法或变量。而且，它定义的类层次结构允许最大程度的可重用性和定制。
- 友好地使用第三方代码：通过 Yii2 精心设计，让第三方代码可以顺利地工作。例如，用户可以在自己的 Yii2 应用程序中使用 PEAR 或 Zend Framework 的代码。

- 详细的文档：每一个单一的方法或属性都拥有非常清楚的记录。同时，还提供了一个全面的教程和一些新手教程。
- 扩展库：Yii2 提供了一个为用户提供组件的扩展库，这使得上述功能列表是不断扩展的。

1.5 小结

本章首先介绍了 PHP 语言的发展历史及其适合的应用领域，希望读者对 PHP 技术未来的发展空间充满信心。

框架是特定应用程序的"半成品"，是面向对象系统获得的最大的复用方式。在项目开发中，如果使用一个成熟的框架，就相当于让别人帮你完成一些基础工作。

本章中自定义框架部分是 PHP 面向技术的实践，分别实现了 MVC 框架模式、单入口文件设计模式和前端控制器设计模式，目的是让读者能够更好地理解 Yii2 框架的工作机制，并为后续 Yii2 框架的学习做好准备。

下面我们将正式进入 Yii2 框架的学习，希望读者通过学习 Yii2 框架，掌握 Web 开发相关的内容。

第 2 章 Yii2 框架基础

从本章开始,我们将通过由浅入深的方式介绍 Yii2 框架的各个部分,希望读者逐步了解 Yii2 框架。

2.1 Yii 简介

Yii 框架作为一种热门的 PHP 框架技术,在当前的 PHP 开发领域正受到越来越多的关注。本节将首先介绍什么是 Yii、Yii 有什么优点及应用案例等内容。通过对本节的学习,读者会对 Yii 有一个大致的认识。

2.1.1 什么是 Yii 框架技术

Yii 是一个基于组件的高性能 PHP 框架,用于快速开发大型 Web 应用。它使 Web 开发中的可复用度最大化,可以显著提高 Web 应用开发速度。Yii 读作"易(Yee)"或"[ji:]",这个名字是"Yes, it is!"的缩写。

"Yii 快不快?安全吗?专业吗?是否适用于我的下一个项目?""Yes,it is!"(是的。)

1. 历史

Yii 是创始人薛强的心血结晶,于 2008 年 1 月 1 日开始开发。在此之前,薛强开发和维护 PRADO 框架多年,他从这些年的经验和所得到的反馈中了解到,用户需要一个更容易、可扩展、更快速的基于 PHP5 的框架,以满足应用程序开发人员不断增长的需求。

Yii 正式发布于 2008 年 10 月,最初是 Alpha 版本,其与其他基于 PHP 的框架表现相比令人印象深刻,立即引起非常积极的关注。在 2008 年 12 月 3 日 Yii1.0 正式发布;2013

年 8 月 11 日，发布稳定版本 1.1.14；在 2014 年 4 月 13 日，发布了 Yii2.0 的 beta 测试版。本书中采用的是使用最广泛且相对比较成熟的 Yii2.0.15 版。

> 提示：\Yii::getVersion();可以获取到当前 Yii 框架的版本号

2．环境需求

要运行一个基于 Yii2 框架的 Web 应用，需要有一个支持 PHP 5.4.0 或以上版本的 Web 服务器。

对于打算使用 Yii2 的开发者来说，懂得面向对象编程（OOP）会非常有帮助，因为 Yii2 是一个纯面向对象的框架。

3．特点

- 快速：Yii2 只加载需要的功能。它具有强大的缓存支持。
- 安全：Yii2 的标准是安全的。它包括了输入验证、输出过滤、SQL 注入和跨站点脚本的预防。
- 专业：Yii2 可帮助用户开发清洁和可重用的代码。它遵循了 MVC 框架模式，确保了清晰分离逻辑层和表示层。

2.1.2　Yii2 的优点

- Yii2 容易学习和使用。用户只需要知道 PHP 和面向对象编程，便可以很快上手，而不必事先去学习一种新的架构或者模板语言。
- 用 Yii2 的开发速度非常之快，除框架本身之外，需要为应用所写的编码极少。并且具有高度的可重用性和可扩展性，是纯粹的面向对象的，也显著提高了 Web 应用开发速度。
- Yii2 中的一切都是独立的可被配置、可重用、可扩展的组件，并且是惰性加载（用到的才加载），运行速度非常快。更重要的是，Yii 有着越来越多的扩展库。主要由使用者贡献出的组件组成，这可能有助于大大减少用户的开发时间。
- 有着丰富的功能。从 MVC、DAO/ActiveRecord 到主题化、国际化和本地化，Yii 提供了几乎所有目前 Web 2.0 应用程序开发所需的功能。
- 具有完备的文档和开发手册，有助于学习和掌握所需要的任何信息。

- Yii2 一开始就经过精心设计,以适应复杂的 Web 应用开发。它不是一些项目的副产品或者第三方集成,而是融合了开发者丰富的 Web 应用开发经验和其他热门 Web 框架及应用的优秀思想的结晶。

- 最重要的是,Yii2 是免费的,它遵循最新的 BSD 许可,确保了第三方开发也循序和 BSD 相兼容的许可。这意味着无论从法律上还是财务上来说,使用者都可以自由地使用 Yii2 来开发任何一个开源的或者私有的应用。

2.1.3 应用案例

Yii2 是一个通用的 Web 编程框架,可以用于开发几乎所有的 Web 应用。它是轻量级的,而且具备成熟的缓存解决方案,特别适用于开发高流量的应用,如门户网站、论坛、内容管理系统和电子商务系统等。图 2-1 和图 2-2 是使用 Yii2 构建的一些 Web 项目的经典案例。图 2-3 为后台管理页面。

图 2-1　门诊预约系统首页

图 2-2 渡手网站首页

图 2-3　内容管理系统操作页面

除上述案例之外，还有很多互联网应用项目也使用了 Yii2 框架技术，这里不再赘述。

2.2　下载 Yii2

从 Yii2 的官方站点可下载程序包。Yii2 的安装方式有多种，本章只是 Yii2 入门，所以使用比较简单的"Install from an Archive File"（通过归档文件安装），并下载其"Yii2 with basic application template"（基础版本），如图 2-4 所示。

图 2-4　Yii2 下载

将下载的文件解压缩到 Web 访问的文件夹中。修改 config/web.php 文件，给 cookieValidationKey 配置项添加一个密钥。

```
'request' => [
    // !!! insert a secret key in the following (if it is empty) - this is required by cookie validation
    'cookieValidationKey' => '在此处输入你的密钥',
],
```

安装完成后,使用浏览器访问 http://hostname/basic/web/index.php,正常情况下页面如图 2-5 所示。

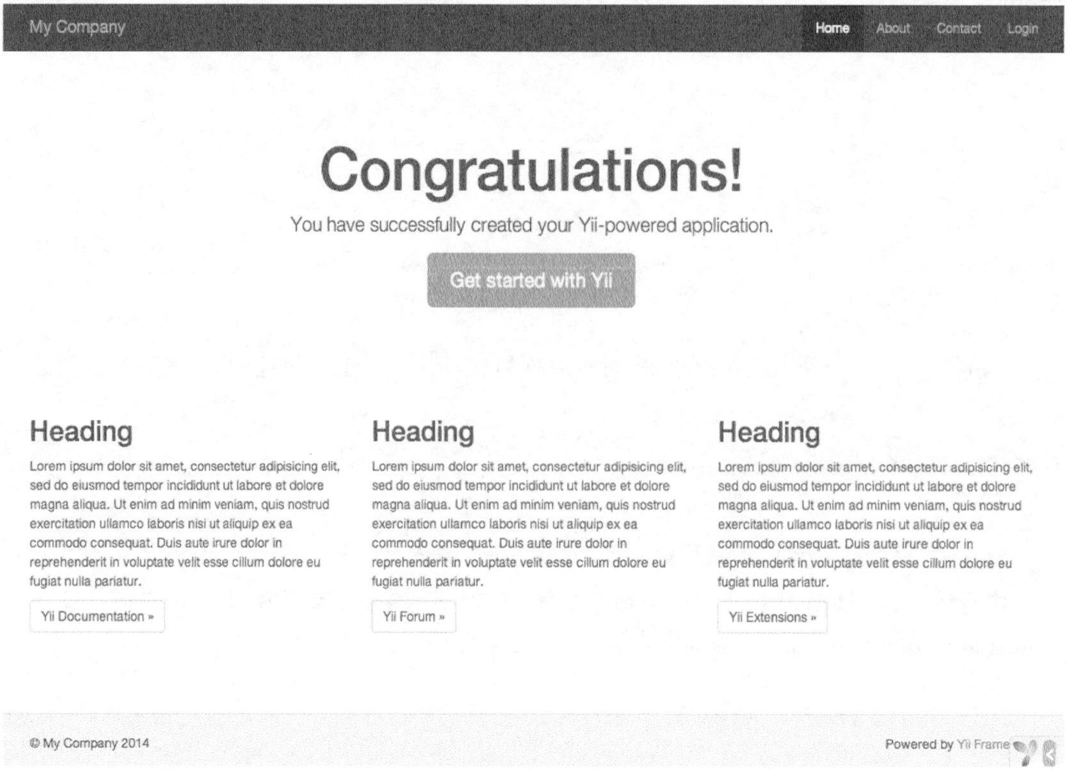

图 2-5 安装完成页面

如果没有在浏览器中看到如上所示的"Congratulations!"页面,可以通过浏览器访问 /requirements.php 文件,该文件用于确认当前服务器能否满足运行 Yii2 Web 项目的要求。它将检查服务器所运行的 PHP 版本,查看是否安装了合适的 PHP 扩展模块,以及确认 php.ini 文件是否正确设置,如图 2-6 所示。

Yii Application Requirement Checker

Description

This script checks if your server configuration meets the requirements for running Yii application. It checks if the server is running the right version of PHP, if appropriate PHP extensions have been loaded, and if php.ini file settings are correct.

There are two kinds of requirements being checked. Mandatory requirements are those that have to be met to allow Yii to work as expected. There are also some optional requirements being checked which will show you a warning when they do not meet. You can use Yii framework without them but some specific functionality may be not available in this case.

Conclusion

Your server configuration satisfies the minimum requirements by this application.
Please pay attention to the warnings listed below and check if your application will use the corresponding features.

Details

Name	Result	Required By	Memo
PHP version	Passed	Yii Framework	PHP 5.4.0 or higher is required.
Reflection extension	Passed	Yii Framework	
PCRE extension	Passed	Yii Framework	
SPL extension	Passed	Yii Framework	
Ctype extension	Passed	Yii Framework	
MBString extension	Passed	Multibyte string processing	Required for multibyte encoding string processing.
OpenSSL extension	Passed	Security Component	Required by encrypt and decrypt methods.
Intl extension	Passed	Internationalization support	PHP Intl extension 1.0.2 or higher is required when you want to use advanced parameters formatting in `Yii::t()`, non-latin languages with `Inflector::slug()`, IDN-feature of `EmailValidator` or `UrlValidator` or the `yii\i18n\Formatter` class.
ICU version	Passed	Internationalization support	ICU 49.0 or higher is required when you want to use # placeholder in plural rules (for example, plural in Formatter::asRelativeTime()) in the `yii\i18n\Formatter` class. Your current ICU version is 57.1.
ICU Data version	Passed	Internationalization support	ICU Data 49.1 or higher is required when you want to use # placeholder in plural rules (for example, plural in Formatter::asRelativeTime()) in the `yii\i18n\Formatter` class. Your current ICU Data version is 57.1.
Fileinfo extension	Passed	File Information	Required for files upload to detect correct file mime-types.
DOM extension	Passed	Document Object Model	Required for REST API to send XML responses via `yii\web\XmlResponseFormatter`.
PDO extension	Passed	All DB-related classes	
PDO SQLite extension	Passed	All DB-related classes	Required for SQLite database.
PDO MySQL extension	Passed	All DB-related classes	Required for MySQL database.
PDO PostgreSQL extension	Passed	All DB-related classes	Required for PostgreSQL database.
Memcache extension	Passed	MemCache	
GD PHP extension with FreeType support	Passed	Captcha	Either GD PHP extension with FreeType support or ImageMagick PHP extension with PNG support is required for image CAPTCHA.
ImageMagick PHP extension with PNG support	Warning	Captcha	Either GD PHP extension with FreeType support or ImageMagick PHP extension with PNG support is required for image CAPTCHA.
Expose PHP	Passed	Security reasons	"expose_php" should be disabled at php.ini
PHP allow url include	Passed	Security reasons	"allow_url_include" should be disabled at php.ini
PHP mail SMTP	Passed	Email sending	PHP mail SMTP server required

Server: Apache/2.4.25 (Win32) OpenSSL/1.0.2j 2017-04-01 10:37
Powered by Yii Framework

图 2-6　环境配置检测

2.3 运行应用

安装完的基本应用包含 4 页，主页、"About"页、"Contact"页和"Login"页。另外，在浏览器底部可以看到一个工具栏，这是 Yii2 提供的调试工具，可以记录并显示大量的调试信息，例如日志信息，响应状态，数据库查询等，如图 2-7 所示。

图 2-7　调试工具

Yii2 基于模型—视图—控制器（MVC）设计模式，这点在下面的目录结构中得以体现，models 目录包含了所有模型类，views 目录包含了所有视图脚本，controllers 目录包含了所有控制器类。

```
basic/                   应用根目录
    composer.json        Composer 配置文件，描述包信息
    config/              包含应用配置及其他配置
        console.php      控制台应用配置信息
        web.php          Web 应用配置信息
    commands/            包含控制台命令类
    controllers/         包含控制器类
    models/              包含模型类
    runtime/             包含 Yii2 在运行时生成的文件，例如日志和缓存文件
    vendor/              包含已经安装的 Composer 包，包括 Yii 框架自身
    views/               包含视图文件
    web/                 Web 应用根目录，包含 Web 入口文件
        assets/          包含 Yii2 发布的资源文件（JavaScript 和 CSS）
        index.php        应用入口文件
    yii                  Yii2 控制台命令执行脚本
```

提示：应用中的文件可被分为两类：在 basic/web 下的文件和在其他目录下的文件。前者可以直接通过 HTTP 访问（例如浏览器），后者不能也不应该被直接访问。

每个应用都有一个入口脚本 web/index.php,这是整个应用中唯一可以访问的 PHP 脚本。入口脚本接受一个 Web 请求并创建应用实例去处理它。应用在它的组建辅助下解析请求,并分派请求至 MVC 元素。视图使用小部件去创建复杂和动态的用户界面。Yii2 应用静态结构如图 2-8 所示。

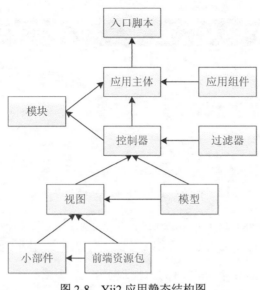

图 2-8　Yii2 应用静态结构图

2.4　输出"Hello World"

输出"Hello World"示例,只需要一个控制器和视图,不处理任何数据。首先,在 basic/controllers/SiteController.php 文件中创建 actionSay()动作方法,代码如下所示。

```
class SiteController extends Controller
{
    public function actionSay($message = 'Hello')
    {
        return $this->render('say', ['message' => $message]);
    }
    ……
}
```

actionSay()动作方法实现了从请求中接收 message 参数并显示给最终用户。如果请求没有提供 message 参数,动作将显示默认参数"Hello"。

在动作方法中,render()方法用来渲染视图文件。视图文件与控制器关联,存放在 views/site 目录下,编辑 views/site/say.php,代码如下。

```php
<?php
    echo $message;
?>
```

保存代码，并访问 http://hostname/index.php?r=site/say&message=HelloWorld，页面如图 2-9 示。

图 2-9　Yii2 输出"Hello World!"效果图

如果省略 URL 中的 message 参数，将会看到页面只显示"Hello"。这是因为 message 被作为一个参数传给 actionSay()方法，当省略它时，参数将使用默认的"Hello"代替。

综上所述，输出"Hello World"时 Yii2 框架请求的生命周期如图 2-10 所示。

① 用户发出了访问 http://localhost/index.php?r=site/say&message=HelloWorld 的请求，Web 服务器通过执行入口脚本 index.php 处理此请求。

② 入口脚本创建了一个应用实例对象并执行。

③ 应用实例对象分析这个 URL，controllerID 是 site，它将告诉 Yii2 应该去请求 SiteController.php 文件，这个文件的位置是 controllers/SiteController.php。actionID 指定的是 say，因此，会调用 SiteController 类中的 actionSay()方法。

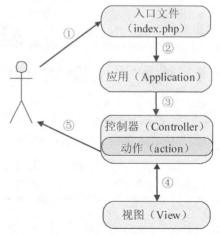

图 2-10　输出"Hello World!"工作流程图

④ actionSay()方法会渲染 say.php 视图文件，这个文件的位置是 views/site/say.php。

⑤ 动作方法完成视图渲染并将其返回给用户。

2.5 入口文件

入口脚本是应用启动流程中的第一环,一个应用只有一个入口脚本。Web 应用的入口脚本必须放在终端用户能够访问的目录下,可以自己定义名称,如 index.php、admin.php、blog.php 等之类的文件名都可以。编写的入口文件内容示例如下所示。

```
<?php
//定义全局常量,在生产环境中请注释下面两行
defined('YII_DEBUG') or define('YII_DEBUG', true);
defined('YII_ENV') or define('YII_ENV', 'dev');
//注册 Composer 自动加载器
require(__DIR__ . '/../vendor/autoload.php');
//包含 Yii2 类文件
require(__DIR__ . '/../vendor/yiisoft/yii2/Yii.php');
//加载应用配置
$config = require(__DIR__ . '/../config/web.php');
//创建、配置、运行一个应用
(new yii\web\Application($config))->run();
```

入口脚本主要完成以下工作。

- 定义全局常量。
- 注册 Composer 自动加载器。
- 包含 Yii 2 类文件。
- 加载应用配置。
- 创建一个应用实例并配置。
- 调用 yii\base\Application::run() 来处理请求。

Yii2 应用可以按常量"YII_DEBUG"的值来确定是运行调试模式或生产模式。在默认情况下,此常量值定义为 false,意为生产模式,以最高效率运行。在调试模式下,框架要维护许多内部日志,并且在错误产生时提供了丰富的调试信息。

2.6 应用主体

应用主体是管理 Yii2 应用系统整体结构和生命周期的对象。每个 Yii2 应用系统只能包含一个应用主体,即由入口脚本创建为一个单例对象。这个应用单例对象可以在任何地方通过 Yii::$app 访问,在入口文件创建应用时,"(new yii\web\Application($config))->

run();"调用 Application 的构造方法,而其继承自 yii\base\Application 的构造方法,代码如下所示。

```
abstract class Application extends Module
{
    /**
    * Constructor.
    * @param array $config name-value pairs that will be used to initialize the object properties.
    * Note that the configuration must contain both [[id]] and [[basePath]].
    * @throws InvalidConfigException if either [[id]] or [[basePath]] configuration is missing.
    */
    public function __construct($config = [])
    {
        Yii::$app = $this;
        static::setInstance($this);
        $this->state = self::STATE_BEGIN;
        $this->preInit($config);
        $this->registerErrorHandler($config);
        Component::__construct($config);
    }
    ......
}
```

应用主体配置文件中有许多重要的属性要配置,这些属性指定应用主体的运行环境。比如,应用主体需要知道如何加载控制器,临时文件保存到哪儿等。以下我们简述这些属性。

在一个应用中,至少要配置 2 个属性:yii\base\Application::id 和 yii\base\Application::basePath。

yii\base\Application::id

yii\base\Application::id 属性用来区分其他应用的唯一标识 ID。主要给程序使用。 为了方便协作,最好使用数字作为应用主体 ID,但不强制要求为数字。

yii\base\Application::basePath

yii\base\Application::basePath 指定该应用的根目录。根目录包含应用系统所有受保护的源代码。在根目录下可以看到对应 MVC 设计模式的 models,views 和 controllers 等子目录。

当运行入口脚本处理请求时,应用主体会经历生命周期,如图 2-11 所示。

① 入口脚本加载应用主体配置数组。

2.6 应用主体

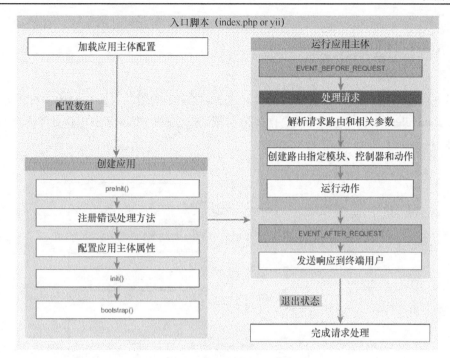

图 2-11 Yii2 框架应用生命周期图

② 入口脚本创建一个应用主体实例。

- 调用 preInit() 配置几个高级别应用主体属性，比如 yii\base\Application:: basePath。
- 注册 yii\base\Application::errorHandler 错误处理方法。
- 配置应用主体属性。
- 调用 init()初始化，该函数会调用 bootstrap()运行引导启动组件。

③ 入口脚本调用 yii\base\Application::run() 运行应用主体。

- 触发 EVENT_BEFORE_REQUEST 事件。
- 处理请求：解析请求路由和相关参数；创建路由指定的模块、控制器和动作对应的类，并运行动作。
- 触发 EVENT_AFTER_REQUEST 事件。
- 发送响应到终端用户。

④ 入口脚本接收应用主体传来的退出状态并完成请求的处理。

2.7　MVC 框架模式

Yii2 框架实现了 MVC 框架模式的设计思想，把应用的输入、处理、输出流程按照 View、Model、Controller 的方式进行分离，直接把视图、模型和控制器分别保存到了不同目录下，如图 2-12 所示。

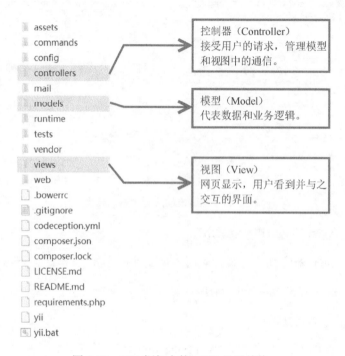

图 2-12　Yii2 框架中的 MVC 目录结构

实现 MVC 框架模式的目标是将业务逻辑从用户界面中分离，这样开发者就可以更容易地改变每一部分而不会影响其他。

2.8　Yii2 框架中的控制器

Yii2 框架中的控制器是 yii\web\Controller 或其子类的实例，它在用户请求时由应用创建。当一个控制器运行时，它执行所请求的动作，动作通常会引入所需要的模型并渲染相应的视图。动作的最简形式，就是一个名字以 action 开头的控制器类方法。

下面的代码定义了 MessageController 控制器类，其中包括动作方法 actionOutput()，保存在 MessageController.php 文件中。

```php
<?php
namespace app\controllers;
use yii\web\Controller;

class MessageController extends Controller
{
    echo 'helloWorld';
}
```

注意：控制器通常有一个默认的动作。当用户的请求未指定要执行的动作时，默认动作将被执行，默认的动作名为 index，它可以通过设置 yii\base\Controller::defaultAction 修改。

2.9　Yii2 框架中的视图

视图是一个包含了主要的用户交互元素的 PHP 脚本，可以包含 PHP 语句，但是建议这些语句不要去改变数据模型，且最好能够保持其单纯性（单纯作为视图）。为了实现逻辑和界面分离，大段的逻辑应该被放置于控制器或模型中，而不是视图中。

视图有一个名字，当渲染（render）时，这个名字会被用于识别视图脚本文件，视图的名称与其视图脚本名称是一样的。例如，视图 helloWorld 的名称出自一个名为 helloWorld.php 的脚本文件。要渲染时，调用 yii\base\Controller::render() 方法。这个方法将在 /views/ControllerID 目录下寻找对应的视图文件。也就是说在 views 中，文件夹名称应该和默认路由中的控制器 ID 保持一致。

在视图脚本内部，可以用以下推送的方式传递数据到视图文件。

```
$this->render('viewname',['var1'=>$value1]);
```

在以上的代码中，render()方法将提取数组的第二个参数到变量里。其产生的结果是，在视图脚本里可以直接访问变量$var1。控制器 yii\base\Controller 的 render()方法详细说明如表 2-1 所示。

综上所述，Yii2 框架请求的生命周期如图 2-13 所示。

表 2-1　　　　　　　　　　yii\base\Controller 的成员方法 render()

public string render(string $view, array $data=NULL, boolean $return=false)		
$view	string	视图文件名
$data	array	数组中元素的键转化为在视图文件中可以使用的变量名，对应元素的值转化为该变量的值
{return}	string	返回渲染视图的结果

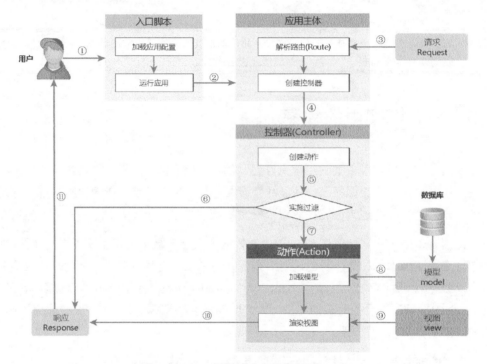

图 2-13　Yii2 框架请求声明周期图

① 用户向入口脚本 web/index.php 发起请求。

② 入口脚本加载应用配置并创建一个应用实例去处理请求。

③ 应用通过请求组件解析请求的路由。

④ 应用创建一个控制器实例去处理请求。

⑤ 控制器创建一个动作实例并针对操作执行过滤器。

⑥ 如果任何一个过滤器返回失败，则动作取消。

⑦ 如果所有过滤器都通过，则动作将被执行。

⑧ 动作会加载一个数据模型。

⑨ 动作会渲染一个视图，把数据模型提供给它。

⑩ 渲染结果返回给响应组件。

⑪ 响应组件发送渲染结果给用户浏览器。

※2.10 项目实现迭代一：渲染首页、列表页和内容页视图

本书是基于内容管理系统的 Yii2 框架深度剖析，由一个项目贯穿始终，从浅入深迭代完成，本节完成控制器渲染前台首页、列表页和内容页视图界面，具体实现步骤如下。

步骤 1：创建首页控制器。创建 controllers/IndexController.php 文件，控制器代码如下。

```php
<?php
namespace app\controllers;
use yii\web\Controller;
class IndexController extends Controller{
    public function actionIndex(){
        //不使用布局
        $this->layout = false;
        $this->render ('index');
    }
}
```

步骤 2：创建首页视图。因为控制器名为 IndexController，所以在 views 文件夹下创建 index 文件夹，然后把本书配套的首页静态页面创建成首页视图文件 "index.php"，并把相应 images、js 和 css 文件夹复制到入口文件 index.php 同一路径。最后，通过浏览器访问首页控制器 IndexController 的 actionIndex()方法。

```
http://hostname/index.php?r=index/index
```

控制器渲染视图的步骤比较简单，这里会出现的问题是找不到 css 文件、js 文件和图片文件，我们只需要把在视图文件中引入的 css 文件、js 文件和图片文件的路径设置成相对入口文件即可。

渲染列表页、内容页视图页面和渲染首页视图页面类似，需要创建控制器 ArlistController 和 ArticleController，这里不再赘述。效果如图 2-14～图 2-16 所示。

40　第 2 章　Yii2 框架基础

图 2-14　首页效果图

图 2-15　列表页效果图

图 2-16　内容页效果图

2.11 小结

本章以输出"Hello，World！"为案例，介绍了 Yii2 框架的执行流程。本章是第 1 章中自定义框架部分在 Yii2 框架中的体现，希望读者能够参照 1.4 节部分深入理解 Yii2 框架中的相关内容。

读者通过学习本章内容，首先能够理解入口文件需要包含 Yii2 框架的引导文件，并且按指定的配置创建 Web 应用实例并执行；其次，能够理解应用（前端控制器）是最上层对象，主要任务是分析用户请求并将其分派到合适的控制器中以做进一步处理；最后，能够掌握 Yii2 框架中控制器和视图的编写规范，完成控制器渲染视图的操作。

第 3 章 布局

第 2 章中我们介绍了 yii\base\Controller::render()方法，用于在控制器中渲染视图。本书提供了一套网站的前台模板，包括首页、列表页和内容页。其中首页完整静态代码包括 index.htm 文件、css 文件、图片文件及 js 文件，目录结构如下所示。

```
│   index.htm
├─css
├─images
└─js
```

接下来根据提供的静态页面创建视图文件，并创建首页控制器去渲染它。但是在这之前，先介绍视图文件中的布局（Layout）。

3.1 布局概述

以本书提到的前台首页和"新闻中心"列表页为例，如图 3-1 所示，它们存在相同的元素，即头部导航栏和底部版权信息栏。一般把用户界面中通用的一部分视图代码取出来并放到单独的一个文件中，而这个文件就称为布局文件。

将通用的头部导航栏和底部版权信息栏放到布局文件中，即首页和列表页都使用同一个布局文件，然后每个页面有各自的局部视图文件，即呈现如图 3-2 所示的效果。

使用布局进行页面的渲染，可以减少代码量，提高工作效率，并且利于项目维护。例如，如果头部导航栏和底部版权信息栏中有内容需要调整，就可以直接修改布局文件，不用再分别修改首页和列表页视图文件。

在 3.2 节中我们通过一个实例说明如何创建并使用布局。

※3.2 项目实现迭代二：创建并使用布局渲染首页视图

图 3-1　首页和"新闻中心"列表页效果图

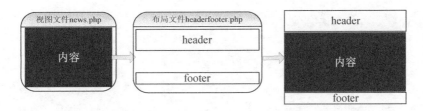

图 3-2　布局文件效果图

※3.2　项目实现迭代二：创建并使用布局渲染首页视图

本节把首页的头部导航栏和底部版权信息栏创建成布局文件，然后用控制器渲染带布局的视图，具体实现步骤如下。

步骤1：创建首页控制器。创建 controllers/IndexController.php 文件，控制器代码如下。

```
<?php
namespace app\controllers;
use yii\web\Controller;
class IndexController extends Controller{
    public function actionIndex(){
        $this->render ('index');
    }
}
```

第 3 章 布局

> 提示：Controller 类的 renderPartial()方法的作用是不带布局，只渲染视图。

步骤 2：创建首页视图。因为控制器名为 IndexController，所以在 views 文件夹下创建 index 文件夹，然后把本书配套的首页静态页面创建成首页视图文件"index.php"，并把相应的 images、js 和 css 文件夹复制到入口文件 index.php 的同一路径。最后，通过浏览器访问首页控制器 IndexController 的 actionIndex()方法。

```
http://hostname/index.php?r=index/index
```

控制器渲染视图的步骤比较简单，这里会出现的问题是找不到 CSS 文件、JavaScript 文件和图片文件，我们只需要把在视图文件中引入的 CSS 文件、JavaScript 文件和图片文件的路径设置成相对入口文件即可。

下面提取出视图文件中头部导航栏和底部版权信息栏的内容，放入到布局文件中。

步骤 3：创建布局文件 headerfooter.php，并保存到 views/layouts 目录下。部分代码如下所示。

```
<!DOCTYPE HTML PUBLIC "-//W3C//DTD HTML 4.01 Transitional//EN" "http://www.w3c.org/TR/1999/REC-html401-19991224/loose.dtd">
<HTML xmlns="http://www.w3.org/1999/xhtml">
<HEAD><TITLE>全自动洗碗机</TITLE></HEAD>
<BODY id=oneColFixCtr>
……
<!--Main Start-->
<?php echo $content;?>
<!--Main End-->
……
</BODY>
</HTML>
```

之所以把布局文件保存到 views/layouts 文件夹中，是因为 vendor\yiisoft\yii2\base\Module.php 的$layoutPath 属性默认关联到 views/layouts 文件夹，也就是说，Yii2 框架默认布局文件保存在上述目录下，如果应用程序路径有所改变，那么可以在应用配置文件中重写该值。

> 提示：在布局文件中需要输出变量"$content"，这个变量的值是视图文件中的所有内容，读者可能现在并不能完全理解，我将在 3.3 节中解释这部分的内容。

步骤 4：修改控制器 IndexController.php 文件，代码如下所示。

```
<?php
namespace app\controllers;
use yii\web\Controller;
```

```
class IndexController extends Controller{
    public function actionIndex(){
        //定义布局文件
        $this->layout='headerfooter';
        return $this->render ('index');
    }
}
```

Controller 类的成员属性 layout 用来指定布局文件，这里只需要把文件名赋值给 layout 即可。Yii2 框架会从布局文件默认存储路径 views/layouts 目录下查找相应布局文件。

另外一个修改的地方是使用 render()方法替换 renderPartial()方法,这两个方法都是用来渲染视图，区别是前者渲染带布局的视图，后者只渲染视图，即使指定了布局也不渲染。

这时，首页视图文件 views/default/index.php 保存的是除去头部导航栏和底部版权信息栏后剩下的代码。

最后，再一次通过浏览器访问首页。

```
http://hostname/index.php?r=index/index
```

如果能够正常访问，就代表控制器成功渲染带布局的视图文件。

虽然实现了创建布局，并使用布局渲染首页视图，但是有些读者可能并不明白 Controller 类中 render()方法内部的执行流程和渲染视图的原理，以及为什么要在布局文件中输出变量 "$content"，那么在下一节中将回答这个问题。

3.3　Controller 类的 render()方法执行流程

Controller 类的 render()方法用于渲染带布局的视图,为了了解 render()方法的执行流程，需查看 vendor\yiisoft\yii2\base\Controller.php 文件中 render()方法源代码。

```
class Controller extends Component implements ViewContextInterface
{
    ……
    public function render($view, $params = [])
    {
        $content = $this->getView()->render($view, $params, $this);
        return $this->renderContent($content);
    }
    public function renderContent($content)
    {
        $layoutFile = $this->findLayoutFile($this->getView());
```

```
    if ($layoutFile !== false) {
        return $this->getView()->renderFile($layoutFile, ['content' =>
$content], $this);
    }
    return $content;
}
......
}
```

分析 render()方法的源代码，画出流程图，如图 3-3 所示。

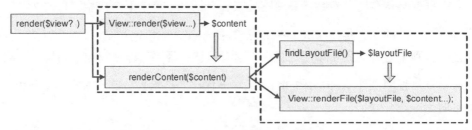

图 3-3　render()方法执行流程图

当 render()方法被调用，首先调用 View 类的 render()方法，该方法返回的内容赋值给变量$content，接下来把$content 作为参数传递给 renderContent()方法。在 renderContent()方法中首先调用 findLayoutFile()方法，渲染出布局文件，然后调用 View 类的 renderFile()方法，完成布局和视图的渲染。

通过分析以上代码希望大家理解为什么要在布局文件中输出变量"$content"，因为$content 变量代表当 yii\base\Controller::render() 控制器渲染方法调用时传递到布局的内容视图渲染结果。

比如上一节中执行 IndexController 的 actionIndex()方法，IndexController 的成员属性"layout"指定使用"headerfooter"布局，那么在布局文件 headerfooter.php 中一定要输出变量$content，代码示例如下。

```
......header here......
<?php echo $content; ?>//其中的$content 存储了局部视图文件的渲染结果
......footer here......
```

变量$content 会保存视图文件 views/index/index.php 的内容。

> 提示：要渲染一个不带布局的视图，可以在控制器中把 layout 属性设置为 false，或者直接调用 renderPartial()方法渲染视图文件。

最后，由 render()方法执行流程可知，先加载视图，再加载布局。

3.4 应用级布局

在 3.2 节中，通过设置控制器父类 Controller 的$layout 属性来设置调用的布局文件。Yii2 框架允许在不同控制器中设置布局也是为了程序的灵活性考虑。但是，如果我们再创建一个"新闻中心"列表页控制器，那么是不是需要在"新闻中心"列表页控制器中再次指定布局呢？答案是否定的，我们不需要做重复的事情。

在一个应用中，如果多个控制器使用同一个布局文件，那么可以在应用配置文件 config/web.php 中设置 yii/base/Application 的$layout 属性，代码示例如下。

```
$config = [
    'layout'=>'headerfooter',
```

接下来创建并使用布局渲染"新闻中心"列表页。

首先，创建"新闻中心"列表页控制器。在 controllers 目录下，创建 ArticleController.php 文件，控制器代码如下。

```
<?php
namespace app\controllers;
use yii\web\Controller;
/**
 * ArticleController 控制器主要实现新闻中心等栏目的设计与呈现
 *
 * @author 刘琨
 */
class ArticleController extends Controller{
    //Article 控制器中的所有动作方法都要用到 article 布局文件，
    //所以重写成员属性$layouts 在所有动作方法外部。
    public $layout='article';
    //实现新闻中心栏目列表页视图渲染
    public function actionNews(){
        return $this->render("news");//栏目新闻中心
    }
}
```

然后，创建"新闻中心"列表页视图文件。在本书配套资源中，包含该视图文件对应的静态页面。我们需要从静态页面中去掉和布局文件 headerfooter.php 重复的头部导航栏和底部版权信息栏代码。把创建好的视图文件 news.php 保存在 views/article 目录下。

最后，通过浏览器访问 ArticleController 控制器的 actionNews()方法，如果能够正常访问，就代表成功渲染带应用级布局的视图文件。

注意：控制器类对布局文件的设置优先级高于应用类中的设置。

3.5 嵌套布局

有时候需要嵌套一个布局到另一个，那么就可以在子布局中调用 beginContent() 和 endContent() 方法，例如 views/layouts/article.php 文件中代码如下所示。

```
<?php $this->beginContent('@app/views/layouts/headerfooter.php'); ?>
<div id="main" class="marginbtm20">
    <div class="indexMain">
     <?php echo $content; ?>
<!--      右侧-->
        <div class="indexRight">
            <div class="title2 indextt4"><span><a href="#">行业百科</a></span></div>
            <div class="rightList3 marginbtm10">
                <ul class="ulRightList3 ">
                    <li><a href="#" target="_blank" title="什么是洗碗机？">什么是洗碗机？</a></li>
                    <li><a href="#" target="_blank" title="家用全自动洗碗机发展历史">家用全自动洗碗机发展历史</a></li>
                    <li><a href="#" target="_blank" title="洗碗机在中国的三起三落">洗碗机在中国的三起三落</a></li>
                    <li><a href="#" target="_blank" title="家用全自动洗碗机分类">家用全自动洗碗机分类</a></li>
                    <li><a href="#" target="_blank" title="洗碗机分类">洗碗机分类</a></li>
                </ul>
            </div>
            <div class="title2 indextt4"><span><a href="#">行业新闻</a></span></div>
            <div class="rightList3 marginbtm10">
                <ul class="ulRightList3 ">
                    <li><a href="#" target="_blank" title="洗碗机：内销家电下一片"蓝海"？">洗碗机：内销家电下一片"蓝海"？</a></li>
                    <li><a href="#" target="_blank" title="家用洗碗机在国内市场的推广已呈锐不可当之势">家用洗碗机在国内市场的推广已呈锐不可当之势</a></li>
                </ul>
            </div>
        </div>
    </div>
</div>
<?php $this->endContent(); ?>
```

如上所示，子布局内容应在 beginContent()和 endContent()方法之间，传给 beginContent()的参数指定父布局，父布局可为布局文件或别名。

由以上代码可知，在布局文件 article.php 中调用布局文件 headerfooter.php，需要在布局文件 article.php 中调用 Controller 的 beginContent()方法，并传入布局文件 headerfooter.php 的路径作为参数，然后在渲染结束后调用 Controller 的 endContent()方法结束渲染过程。介于 beginContent()和 endContent()之间的内容将作为输出内容存储至布局文件 article.php 中的 $content 位置。

综上所述，并非视图文件可以使用布局文件，布局文件也可以使用其他布局文件，即嵌套布局。这为设计的实现提供了极大的灵活性，同时也减少了视图文件之间的代码重复。

下面通过一个实例使读者更好地了解嵌套布局的使用。

※3.6 项目实现迭代三：使用嵌套布局渲染"新闻中心"列表页

在前面的内容中，我们完成了首页视图的渲染和"新闻中心"列表页视图的渲染，接下来使用嵌套布局重新渲染列表页。"新闻中心"列表页和内容页渲染后的效果如图 3-4 所示。

图 3-4 "新闻中心"列表页和内容页效果图

图 3-4 "新闻中心"列表页和内容页效果图（续）

比较"新闻中心"列表页和内容页效果图，发现除了头部导航栏和底部版权信息栏相同之外，右侧部分也相同。头部导航栏和底部版权信息栏的内容我们放到了布局文件 headerfooter.php 文件中，右侧部分我们放在新的布局文件 right.php 文件中，比如渲染"新闻中心"列表页执行流程。渲染执行流程如图 3-5 所示。

具体实现步骤如下。

步骤 1：修改"新闻中心"列表页控制器 controllers/ArlistController.php 文件，代码如下。

※3.6 项目实现迭代三：使用嵌套布局渲染"新闻中心"列表页

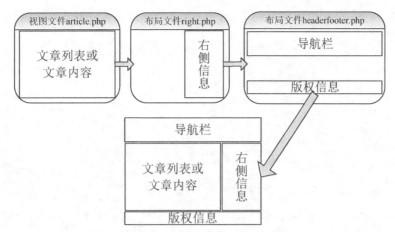

图 3-5 嵌套布局实现"新闻中心"列表页渲染执行流程图

```
<?php
namespace app\controllers;
use yii\web\Controller;
/**
 * ArlistController 控制器主要实现新闻中心列表页的设计与呈现
 *
 * @author 刘琨
 */
class ArlistController extends Controller{
    //ArlistController 控制器中的所有动作方法都要用到 article 布局文件，
    //所以重写成员属性$layouts 在所有动作方法外部。
    public $layout='right';
    //实现新闻中心栏目列表页视图渲染
    public function actionList(){
        return $this->render("arlist");
    }
}
```

控制器修改好后，接下来创建控制器中 render()方法渲染的"新闻中心"列表页视图文件 arlist.php。

步骤 2：创建"新闻中心"列表视图。在 views/arlist 目录下创建视图文件 arlist.php，其中部分代码如下。

```
<div class="indexLeft">
    <div class="location marginbtm10">
        <h1>新闻中心</h1>
        <span>您的位置：网站首页>新闻中心</span>
    </div>
    <div class="listPanle marginbtm15">
        <div class="listItem">
            <div class="">
```

```
                        <div class="title"><span>2011-08-23</span><h3 class="Blue
bold">我国商用洗碗机普及率低市场发展空间大</h3></div>
                        <div class="pvcontent">
                            <p>近日，中国家用电器研究院和国家... <span class="more1">
[阅读全文]</span></p>
                        </div>
                    </div>
                </div>
                ......
                <!--pages start-->
                <div class="pages"></div>
                <!--pages end-->
        </div>
</div>
```

这部分的代码是"新闻中心"列表页内容，也就是和内容页不同的中部左侧部分。列表页和内容页相同的中部右侧部分，我们放到布局文件 right.php 中。

步骤 3：创建布局文件 right.php。在 views/layouts 目录下的 right.php 文件中的代码如下：

```
<?php $this->beginContent('@app/views/layouts/headerfooter.php'); ?>
<div id="main" class="marginbtm20">
    <div class="indexMain">
     <?php echo $content; ?>
<!--右侧-->
        <div class="indexRight">
            <div class="title2 indextt4"><span><a href="#">行业百科</a></span>
</div>
    ……
            <div class="title2 indextt4"><span><a href="#">行业新闻</a></span>
</div>
    ……
        </div>
    </div>
</div>
<?php $this->endContent(); ?>
```

在布局文件 right.php 中调用了之前创建的 headerfooter.php 文件。headerfooter.php 文件中包含了头部导航栏和底部版权信息栏的内容，这里不再展示其代码。

由嵌套布局实现"新闻中心"列表页渲染的执行流程如下。

- 首先渲染视图文件 arlist.php 的内容，存储至布局文件 right.php 的$content 中。

- 因为在布局文件 right.php 中使用了另外一个布局文件 headerfooter.php，所以又把 arlist.php 和 right.php 两个文件中的内容存储至 headerfooter.php 文件的$content 中。

- 最后，渲染 headerfooter.php 布局文件，并将结果返回至用户。

> 提示：嵌套布局经常应用在类似前台开发这种场合，如首页和内容页相同的部分可能只是网页的头部、导航和尾部，这几部分可以创建一个布局文件。因为每一个内容页右侧又都相同，所以内容页又有自己的布局文件。

"新闻中心"内容页的渲染请读者自行完成。

3.7 视图文件的存储路径

Yii2 框架中所有视图文件默认情况下都存储在 views 文件夹内，通过修改配置文件 config/web.php 中的"viewPath"属性可以修改视图文件默认存放路径，代码示例如下。

```
return [
    ……
    'viewPath'=>'XXX',
]
```

配置文件 config/web.php 中的"viewPath"是 yii\base\Application 类的属性，该类继承了 yii\base\Module 类，在 Module 类中定义了 getViewPath() 和 setViewPath() 方法，用来获得和设置视图文件路径，代码如下所示。

```
//所在文件路径 vendor\yiisoft\yii2\base\Application.php
abstract class Application extends Module
{

}
//所在文件路径 vendor\yiisoft\yii2\base\Module.php
class Module extends ServiceLocator
{
    ……
private $_viewPath;
    /**
     * @返回视图文件存储路径，默认是'[[basePath]]/views'
     */
    public function getViewPath()
    {
        if ($this->_viewPath === null) {
            $this->_viewPath = $this->getBasePath() . DIRECTORY_SEPARATOR . 'views';
        }
        return $this->_viewPath;
    }

    /**
     * @param 参数$path 可以用来设置视图文件存储路径
     * @当该路径不存在时抛出异常
     */
```

```
    public function setViewPath($path)
    {
$this->_viewPath = Yii::getAlias($path);
    }
    ......
}
```

在 Module 中并没有设置成员属性 viewPath，但是对于 PHP 5，由于语言对动态特性（魔术方法）的支持，在使用 viewPath 成员属性时将通过调用__get()魔法方法间接调用 getViewPath()方法，在设置 viewPath 成员属性时，将通过调用__set()魔术方法间接调用 setViewPath()方法。

> 提示：魔术方法__get()和__set()方法在 Yii2 框架 vendor\yiisoft\yii2\base\Object.php 类中定义，会在后面的章节中详细介绍。本节只是分析了视图文件的存储路径，举一反三，布局文件的存储路径可以在主配置文件中通过"layoutPath"属性设置。

3.8 小结

本章通过实现控制器渲染前台模板（首页、列表页、内容页），介绍了布局的概念及使用方法。与布局有类似功能的技术有很多，读者理解起来应该比较容易。本章的难点是 Controller 类的 render()方法的执行流程和如何使用嵌套布局。

最后，希望读者通过分析视图文件的存储路径，更好地理解和使用 Yii2 框架。

第 4 章 模块

第 3 章实现了前台的首页、列表页和内容页的页面渲染。前台页面通常是数据的输出，而相应的数据的输入和修改则需要后台管理系统。后台管理系统通常作为一个独立的模块（modules）存在。

Yii2 框架中的模块是一个独立的软件单元，它可以包含自己的模型、视图、控制器和其他支持的组件。后台管理系统以模块的形式开发后，就可以单独维护和部署，并且可以在其他项目中被重复使用。

本章主要介绍 Yii2 框架中模块的相关内容。下面以后台管理系统模块为例，先来讲解模块的目录结构。

4.1 模块概述

Yii2 框架中的模块保存在 modules 文件夹下的一个目录中，目录的名字即模块名，也是该模块的唯一 ID。模块目录中除了包含模块类之外，其结构跟应用目录很相似，包含了 controllers、models 和 views 等文件夹。当然也可以根据项目需要，在基本的目录结构中加入一些自定义的文件。比如，下面列出的后台管理系统模块 "admin" 的目录结构。

```
├─modules
│  ├─admin                                     模块名
│  │   ├─Module.php                            模块类文件
│  │   ├─components                            包含可复用的用户组件
│  │   ├─controllers                           包含控制器类文件
│  │   │   └─DefaultController.php             默认的控制器类文件
│  │   ├─models                                包含模型类文件
│  │   └─views                                 包含控制器视图和布局文件
│  │       └─default                           包含 DefaultController 的视图文件
│  │           └─login.php                     视图文件
```

```
            ├─layouts                        包含布局文件
                 column1.php
                 column2.php
                 main.php
```

Yii2 框架规定，每个模块都有一个继承 yii\base\Module 的模块类，该类文件直接放在模块的 yii\base\Module::basePath 目录下，并且能被自动加载。后面章节会详细介绍模块类的作用，简单来说，该类在模块中的作用类似应用对整个应用程序的作用。admin 模块中 Module.php 文件中代码示例如下。

```
<?php

namespace app\modules\admin;

/**
 * admin module definition class
 */
class Module extends \yii\base\Module
{
    /**
     * @inheritdoc
     */
    public $controllerNamespace = 'app\modules\admin\controllers';

    /**
     * @inheritdoc
     */
    public function init()
    {
        parent::init();

        // custom initialization code goes here
    }
}
```

模块目录结构创建完成之后，如何才能让所属应用识别呢？模块创建完成后，需要把模块的 ID 添加到所属应用中。打开应用的配置文件 config/web.php，在"modules"对应的数组中添加元素"admin"，如下所示。

```
$config['modules']['admin'] = [
    'class' => 'app\modules\admin\Module',
];
```

上面的内容修改后保存，模块 admin 就可以通过以下 URL 访问。

```
index.php?r=admin/default/index
```

与之前的 URL 访问规则相比，唯一的区别是在路由中添加模块 ID（moduleID），即如下形式：moduleID/controllerID/actionID。URL 请求 admin/default/index 解释为 admin 模块的 DefaultController 控制器的 actionIndex()方法。

> 提示：模块可以无限级嵌套，这就是说，一个模块可以包含另一个模块，而这另一个模块又可以包含其他模块。称前者为父模块，后者为子模块。要访问子模块中的控制器动作，使用如下形式调用：parentModuleID/childModuleID/controllerID/actionID。

至此，我们已经对 Yii2 框架模块的概念有了大概的了解。为了提高开发效率，Yii2 框架装备了基于 Web 界面的代码生成工具 Gii，它可以帮助开发者快速搭建模块的目录文件结构。下一节将介绍如何使用 Gii 来创建后台管理模块"admin"。

4.2　使用 Gii 创建模块

Gii 是 Yii2 中的一个模块。可以通过配置应用的 yii\base\Application::modules 属性开启它。通常来讲在 config/web.php 文件中会有以下配置代码。

```
$config = [ ... ];

if (YII_ENV_DEV) {
    $config['bootstrap'][] = 'gii';
    $config['modules']['gii'] = [
        'class' => 'yii\gii\Module',
        // uncomment the following to add your IP if you are not connecting from localhost.
        //'allowedIPs' => ['127.0.0.1', '::1'],
    ];
}
```

这段配置表明，如果当前是开发环境，应用会包含"gii"模块，模块类是 yii\gii\Module。可以通过如下 URL 来访问 Gii 模块，效果如图 4-1 所示。

```
http://hostname/index.php?r=gii
```

访问 Gii 时会有一个文本框要求填写密码，如图 4-1 所示。

选择"Module Generator"（模块生成器），将会看到如图 4-2 所示的画面。

当光标定位到"Module Class"时，会有一个提示框显示出来，提示"Module Class"必须是完整的路径名和类名，这里需要输入"app\modules\admin\Module"。在"Module ID"输入框中输入"admin"，然后点击"Preview"按钮，该按钮的功能是展示所有将会被生成的文件，并且这些文件允许在创建之前进行预览，如图 4-3 所示。

第 4 章　模块

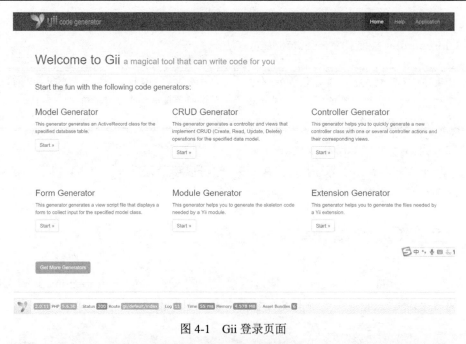

图 4-1　Gii 登录页面

图 4-2　模块生成器

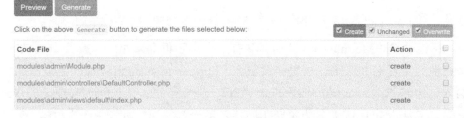

图 4-3　模块所包含文件预览

最后点击"Generate"按钮，生成所有文件。因为 Web 服务器进程需要写入权限，所以要确保"modules"文件夹对于该应用程序是可写入的。模块的基本目录结构创建成功后，会看到如图 4-4 所示的页面。

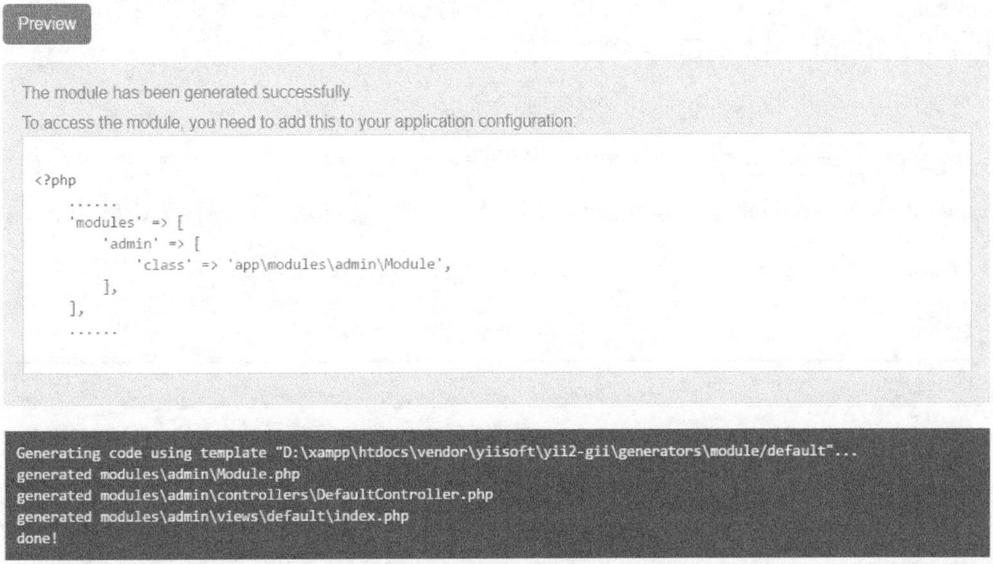

```
Preview
The module has been generated successfully.
To access the module, you need to add this to your application configuration:

<?php
    ......
    'modules' => [
        'admin' => [
            'class' => 'app\modules\admin\Module',
        ],
    ],
    ......

Generating code using template "D:\xampp\htdocs\vendor\yiisoft\yii2-gii\generators\module\default"...
   generated modules\admin\Module.php
   generated modules\admin\controllers\DefaultController.php
   generated modules\admin\views\default\index.php
done!
```

图 4-4　模块创建完成后显示的页面

该页面中有关于模块的配置使用说明和 4.1 节中介绍的一样，只需要修改应用主配置文件，生成的模块就可以被正确调用。

> **注意**：Gii 是一个代码生成工具。因此，Gii 只应当用于开发环境。因为它可以在应用程序中生成新的 PHP 文件，所以会带来一些不安全问题。

4.3　模块中的资源文件

如果想要模块能够在不同的应用中直接复制使用，模块中的资源文件（图片、CSS 文件和 JavaScript 文件等）就必须和模块中的其他文件保存在一起。那么，能否在模块"admin"目录下创建 images 文件夹保存图片，然后在页面中直接调用呢？例如，要访问如下 URL：

```
http://localhost/modules/admin/images/a.jpg
```

显然，"modules"目录下的文件是不允许通过 URL 访问的。

Yii2 框架使用 yiic 工具创建应用目录，会创建"assets"文件夹，用来包含资源文件。参照这种做法，在模块文件夹下创建 assets 文件夹，把模块中的资源文件保存到这个目录下，再调用 AssetManager 类的 publish()方法，这个方法首先会在应用的 assets 文件夹下创建一个随机不冲突的文件夹，如 6dedffc2，然后将模块的 assets 目录复制到 6dedffc2 文件夹中，以便在视图文件中调用这些资源文件。

下面通过一个实例详细说明模块中资源文件的保存与调用。

步骤 1：首先把模块用到的资源文件放到"modules/模块名/assets"目录中。例如，在 modules/admin/assets 目录中创建 images 文件夹，并把 logo.jpg 文件保存在该目录下。

步骤 2：调用 AssetManager 类的 publish()方法，该方法的详细用法见表 4-1。

表 4-1　　　　　　　　　　　　publish()方法

public array publish($path, $options = [])		
$path	string	要发布的 assets 目录名或者路径别名（如@app/modules/admin/assets）
$hashByName	boolean	要发布的目录是否以散列原文件名后的值来命名。如果为 false，则散列要发布的路径。默认为 false。如果要发布的路径是被不同的扩展所共享的，则设为 true
$options	array	支持的选项包括 only、except、caseSensitive、beforeCopy、afterCopy 和 forceCopy
{return}	string	发布 assets 的相对路径

修改 modules\admin\Module.php 文件，如下所示。

```php
<?php

namespace app\modules\admin;

/**
 * admin module definition class
 */
class Module extends \yii\base\Module
{
    /**
     * @inheritdoc
     */
    public $controllerNamespace = 'app\modules\admin\controllers';

    /**
     * @inheritdoc
     */
```

```
public function init()
{
    parent::init();

    // custom initialization code goes here
}
public function getAssetsUrl()
{
    $assetManager = new \yii\web\AssetManager();
    return $assetManager->publish("@app/modules/admin/assets")[1];
}
```

publish()方法第一个参数$pash 是要发布的 assets 目录保存路径，这里使用了路径别名"@app/modules/admin/assets"，指定保存 assets 目录为"/modules/admin/assets"。

提示：为了方便操作，Yii2 预定义了以下几个根别名。

@yii：BaseYii.php 文件所在的目录（也被称为框架安装目录）\vendor\yiisoft\yii2

@app：当前运行的应用所在目录。

@runtime：指当前运行的应用的 yii\base\Application::runtimePath。默认@app/runtime。

@webroot：指向包含入口脚本文件的目录/ web。

@vendor：指向包含 yii\base\Application::vendorPath。默认@app/vendor。

---

publish()方法返回一个相对路径，指向刚刚发布到外部 assets 的目录，接下来就可以在视图文件中调用该方法，获取发布图片的路径。

步骤 3：在视图文件 modules/admin/views/default/index.php 中获取图片路径，代码如下。

```
<img src="<?php echo $this->context->module->assetsUrl;?>/images/logo.jpg" alt="logo"/>
```

"$this"表示 View 实例对象，在视图中"$this->context"表示视图所在控制器实例对象，"module"表示该控制器所属的模块,这里表示 modules/admin 目录下模块类 Module 的实例对象，该对象调用不存在的属性"assetsUrl"的时候，就会通过魔术方法__get()，调用 modules\admin\Module 类的"getAssetsUrl()"方法。以上代码在浏览器中显示的内容如下。

```
<img src="/assets/6b6645ad/images/logo.jpg" alt="logo"/>
```

在调用 publish()方法的过程中，在应用目录下创建了"6b6645ad"文件夹，并把 modules/admin/assets 目录下的文件复制过去。这样在视图中实际访问的就是应用目录"6b6645ad"下的资源文件。

至此，模块的所有文件都保存在同一目录下，真正单独存储。为了更好地理解模块的相关内容，我们在下一节中实现后台管理系统模块的文章管理部分的功能。

※4.4 项目实现迭代四：文章管理

后台管理系统主要的功能之一就是文章管理，如添加、删除、更新数据库文章表。添加文章和管理文章页面分别如图 4-5 和图 4-6 所示。

图 4-5 添加文章页面

图 4-6 管理文章页面

要实现如图 4-5 和图 4-6 的页面效果，需创建的目录结构如下。

※4.4 项目实现迭代四：文章管理

```
admin
    │    Module.php                 模块类文件
    ├─assets                        保存模块中资源文件（css文件、js文件等）
    │   ├─css
    │   ├─font-awesome
    │   ├─images
    │   ├─img
    │   └─js
    ├─controllers
    │       ArticlemanagerController.php  文章管理控制器
    └─views
            ├─articleManager
            │   adminHtml.php       添加文章视图文件
            │   createHtml.php      管理文章视图页面
            └─layouts
                    headerleftHtml.php 布局文件
```

在控制器 ArticleManagerController.php 文件中，需要实现的功能很简单，就是渲染视图。

```php
<?php
use yii\web\Controller;

class ArticlemanagerController extends Controller
{
    //添加文章
    public function actionCreate()
    {
        return $this->render("createHtml");
    }
    //管理文章
    public function actionAdmin()
    {
        return $this->render("adminHtml");
    }
}
```

视图和布局文件中用到了 HTML 5、Bootstrap 和富文本编辑器等一些前端技术，由于和本书的主线不相符，这里就不再详细介绍了。

模块类文件 Module.php 中的代码如下。

```php
<?php

namespace app\modules\admin;

/**
 * admin module definition class
 */
```

```
class Module extends \yii\base\Module
{
    /**
     * @inheritdoc
     */
    public $controllerNamespace = 'app\modules\admin\controllers';

    /**
     * @inheritdoc
     */
    public function init()
    {
        parent::init();
        $this->layout = 'headerleftHtml';
        // custom initialization code goes here
    }
    public function getAssetsUrl()
    {
        $assetManager = new \yii\web\AssetManager();
        return $assetManager->publish("@app/modules/admin/assets")[1];
    }
}
```

其中包含了以下 2 个方法，功能如下。

- init()方法，该方法的作用是初始化模块，通常在这里定义模块的布局。
- getAssetsUrl()方法，用于获取模块发布到应用的资源文件的路径。

4.5　小结

本章通过实现后台管理系统模块，介绍了模块的概念及配置使用方法。在大型应用项目中，一些通用的功能都会设计成模块。在后续的章节中，还会继续深入系统地分析模块部分的代码。

第 5 章 ActiveRecord 模型

Active Record 模型是一种设计模式,用面向对象的方式抽象地访问数据的模式。在 Yii2 中,每一个 Active Record 模型对象的实例是 yii\db\ActiveRecord 类或它的子类,它封装了数据库表或视图中的一行记录,并封装了所有逻辑和访问数据库的细节,如果有大部分的业务逻辑,则必须使用这种模型。关于 Active Record 模型的更多介绍,下一节中将详细说明。

5.1 ActiveRecord 模型概述

在大多数企业级开发中,都需要用到面向对象方法和关系型数据库。在软件的业务逻辑层和用户界面层,都需要操作对象,而在操作对象后,需要把对象的信息存储至数据库中。因此,在 MVC 模式下开发一个应用程序时,程序员要写很多数据访问层的代码,用来执行新增、读取、保存、删除数据对象信息等任务。通常情况下,这些数据访问层的代码基本上都是先传入操作对象,然后设置存储过程,再设置对象与属性对应,最后执行存储过程。这些具有相同模式的代码,在每个软件项目都重复出现,这显然是一种资源的浪费,由此,可以使用 ActiveRecord 模型解决这些问题。

ActiveRecord(AR)模型是一种流行的对象—关系映射技术。对象—关系映射(Object Relational Mapping,ORM)是一种为了解决面向对象与关系型数据库存在的互不匹配现象的技术。ORM 在关系型数据库和对象之间产生一个自动映射,这样在具体的数据库操作中就不需要再与复杂的 SQL 语句打交道。软件设计人员只需要关注业务逻辑中的对象架构,而不是底层重复性的数据库 SQL 语句。

如图 5-1 所示,ActiveRecord 模型类对应关系型数据库中的

图 5-1 对象—关系映射

一个表，而模型类的一个实例对应表中的一行记录，类的成员属性对应表中的列。关系型数据库往往通过外键来表述实体关系，ActiveRecord 在数据源层面上也将这种关系映射为对象的关联和聚集。下面的代码演示了向文章表中插入一条记录的操作。

```
$article = new Article();//创建 ds_article 表对应的 ActiveRecord 模型类
$article->title = "文章标题";//给表中的 title 字段赋值
$article->content = "文章内容";//给表中的 content 字段赋值
$article->save();//执行 insert into 语句完成插入一条记录的操作
```

上面的代码相当于执行了下面的 SQL 语句。

```
insert into ds_article("title","content") value("文章标题","文章内容");
```

ActiveRecord 的优点是简单、直观，一个类就包括了数据访问和业务逻辑。这些优点使 ActiveRecord 特别适合 Web 快速开发。据统计，采用 AR 模型可将软件开发时间和成本压缩 40%，并且由于极大地提高了数据的可读写性，也简化了代码的调优与测试。

Yii2 框架中的 yii\db\ActiveRecord 类实现了 Active Record 模型模式，是所有 Active Record 模型的基类。在下一节中，将详细介绍 Active Record 模型模式思想在 Yii2 框架中的具体体现。

5.2 通过 CRUD（增查改删）操作理解 ActiveRecord 类

本节通过 yii\db\ActiveRecord 类对数据库表进行 CRUD 操作来学习 ActiveRecord 模型模式思想在 Yii2 框架中的体现。

首先介绍本节中用到的数据库表——文章表的结构。

5.2.1 文章表（ds_article）

文章表中保存网站后台内容管理系统中的文章信息，包括文章编号、标题、所属栏目 ID 和文章内容等信息。其表结构如下。

```
--
-- 表的结构 'ds_article'
--
CREATE TABLE IF NOT EXISTS 'ds_article' (
  'id' int(11) NOT NULL AUTO_INCREMENT,
  'title' varchar(32) COLLATE utf8_unicode_ci NOT NULL,
  'cid' int(11) DEFAULT NULL,
  'imgurl' varchar(200) COLLATE utf8_unicode_ci DEFAULT NULL,
```

```
  'linkurl' varchar(200) COLLATE utf8_unicode_ci DEFAULT NULL,
  'summary' varchar(500) COLLATE utf8_unicode_ci DEFAULT NULL,
  'content' text COLLATE utf8_unicode_ci,
  'tags' varchar(100) COLLATE utf8_unicode_ci DEFAULT NULL,
  'seotitle' varchar(100) COLLATE utf8_unicode_ci DEFAULT NULL,
  'keywords' varchar(100) COLLATE utf8_unicode_ci DEFAULT NULL,
  'description' text COLLATE utf8_unicode_ci,
  'userid' int(11) DEFAULT NULL,
  'create_time' int(11) DEFAULT NULL,
  'update_time' int(11) DEFAULT NULL,
  'recommend' varchar(100) COLLATE utf8_unicode_ci DEFAULT NULL,
  'recommend_level' tinyint(2) DEFAULT '0',
  'status' tinyint(1) DEFAULT NULL,
  'hits' int(11) DEFAULT NULL,
  PRIMARY KEY ('id')
) ENGINE=InnoDB  DEFAULT CHARSET=utf8 COLLATE=utf8_unicode_ci AUTO_INCREMENT=24 ;
```

> **提示：** 上面创建的文章表包含的和本节内容不相关的字段，这里就不再介绍了，有经验的读者可以根据字段名称分析出每个字段的含义。

在对文章表进行 CRUD 操作之前，需要先连接数据库，下一小节将介绍 Yii2 框架连接数据库的方法。

5.2.2 在配置文件中初始化数据库连接

Yii2 框架中的数据库操作基于 PDO 构建，数据库内部处理需要 PDO 类库支持，因此需要让 PHP 开启 PDO 扩展。因为本书中采用 MySQL 数据库，所以必须安装 PDO_MYSQL 扩展，在 php.ini 文件中开启 php_pdo_mysql.dll，让 PDO 支持访问 MySQL 数据库。

```
extension=php_pdo_mysql.dll
```

Yii2 框架中的 yii\db\Connection 类的主要功能是为用户封装了 PDO 的实例，并且自定义了一些配置，方便用户使用，我们使用它来连接数据库。

yii\db\Connection 作为应用的核心组件，在应用初始化时会自动进行初始化，对于使用者来说，只需要在应用配置文件中添加一个 db 应用组件，代码如下所示。

```
//protected/config/main.php:
'components'=>array(
    ……
    'db' => require(__DIR__ . '/db.php'),
    ……
```

在 config\db.php 文件中，代码如下所示。

```php
<?php
return [
    'class' => 'yii\db\Connection',
    //连接字符串，设置数据库类型、数据库主机地址、数据库名，即 PDO 的数据源（DNS）
    'dsn' => 'mysql:host=localhost;dbname=dscms',
    //数据库登录用户名
    'username' => 'root',
    //数据库登录密码
    'password' => '',
    //字符集
    'charset' => 'utf8',
];
```

在任意控制器的 action*Xxx* 方法中调用下面的语句，校验数据库是否连接成功。通过这种方式，这个唯一的数据库连接就可以在 Yii2 框架中的很多地方共享。

```
var_dump(\Yii::$app->db);
```

至此，完成了数据库操作的准备工作，下面开始 Yii2 框架操作数据库部分，从创建 ActiveRecord 模型开始。

5.2.3 创建 ActiveRecord 模型

创建 ActiveRecord 模型之前，先来了解下 ActiveRecord 类中的部分成员方法，如表 5-1 所示。其中 tableName() 是在创建模型类时用到的方法，save()、find() 和 delete() 则用于 CRUD 操作。

表 5-1　　　　　　　　　　ActiveRecord 类的部分成员方法

方　　法	描　　述
tableName()	返回关联的数据库表的名称
find()	查找指定条件的单条数据
delete()	删除对应的行

以创建文章表 ds_article 的 ActiveRecord 模型为例，在 models 目录下新建 Article.php 文件，注意该文件名要和其中的类名相同，创建继承 ActiveRecord 的 Article 类、tableName() 方法，实现代码如下。

```php
<?php
namespace app\models;

use yii\db\ActiveRecord;

class Article extends ActiveRecord
```

```
{
    /**
     * @return string 返回该 AR 类关联的数据表名
     */
    public static function tableName()
    {
        return 'ds_article';
    }
}
```

除了上述写法之外，还可以在主配置文件 config/db.php 中添加表前缀配置项，代码如下。

```
<?php
return [
    ......
    'tablePrefix'=>'ds_',
];
```

则 tableName() 方法中返回的数据库表名写法改成如下所示。

```
public static function tableName()
{
    return '{{%article}}';
}
```

如果查看 Yii2 框架代码就会发现，在调用 tableName()方法获取数据库表名时会把"{{%}}"替换，添加上表前缀，还原成完整表名。这样做的好处是提高了代码的适应性，即使修改了表前缀，代码也不需要再进行修改。

在本节中，文章表 ds_article 对应的 Article 模型类中通过重写父类 ActiveRecord 的 tableName()方法，把数据库表名告诉给了父类，就完成 ActveRecord 模型的创建，不可谓不简单快速。

下面将通过查询操作进一步了解 Yii2 框架的 ActiveRecord 类。

5.2.4 通过查询操作理解 ActiveRecord 类

在本章 5.2 节关于 ActiveRecord 模型的概述中，提到了 ActiveRecord 模型实例对象对应数据表中的一行记录，其成员属性对应数据表的字段。本小节使用 ActievRecord 类的 find()方法进行查询操作，通过读取 find()方法的返回结果，就可以充分理解 ActiveRecord 模型的对象和关系映射。

为了更好地理解本小节的内容，在 "controllers" 目录下创建了 "TestController.php" 文件，用于学习使用，并在该控制器中添加 actionRead()动作方法，代码如下所示。

```
<?php
namespace app\controllers;
```

```
use yii\web\Controller;
use app\models\Article;

class TestController extends Controller
{
    public function actionRead()
    {
        $article = Article::find()->where(['id' => 1])->one();
        print_r($article);
    }
}
```

静态方法 find()返回了 ActiveQuery 类的静态实例对象，从而可以访问该类的 where()方法，查询 Article 模型实例。如果在数据库中没有找到任何数据，one()方法将返回 null。正常情况下会打印如下类似的信息，表示该模型操作类可以正常使用。

```
app\models\Article Object
(
    [_attributes:yii\db\BaseActiveRecord:private] => Array
        (
            [id] => 1
            [title] => 家用洗碗机市场开拓还有待时日 2
            [cid] => 6
            [imgurl] =>
            [linkurl] =>
            [summary] =>
            [content] => 在我国，家用洗碗机市场面临着市场潜力巨大却无法打开的窘局。
            [tags] =>
            [seotitle] =>
            [keywords] => 家用洗碗机
            [description] => 在我国，家用洗碗机市场面临着市场潜力巨大却无法打开的窘局。
            [userid] => 1
            [create_time] => 1313388943
            [update_time] => 1314071894
            [recommend] =>
            [recommend_level] => 0
            [status] => 1
            [hits] => 14
        )

    [_oldAttributes:yii\db\BaseActiveRecord:private] => Array
        (
            [id] => 1
            [title] => 家用洗碗机市场开拓还有待时日 2
            [cid] => 6
            [imgurl] =>
            [linkurl] =>
            [summary] =>
```

```
            [content] => 在我国，家用洗碗机市场面临着市场潜力巨大却无法打开的窘局。
            [tags] =>
            [seotitle] =>
            [keywords] => 家用洗碗机
            [description] => 在我国，家用洗碗机市场面临着市场潜力巨大却无法打开的窘局。
            [userid] => 1
            [create_time] => 1313388943
            [update_time] => 1314071894
            [recommend] =>
            [recommend_level] => 0
            [status] => 1
            [hits] => 14
        )

    [_related:yii\db\BaseActiveRecord:private] => Array
        (
        )

    [_errors:yii\base\Model:private] =>
    [_validators:yii\base\Model:private] =>
    [_scenario:yii\base\Model:private] => default
    [_events:yii\base\Component:private] => Array
        (
        )

    [_behaviors:yii\base\Component:private] => Array
        (
        )

)
```

如上所示，one()方法找到了一个满足查询条件的行，返回一个Article实例对象，实例的属性含有数据表行中相应列的值。然后，就可以像读取普通对象的属性那样读取查询结果，如下所示。

```
echo $article ->title;//输出"家用洗碗机市场开拓还有待时日"
```

如果是传统面向对象语言，如C++或Java，这里就会报编译错误，因为Article类没有定义"title"成员属性。而对于PHP 5而言，由于语言对动态特性（魔术方法）的支持，这样的调用就没有任何问题。

在给$article对象的"title"属性赋值时，会触发父类ActiveRecord中定义的__set()方法，在vendor\yiisoft\yii2\db\BaseActiveRecord.php文件中的代码如下所示。

```
abstract class BaseActiveRecord extends Model implements ActiveRecordInterface
{
    ……
```

```php
    /**
     * PHP setter magic method.
     * This method is overridden so that AR attributes can be accessed like properties.
     * @param string $name property name
     * @param mixed $value property value
     */
    public function __set($name, $value)
    {
        if ($this->hasAttribute($name)) {
            if (
                !empty($this->_relationsDependencies[$name])
                && (!array_key_exists($name, $this->_attributes) || $this->_attributes[$name] !== $value)
            ) {
                $this->resetDependentRelations($name);
            }
            $this->_attributes[$name] = $value;
        } else {
            parent::__set($name, $value);
        }
    }
    ……
}
```

上述代码把"title"添加到$_attributes这个数组类型的成员变量中，也就是说，$_attributes充当了模型所对应的数据表属性动态管理器的角色。

另外，当$article对象调用成员属性"title"时，将触发__get()方法，返回$_attributes数组中相应属性的值，代码如下所示。

```php
abstract class BaseActiveRecord extends Model implements ActiveRecordInterface
{
    ……
    /**
     * PHP getter magic method.
     * This method is overridden so that attributes and related objects can be accessed like properties.
     *
     * @param string $name property name
     * @throws InvalidArgumentException if relation name is wrong
     * @return mixed property value
     * @see getAttribute()
     */
    public function __get($name)
    {
        if (isset($this->_attributes[$name]) || array_key_exists($name, $this->_attributes)) {
            return $this->_attributes[$name];
```

```
        }

        if ($this->hasAttribute($name)) {
            return null;
        }

        if (isset($this->_related[$name]) || array_key_exists($name, $this->_related)) {
            return $this->_related[$name];
        }
        $value = parent::__get($name);
        if ($value instanceof ActiveQueryInterface) {
            $this->setRelationDependencies($name, $value);
            return $this->_related[$name] = $value->findFor($name, $this);
        }

        return $value;
    }
    ......
}
```

为了深入了解 Yii2 框架的 ActiveRecord 类，接下来看一下数据的插入和更新操作。

5.2.5 通过插入和更新操作理解 ActiveRecord 类

在控制器 TestController 中添加包含插入操作的 actionInsert()方法，代码如下。

```
<?php
namespace app\controllers;

use yii\web\Controller;
use app\models\Article;

class TestController extends Controller
{
    ......
    public function actionInsert(){
        $article = new Article; //1.创建 Article 类实例
        $article ->title="标题"; //2.给 Article 类的属性赋值。
        $article ->content="内容";
        $article ->save(); //3.存入数据库
    }
}
```

执行 actionInsert()方法之后，数据库中就会插入一条新的记录。

在 Article 实例填充了列的值之后，也可以修改属性值并把数据存回数据表。例如，在 TestController 中添加 actionUpdate()方法，代码如下所示。

```
public function actionUpdate()
{
    $article=Article::find()->where(['title'=>'标题'])->one();
    $article->title="新标题";
    $article->save(); // 将更改保存到数据库
}
```

可以看到，使用同样的 save() 方法执行插入和更新操作。如果 Article 实例对象是使用 new 操作符创建的，调用 save() 时就会向数据表中插入一行新数据；如果 Article 实例对象是 find()方法的结果，那么调用 save() 将更新表中现有的行。

为了更好地理解在创建 Article 实例对象时使用哪种方法，查看在 vendor\yiisoft\yii2\db\BaseActiveRecord.php 文件中的代码。

```
abstract class BaseActiveRecord extends Model implements ActiveRecordInterface
{
    /*
     * 保存当前的记录。
     * 插入记录到数据表的一行,如果它的 isNewRecord 属性为 true(通常情况下使用的 'new'
运算符来创建记录)。
     * 否则，将被用于更新表中的相应行（通常情况下，使用 'find' 方法查找记录）。
     */
    public function save($runValidation = true, $attributeNames = null)
    {
        if ($this->getIsNewRecord()) {
            return $this->insert($runValidation, $attributeNames);
        } else {
            return $this->update($runValidation, $attributeNames) !== false;
        }
    }
}
```

如上代码所示，依据 "$this->getIsNewRecord()" 方法的返回值，判断执行不同的操作。例如，当使用 "new" 关键字创建 ActiveRecord 实例对象时则 "$this->getIsNewRecord()" 方法返回 "true"，执行插入操作，否则执行更新操作。

如果还不能完全理解在创建 Artcle 实例对象时使用哪种方法，可查看下一节中通过删除操作理解 ActiveRecord 类的内容。

5.2.6　通过删除操作理解 ActiveRecord 类

在 TestController 中添加包含删除操作的 actionDelete()方法，代码如下所示。

```
public function actionDelete()
{
    $article=Article::find()->where(['title'=>'新标题'])->one();
```

```
    $article->delete(); // 从数据表中删除此行
}
```

执行该方法之后，数据表中相应的行就被删除了。

注意：在插入记录的时候，使用 new 关键字创建 AR 模型对象；
　　　在查询、更新、删除的时候，都使用 find()方法创建对象。

※5.3 项目实现迭代五：首页"行业百科"数据查询

本节在项目实现迭代二基础上，从数据库的文章表中读取数据，填充到首页"行业百科"中，效果如图 5-2 所示，具体实现步骤如下。

图 5-2　首页行业百科效果图

步骤 1：在文章表中查找栏目 ID 为 14 的"行业百科"中的内容，需要在 Article 模型中完成，代码如下所示。

```php
<?php
namespace app\models;
use yii\db\ActiveRecord;

class Article extends ActiveRecord
{
    ......
    //查找栏目 ID 为 14 的 "行业百科" 中的内容
    public function getIndustryBaike()
    {
     return self::find()->select(['title'])->where(['cid' => 14])->all();
    }
}
```

步骤 2：修改首页控制器。在 controllers/IndexController.php 文件中添加代码如下。

```php
<?php
namespace app\controllers;
use yii\web\Controller;
use app\models\Article;
class IndexController extends Controller{
    public function actionIndex(){
      //查找栏目 id 为 14 的 "行业百科"
      $models = new Article();
      $industry_baike = $models->industryBaike;

    return $this->render ('index',["industry_baike"=>$industry_baike]);
    }
}
```

在控制器中创建 Article 模型实例对象，并且把查询出的数据传递到视图中。

步骤 3：修改视图页面 views\index\index.php，代码如下所示。

```php
<ul class=ulRightList1s>
  <?php
     foreach($industry_baike as $value){
  ?>
    <li><a title=<?php echo $value->title;  ?> href="#" target=_blank><?php echo $value->title; ?></a></li>
    <?php
    }
    ?>
   <!--<li><a title=洗碗机分类 href="#" target=_blank>洗碗机分类</a></li>
    <li><a title=家用全自动洗碗机分类 href="#" target=_blank>家用全自动洗碗机分类</a></li>
     <li><a title=洗碗机在中国的三起三落 href="#" target=_blank>洗碗机在中国的三起三落</a></li>
     <li><a title=家用全自动洗碗机发展历史 href="#" target=_blank>家用全自动洗碗机发展历史</a></li>
```

```
        <li><a title=什么是洗碗机？ href="#" target=_blank>什么是洗碗机？
</a></li>-->
    </ul>
```

至此，我们完成了前台首页中"行业百科"部分的动态化处理，其目的是进一步完善 MVC 框架模式，把应用的输入、处理、输出流程按照模型、视图、控制器的方式进行分离。

※5.4 项目实现迭代六：在"文章添加"页面实现数据插入

本节在项目实现迭代四基础上，在后台文章管理的"文章添加"页面中实现 Article 模型数据插入，具体实现步骤如下。

步骤 1：修改"文章添加"页面控制器。在 modules\admin\controllers\ArticleManagerController.php 文件中添加代码如下。

```php
<?php
namespace app\modules\admin\controllers;
use yii\web\Controller;
use app\models\Article;
class ArticleManagerController extends Controller
{
    public $enableCsrfValidation=false;
    //添加文章
    public function actionCreate()
    {
        if(isset($_POST['Article']))
        {
            $article = new Article;//step1:创建 AR 类实例
            //step2:给 AR 类的属性赋值
            $article -> title = $_POST["Article"]["title"];
            $article -> content = $_POST["Article"]["content"];
            $article -> save();//插入数据
        }
        return $this->render("createHtml");
    }
    ……
}
```

"public $enableCsrfValidation=false;"代码的目的是避免出现"Unable to verify your data submission"错误，出现这个情况是因为表单在提交的时候时，被 Yii2 框架的 CSRF 验证拦截了，只需把它禁用即可。

步骤 2：修改视图页面 modules\admin\views\article-manager\createHtml.php，代码如下所示。

```
<form class="form-horizontal" enctype="multipart/form-data"
    id="article_add_form"
action="index.php?r=admin/article-manager/create"
    method="post">
    <legend>以下<span class="required">*</span>为必填项。</legend>
    <div class="control-group">
        <label class="control-label required" for="typeahead">
            文章标题 <span class="required">*</span>
        </label>
        <div class="controls">
            <input class="span6 typeahead" name="Article[title]" id="Article_title"/>
        </div>
    </div>

    <div class="control-group">
        <label class="control-label required" for="textarea2">
            内容 <span class="required">*</span>
        </label>
        <div class="controls">
            <textarea class="cleditor" id="textarea2" name="Article[content]" rows="3">
            </textarea>
        </div>
    </div>
    <div class="form-actions">
        <button type="submit" class="btn btn-primary" name="Article[sub]">提交</button>
        <button type="reset" class="btn" name="res">重置</button>
    </div>
</form>
```

注意：视图文件表单项 "name" 属性的命名方式，在后面的章节中会详细介绍。

5.5 小结

本章介绍了 Yii2 框架中的 ActiveRecord 类，该类主要用于数据库操作环境中。使用该类可以快速、便捷地对数据库、表、语句以及各种记录集等数据库资源进行操作。而同样的操作，使用传统的方法则会比使用 ActiveRecord 类更为复杂且需要更多的代码。合理地使用 ActiveRecord 类将会提高数据应用程序的执行效率，使程序更加清晰明了，能够起到事半功倍的效果。

第 6 章
ActiveRecord 模型类的查询方法

Yii2 框架的 ActiveRecord 模型的查询方法使用频率比较高,既可以完成简单的单表查询,又可以完成复杂的多表关联查询。通过适当的查询方法的调用,可以让数据库服务器根据需求检索出所需要的数据,并按照指定的格式进行处理并返回。

本章将通过大量的实例围绕前台首页页面演示 Yii2 框架中 ActiveRecord 类查询方法的用法。首先我们先对 ActiveRecord 模型类的查询操作流程进行详细的剖析。

6.1 ActiveRecord 模型类的 find() 方法与查询执行流程

在 Yii2 框架类参考手册中,对 ActiveRecord 类的 find() 方法有详细的说明,见表 6-1。

表 6-1　　　　　　　　　　　find()方法

public static yii\db\ActiveQuery find()		
{return}	yii\db\ActiveQuery	创建 yii\db\ActiveQuery 实例对象

该方法返回 yii\db\ActiveQuery 实例,Yii2 框架使用 ActiveQuery 类的成员方法构建查询语句,该查询语句相比原生的 SQL 语句可读性和安全性更强,比如,使用 ActiveQuery 类的 select() 方法用来指定 SQL 语句当中的 SELECT 子句,where () 方法用来指定 SQL 语句当中的 WHERE 子句,其他还有 orderBy()、groupBy()、having()、limit()、offset() 和 union() 方法。查询语句构建完成之后,通常调用 ActiveQuery 类的 one() 或者 all() 方法返回查询结果。Yii2 框架中使用 ActiveRecord 查询流程如图 6-1 所示。

第 6 章 ActiveRecord 模型类的查询方法

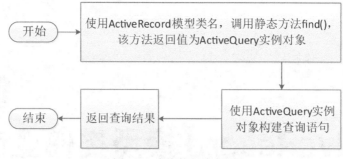

图 6-1 查询执行流程图

在上面代码中，首先由 Category 模型类的静态方法 find()，创建 yii\db\ActiveQuery 实例对象，接着使用 ActiveQuery 实例对象构建查询语句，最后使用"all()"方法返回查询结果。

下面的简单示例实现了在查询栏目 ID 为 7 的文章表中记录的所有字段，在 controllers\FindController.php 文件中添加如下代码。

```php
<?php
namespace app\controllers;
use yii\web\Controller;
use app\models\Article;
class FindController extends Controller{
    public function actionTest()
    {
        //查询栏目 ID 为 7 的文章表中记录的所有字段
        //step1:使用 Article 模型类调用静态方法 find()方法创建 ActiveQuery 实例对象
        $news = Article::find()
                ->where('cid=7')//step2:使用 ActiveQuery 实例对象构建查询语句
                ->all();        //step3:返回查询结果

        return $this->render ('test',['news'=>$news]);
    }
    ......
}
```

6.2 查询方法 find()实例

本节将使用 ActiveRecord 的 find()方法分别实现在查询条件中带有逻辑运算符、比较运算符，并实现范围比较查询和模糊查询。

6.2.1 实现带有逻辑运算符和比较运算符的查询

首先用 find()方法实现带有逻辑运算符"="和比较运算符"and"的查询语句。SQL 语句如下。

```
select * from ds_article where cid=6 and title="家用洗碗机市场开拓还有待时日";
```

用 find()方法在 Yii2 框架中实现如上 SQL 语句,对应的代码如下。

```php
<?php
class FindController extends Controller{
    ……
    public function actionAnd()
    {
        $news = Article::find()
            ->where("cid=6 and title='家用洗碗机市场开拓还有待时日'")
            ->one();

        return $this->render ('test',['news'=>$news]);
    }
}
```

或者写成使用占位符的形式。

```
$news = Article::find()
        ->where("cid=:cid and title=:title",[":cid"=>6,":title"=>"家用洗碗机市场开拓还有待时日"])
        ->one();
```

提示:使用占位符使程序更加安全,如会防止 SQL 注入等网络攻击。

6.2.2 实现范围比较查询

带有范围比较运算符的查询语句,其查询结果通常都是多条记录,而 yii\db\ActiveQuery 类的 one()方法返回一个 ActiveRecord 类的实例对象,因此,如果查询条件中带有范围比较运算符,那么可以使用 yii\db\ActiveQuery 类的 all()方法来实现。比如,用 all()方法实现带有范围比较运算符"between"和"and"的查询语句。

SQL 语句如下:

```
select * from ds_article where cid between 1 and 10;
```

对应的代码如下。

```php
<?php
namespace app\controllers;
```

```
use yii\web\Controller;
use app\models\Article;
class FindController extends Controller{
    ……
    public function actionBetween()
    {
        $news = Article::find()
            ->where("cid between 1 and 10 ")
            ->all();
        return $this->render ('test',['news'=>$news]);
    }
}
```

或者写成使用占位符的形式:

```
$news = Article::find()
    ->where("cid between :start and :end ",[":start"=>1,":end"=>10])
    ->all();
```

6.2.3 实现模糊查询

模糊查询的结果通常也会是多条记录,因此,也需要使用 all()方法实现。例如,带有模糊查询关键词"like"的 SQL 语句。

```
select * from  'ds_article' where title like  '%洗碗机%'
```

对应的代码如下。

```
<?php
class FindController extends Controller{
    ……
    public function actionLike()
    {
        $news = Article::find()
            ->where("title like '%洗碗机%'")
            ->all();
        return $this->render ('test',['news'=>$news]);
    }
}
```

6.3 查询构建类 ActiveQuery

Yii2 框架中的类 yii\db\ActiveQuery 用来构建查询条件,比如 where、order、limit、in/not in、like 等常用短句。使用查询构建类 ActiveQuery 构建的查询条件语句相比于原生 SQL 语句显得比较规范，功能一目了然并且更加灵活。

6.3.1 ActiveQuery 成员属性简介

首先了解一下 yii\db\ActiveQuery 常用成员属性，见表 6-2。

表 6-2　　　　　　　　　　　ActiveQuery 常用成员属性

属　　性	类　　型	描　　述
alias	string	表别名
distinct	boolean	是否只选择不相同的数据行
groupBy	string	如何进行分组查询结果
having	string	作为 GROUP-BY 子句的条件
indexBy	string	作为查询结果数组的索引
join	string	如何加入其他的表
limit	integer	要返回最多记录数
offset	integer	要返回从 0 开始的偏移量
orderBy	string	如何对结果进行排序
params	array	以参数占位符为索引的查询参数列表
select	mixed	被选中的列
with	mixed	相关联的查询标准

使用 ActiveQuery 类的成员属性组织查询语句。

```
select id, title from  ds_article where cid =14
//查询文章表中栏目 ID 为 14 的所有文章 ID 和标题
```

示例代码如下所示。

```
<?php
namespace app\controllers;
use yii\web\Controller;
use app\models\Article;
class FindController extends Controller{
```

```
......
public function actionQuery()
{
    $rows = new \yii\db\ActiveQuery(Article::className());
    //必须写成数组形式,如果不设置该项属性,默认查询所有字段
    $rows -> select = ['id','title'];
    //查询条件
    $rows -> where = 'cid=:cid';
    //以参数占位符为索引的查询参数列表
    $rows -> params = [":cid"=>14];
    //返回查询结果
    $article = $rows->one();
    return $this->render ('test',['news'=>$article]);
}
}
```

在实际应用查询构建类构建查询语句时,更多的是使用 ActiveQuery 类的成员方法,下面我们以父类 yii\db\Query 中的 where()成员方法为例,详细讲解如何使用成员方法构建查询语句。

6.3.2　ActiveQuery 成员方法简介

首先了解一下 yii\db\ActiveQuery 常用构建查询语句的成员方法,见表 6-3。

表 6-3　　　　　　　　　ActiveQuery 常用构建查询语句的成员方法

方法名	返回值类型	描述
select()	yii\db\Query	指定 SQL 语句当中的 SELECT 子句
from()	yii\db\Query	指定了 SQL 语句当中的 FROM 子句
where()	yii\db\Query	指定了 SQL 语句当中的 WHERE 子句
groupBy()	yii\db\Query	指定了 SQL 语句当中的 GROUPBY 子句
having()	yii\db\Query	指定了 SQL 语句当中的 HAVING 子句
join()	yii\db\Query	指定了 SQL 语句当中的 JOIN 子句
limit()	yii\db\Query	指定了 SQL 语句当中的 LIMIT 子句
offset()	yii\db\Query	指定了 SQL 语句当中的 OFFSET 子句

(续表)

方法名	返回值类型	描述
orderBy()	yii\db\Query	指定了 SQL 语句当中的 ORDERBY 子句
union()	yii\db\Query	指定了 SQL 语句当中的 UNION 子句

上表中没有列出各个方法的参数，但是却不厌其烦地列出了各个方法的返回值类型 yii\db\Query，也就是当前类的实例对象，这里的目的是希望大家能够理解我们调用 yii\db\Query 类的成员方法是可以连续调用，示例代码如下。

```
$suss_case_id=Category::find()
            ->select("id")
            ->where(["parentid"=>10])
            ->all();
```

在上面代码中，首先由 Category 模型类的静态方法 find()，创建 yii\db\ActiveQuery 实例对象，接着使用 ActiveQuery 实例对象构建查询语句，最后使用"all()"方法返回查询结果。

在表 6-3 中列出的 yii\db\ActiveQuery 常用成员方法主要功能是构建查询语句，"执行"这些语句可以调用该类的以下方法，如表 6-4 所示。

表 6-4　　　　　　　　ActiveQuery 常用返回结果集的成员方法

方法名	返回值类型	描述
all()	array	执行查询语句，并且以数组形式返回所有查询结果集
one()	yii\db\ActiveRecord|array|null	执行查询语句，返回一条查询结果集
column()	array	执行查询语句，返回结果集的第一列
scalar()	string|null|false	返回结果集的第一行第一列的标量值
exists()	boolean	判断结果集是存在
count()	integer|string	返回 SQL 语句 COUNT 查询的结果

表 6-3 和 6-4 列出了 yii\db\ActiveQuery 类的常用成员方法，在这些方法中，"where()" 方法的用法比较复杂，下一小节中详细给大家介绍这个方法。

6.3.3　Query 类 where()成员方法简介

where()成员方法属于 yii\db\ActiveQuery 的父类 yii\db\Query，详细介绍如表 6-5 所示。

表 6-5　　　　　　　　　　　成员方法 where ()

public Query where ($condition, $params = [ ])

$condition	string|array|yii\db\Expression	用来指定 SQL 语句当中的 WHERE 子句
$params	array	绑定到查询的参数
{return}	yii\db\Query	当前 Query 实例对象

由此表可知，where()方法的$condition 参数有如下 3 个格式。

- 字符串格式，例如："status=1"。
- 数组格式（哈希格式），例如： ['status' => 1, 'type' => 2]。
- 操作符格式，例如：['like', 'name', 'test']。

下面是 where ()方法的 3 种参数类型的简单示例。

1. 在定义非常简单的查询条件的时候，字符串格式是最合适的。

```
//查询栏目 ID 为 7 的文章表中的记录
$news = Article::find()
    ->where('cid=7')
    ->one();
```

2. 数组格式最适合用来指定多个"and"串联起来的子条件。数组的键表示字段的名称，而数组的值则表示这个字段需要匹配的值。

```
//SELECT * FROM `ds_article` WHERE (`cid`=6) AND (`title`='家用洗碗机市场开拓还有待时日')
$news = Article::find()
    ->where(['cid'=>6,'title'=>'家用洗碗机市场开拓还有待时日'])
    ->one();
```

3. 操作符格式允许你指定类程序风格的任意条件语句，如下所示。

```
[操作符, 操作数 1, 操作数 2, ...]
```

其中每个操作数可以是字符串格式、数组格式或者嵌套的操作符格式，而操作符可以是如下列表中的一个。

- and: 操作数会被"and"关键字串联起来。例如，['and', 'id=1', 'id=2'] 将会生成 id=1 AND id=2。如果操作数是一个数组，它也会按上述规则转换成字符串。例如，['and', 'type=1', ['or', 'id=1', 'id=2']] 将会生成 type=1 AND (id=1 OR id=2)。

> 提示：or 用法和 and 操作符类似，这里就不再赘述。

- between：第一个操作数为字段名称，第二个和第三个操作数代表的是这个字段的取值范围。例如，['between', 'id', 1, 10] 将会生成 id BETWEEN 1 AND 10。
- in：第一个操作数应为字段名称或者数据库表达式。第二个操作数既可以是一个数组，也可以是一个 Query 对象。如果第二个操作数是一个数组，那么它代表的是取值范围。如果第二个操作数是 Query 对象，那么这个子查询的结果集将会作为取值范围。例如，['in', 'id', [1, 2, 3]] 将生成 id IN (1, 2, 3)。
- like：第一个操作数应为一个字段名或数据库表达式，第二个操作数可以是字符串或数组，代表第一个操作数需要模糊查询的值。比如，['like', 'name', 'tester'] 会生成 name LIKE '%tester%'。如果范围值是一个数组，那么将会生成用"and"串联起来的多个"like"语句。例如，['like', 'name', ['test', 'sample']] 将会生成 name LIKE '%test%' AND name LIKE '%sample%'。

> 提示：当使用 PostgreSQL 的时候还可以使用 ilike，该方法对大小写不敏感。

- or like：用法和 like 操作符类似，区别在于当第二个操作数为数组时，会使用 OR 来串联多个"like"条件语句。
- not like：用法和"like"操作符类似，区别在于会使用 NOT LIKE 来生成条件语句。
- or not like：用法和"not like"操作符类似，区别在于会使用 OR 来串联多个 NOT LIKE 条件语句。
- exists：只需要一个操作数，该操作数必须是代表子查询 yii\db\Query 的一个实例，它将会构建一个 EXISTS（sub-query）表达式。
- not exists：用法和 exists 操作符类似，它将创建一个 NOT EXISTS（sub-query）表达式。
- >或<=：包含两个操作数的合法数据库操作符，第一个操作数必须为字段的名称，而第二个操作数则应为一个值。例如，['>', 'age', 10] 将会生成 age>10。

6.4 关联查询

之前已经了解了如何使用 ActiveRecord 模型从单个数据表中查询数据。在本节中，将介绍如何使用 ActiveRecord 模型连接多个相关数据表并查询关联（join）后的数据集。

本节的内容以栏目表和文章表为例，为了使用关系型 ActiveRecord 模型，在需要关联的表中定义主键—外键约束，因此，把文章表的 cid 字段设置成外键，如图 6-2 所示。这些约束可以保证相关数据的一致性和完整性。

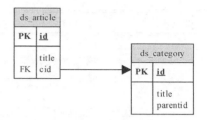

图 6-2 文章表与栏目表 ER 图

在使用 ActiveRecord 模型执行关联查询之前，如何让 ActiveRecord 模型类之间的关系映射其所代表的数据表之间的关系？

在 Active Record 模型中定义关系可以使用 ActiveRecord 类中的 hasOne()或者 hasMany()方法。比如，栏目表和文章表之间是一对多的关系，也就是说一个栏目可以包含多篇文章。Category 模型中声明与 Article 模型的关系需要使用 hasMany()方法，代码示例如下。

```php
//Category.php
<?php
//声明 app\models 命名空间
namespace app\models;
//导入 yii\db\ActiveRecord 命名空间
use yii\db\ActiveRecord;
//创建 ds_categery 表对应的模型类
class Category extends ActiveRecord{
    /**
     * @return string 返回该 ActiveRecord 类关联的数据表名
     */
    public static function tableName()
    {
        return "{{%category}}";
    }

    public function getArticles()
    {
        //栏目表和文章表之间是一对多的关系
        return $this->hasMany(Article::className(),["cid"=>"id"]);
    }
}
```

无论是 hasOne()还是 hasMany()方法都有两个参数并返回 yii\db\ActiveQuery 对象，hasMany()方法详细介绍如表 6-6 所示。

使用时，如果$category 代表一个 Category 类的实例对象，那么可以使用$category->articles 来获取与它相关的所有的 Article 对象。

结合本书配套项目运行关联查询实现如下需求，在首页中显示所有成功案例的文章内容。成功案例是顶级栏目，包含了 4 个二级目录全自动洗碗机、家用洗碗机、商用洗碗机和餐具消毒设备。

表 6-6　　　　　　　　　　yii\db\BaseActiveRecord 的 hasMany()方法

public yii\db\ActiveQueryInterface hasMany ($class, $link)

$class	string	要关联的模型类名
$link	array	实现关系的外键，应为键值对数组的形式。数组的键是要关联模型的属性名，而数组的值是当前模型的属性名。
{return}	yii\db\ActiveQueryInterface	关系查询对象

成功案例在栏目表中的 ID 是 10，首先在栏目表中找到 parentID 为 10 的的栏目 ID（11、12、13 和 24）。然后根据每个栏目的 ID 到文章表中找到对应记录，示例代码如下。

```php
<?php
namespace app\controllers;
use yii\web\Controller;
use app\models\Article;
use app\models\Category;
class FindController extends Controller{
    ……
    public function actionArticles()
    {
        $this->layout = false;
        //成功案例在栏目表中的 ID 是 10,
        //首先在栏目表中找到 parentID 为 10 的的栏目 ID(11,12,13,24)
        $suss_case_id=Category::find()
                    ->select("id")
                    ->where(["parentid"=>10])
                    ->all();
        //然后根据每个栏目的 ID 到文章表中找到对应记录。
        foreach($suss_case_id as $sid){
            $suss_case[]=Category::find()
                    ->where(["id"=>$sid->id])
                    ->one()
                    ->articles;
        }

        return $this->render ('test',['news'=>$suss_case]);
    }
}
```

为了便于读者理解本章内容，6.5 节将完成本书配套的项目实现迭代七，把首页中显示的内容动态地从数据库中查询出来。

※6.5　项目实现迭代七：完成首页中的数据填充

本节是在项目实现迭代五基础上继续开发，将使用 ActiveRecord 模型的查询方法，完成如图 6-3 所示的首页中 5 个部分内容的数据填充。

图 6-3　首页效果图

6.5.1　实现幻灯片切换

在本书提供的案例中，首页导航栏左下方就是一个像幻灯片切换效果一样的图片展示区。所展示的图片保存在服务器端的某个文件中,存储路径保存在图片表中,表结构如下所示。

```sql
--
-- 表的结构 'ds_picture'
--

CREATE TABLE IF NOT EXISTS 'ds_picture' (
  'id' int(11) NOT NULL AUTO_INCREMENT,
  'title' varchar(32) COLLATE utf8_unicode_ci NOT NULL,
  'cid' int(11) DEFAULT NULL,
  'imgurl' varchar(200) COLLATE utf8_unicode_ci DEFAULT NULL,
  'linkurl' varchar(200) COLLATE utf8_unicode_ci DEFAULT NULL,
  'summary' varchar(500) COLLATE utf8_unicode_ci DEFAULT NULL,
  'create_time' int(11) DEFAULT NULL,
  'update_time' int(11) DEFAULT NULL,
  'recommend' varchar(100) COLLATE utf8_unicode_ci DEFAULT NULL,
  'recommend_level' tinyint(2) DEFAULT '0',
  'status' tinyint(1) DEFAULT NULL,
  'hits' int(11) DEFAULT NULL,
  PRIMARY KEY ('id')
) ENGINE=InnoDB DEFAULT CHARSET=utf8 COLLATE=utf8_unicode_ci AUTO_INCREMENT=6 ;
```

在 Yii2 框架中创建该数据表对应的 ActiveRecord 模型,保存在 models/Picture.php 文件中,代码如下。

```php
<?php
//声明 app\models 命名空间
namespace app\models;
//导入 yii\db\ActiveRecord 命名空间
use yii\db\ActiveRecord;
//创建 ds_pictuer 表对应的模型类
class Picture extends ActiveRecord{
    /**
     * @return string 返回该 ActiveRecord 类关联的数据表名
     */
    public static function tableName()
    {
        return "{{%picture}}";
    }
}
```

实现幻灯片切换效果,只需要从 ds_picture 表中读取所有记录的 title 和 imgurl 两个字段的内容即可,控制器 controllers\IndexController.php 中实现代码如下所示。

```php
namespace app\controllers;
use yii\web\Controller;
use app\models\Picture;
```

```
class IndexController extends Controller{
    public function actionIndex(){
        //幻灯片切换效果
        //从ds_picture表中读取所有记录的title和imgurl两个字段的内容。
        $pictures_model = Picture::find()
                    ->select('title, imgurl')
                    ->all();
        ......
    }
}
```

视图层文件中,实现动态获取图片标题和存储路径的功能。相应的静态代码如下所示。

```
<div class=current><a href="#"><img src="./images/1313596175-433568441.jpg" width=680 height=269></a></div>
    <div><a href="#"><img src="./images/1313596641-1492950193.jpg" width=680 height=269></a> </div>
    <div><a href="#"><img src="./images/1313597081-218708415.jpg" width=680 height=269></a></div>
    <div><a href="#"><img src="./images/1313597012-1647807175.jpg" width=680 height=269></a></div>
    <div><a href="#"><img src="./images/1313595259-1765138983.jpg" width=680 height=269></a></div>
```

替换后的代码如下。

```
        <?php
        //幻灯片切换效果,从ds_picture表中读取所有记录的title和imgurl两个字段的内容
          foreach($pictures_model as $k=>$picture){
        ?>
        < div <?php if($k==0)echo "class=current";?>>
        <a href="#"><img src="<?php echo Yii::app()->request->hostInfo."/chap6".$picture->imgurl;?>" width=680 height=269></a>
        </ div >
        <?php } ?>
```

6.5.2 实现成功案例

首页中"成功案例"栏目下显示的是文章表中保存的"成功案例"的图片和标题。"成功案例"是一个顶级栏目,其下面包含了4个二级栏目,分别为餐具消毒设备、家用洗碗机、全自动洗碗机和商用洗碗机。如何查询出"成功案例"的所有子栏目下的文章的内容呢?我们先来分析一下栏目表的结构。

```
--
-- 表的结构 'ds_category'
```

```sql
--
CREATE TABLE IF NOT EXISTS 'ds_category' (
  'id' int(11) NOT NULL AUTO_INCREMENT,
  'title' varchar(32) COLLATE utf8_unicode_ci NOT NULL,
  'parentid' int(11) DEFAULT NULL,
  'module' tinyint(2) DEFAULT NULL,
  'userid' int(11) DEFAULT NULL,
  'type' tinyint(1) DEFAULT NULL,
  'imgurl' varchar(200) COLLATE utf8_unicode_ci DEFAULT NULL,
  'seotitle' varchar(100) COLLATE utf8_unicode_ci DEFAULT NULL,
  'keywords' varchar(100) COLLATE utf8_unicode_ci DEFAULT NULL,
  'description' text COLLATE utf8_unicode_ci,
  'sort' tinyint(2) DEFAULT '0',
  'status' tinyint(1) DEFAULT NULL,
  'mark' varchar(32) COLLATE utf8_unicode_ci DEFAULT NULL,
  PRIMARY KEY ('id')
) ENGINE=InnoDB  DEFAULT CHARSET=utf8 COLLATE=utf8_unicode_ci AUTO_INCREMENT=33 ;
```

本书配套的栏目表实现了多级（无限级）分类的设计。在数据表中添加了父栏目 ID（parentID）字段，用来保存该栏目的上一级栏目 ID，如果该栏目是顶级栏目，那么父栏目 ID 为 0。"成功案例"在栏目表中的 ID 为 10，只要在栏目表中找出父栏目 ID 为 10 的栏目就可以找出"成功案例"的所有子栏目，代码实现如下。

```php
namespace app\controllers;
use yii\web\Controller;
use app\models\Category;
class IndexController extends Controller{
    public function actionIndex(){
        //在首页中显示所有成功案例的文章内容。
        $suss_case_id=Category::find()
                    ->select("id")
                    ->where(["parentid"=>10])
                    ->all();
        ……
    }
}
```

然后根据每个子栏目的 ID 到文章表中找到对应记录。

```php
foreach($suss_case_id as $sid){
    $suss_case[]=Category::find()
          ->where(["id"=>$sid->id])
          ->one()
          ->articles;
}
```

这部分代码使用的是关联查询，$suss_case 中保存的是餐具消毒设备、家用洗碗机、全自动洗碗机和商用洗碗机 4 个栏目下的所有文章。在视图页面调用时，需要进行嵌套循环，才能把文章表的内容获取到，代码实现如下。

```
<?php
    foreach($suss_case as $articles)
    {
        foreach($articles as $article)
        {?>
            <LI>
            <A title="<?php echo $article->title; ?>" href="#" target=_blank>
            <IMG alt="<?php echo $article->title; ?>" src="<?php echo Yii::app()->request->hostInfo."/chap6".$article->imgurl; ?>" width=171 height=112>
            </A>
            <P class=Blue>
            <A title="<?php echo $article->title; ?>" href="#"><?php echo $article->title; ?></A>
            </P>
            </LI>
<?php   }
    }
?>
```

6.5.3　实现其他栏目的文章内容查询

参照图 6-3 所示，接下来还需要查询栏目"全自动洗碗机"下的所有文章，栏目产品中心的所有分类，栏目"行业百科""行业新闻""企业新闻""精品博文"下的所有文章。

首先查找栏目"全自动洗碗机"下的文章的标题，代码实现如下。

```
class IndexController extends Controller{
    public function actionIndex(){
        ……
        //查找栏目为"全自动洗碗机"的文章的标题
        $qzd_xwj = Article::find()
                ->select(['title'])
                ->where(['cid'=>11])
                ->all();
        ……
}
```

栏目产品中心的所有分类，即父 ID 是 22（产品中心）的所有记录的标题。

```
class IndexController extends Controller{
    public function actionIndex(){
        ……
        //产品分类，分类表中父 ID 是 22（产品中心）的所有记录的标题
        $products_model = Category::find()
```

※6.5 项目实现迭代七：完成首页中的数据填充

```
            ->select(['title'])
            ->where(["parentid"=>22])
            ->all();
        ......
}
```

"行业百科"栏目表中的 ID 为 14，代码如下。

```
class IndexController extends Controller{
    public function actionIndex(){
        ......
        //查找栏目 id 为 14 的"行业百科"标题的值
        $industry_baike=Article::find()
                ->select(['title'])
                ->where('cid=:cid',[':cid'=>14])
                ->all();
        ......
}
```

"行业新闻"栏目表中的 ID 为 7，代码如下。

```
class IndexController extends Controller{
    public function actionIndex(){
        ......
        //查找栏目 id 为 7 的"行业新闻"标题的值
        $industry_news=Article::find()
                ->select(['title'])
                ->where('cid=:cid',[':cid'=>7])
                ->all();
        ......
}
```

"企业新闻"栏目表中的 ID 为 6，代码如下。

```
class IndexController extends Controller{
    public function actionIndex(){
        ......
        //5.查找栏目 id 为 6 的"企业新闻"标题的值
        $enterprise_news=Article::find()
                ->select(['title'])
                ->where('cid=:cid',[':cid'=>6])
                ->all();
        ......
}
```

"精品博文"栏目包含了"热点博文"和"社会热点"两个子栏目的标题（title）字段内容，两个子栏目在表中的 ID 为 23 和 18，代码如下。

```
class IndexController extends Controller{
    public function actionIndex(){
        ......
```

```
        //查找栏目 id 为 23 或 18 的 "热点博文"和"社会热点"标题的值
        $hot_blog=Article::find()
                ->select(['title'])
                ->where(['in','cid',[23,18]])
                ->all();
        ......
}
```

至此，完成的前台首页中显示的大部分内容都是从数据库中查询出来的，首页控制器 controllers\IndexController.php 迭代后代码如下。

```
<?php
namespace app\controllers;
use yii\web\Controller;
use app\models\Picture;
use app\models\Article;
use app\models\Category;
class IndexController extends Controller{
    public function actionIndex(){
        //定义布局文件
        $this->layout='headerfooter';
        //1.幻灯片切换效果，从 ds_picture 表中读取所有记录的 title 和 imgurl 两个字段的内容。
        $pictures_model = Picture::find()->select('title, imgurl')->all();
        //2.在首页中显示所有成功案例的文章内容。
        $suss_case_id=Category::find()
                ->select("id")
                ->where(["parentid"=>10])
                ->all();
        //然后根据每个栏目的 ID 到文章表中找到对应记录。
        foreach($suss_case_id as $sid){
            $suss_case[]=Category::find()
                ->where(["id"=>$sid->id])
                ->one()
                ->articles;
        }
        //3.查找栏目为 "全自动洗碗机" 的文章的标题
        $qzd_xwj = Article::find()
                ->select(['title'])
                ->where(['cid'=>11])
                ->all();
        //4.产品分类，分类表中父 ID 是 22（产品中心）的所有记录的标题
        $products_model = Category::find()
                ->select(['title'])
                ->where(["parentid"=>22])
                ->all();
        //5.查找栏目 id 为 6 的 "企业新闻" 标题的值
        $enterprise_news=Article::find()
                ->select(['title'])
```

```
                    ->where('cid=:cid',[':cid'=>6])
                    ->all();
        //查找栏目 id 为 7 的"行业新闻"标题的值
        $industry_news=Article::find()
                    ->select(['title'])
                    ->where('cid=:cid',[':cid'=>7])
                    ->all();
        //查找栏目 id 为 14 的"行业百科"标题的值
          $industry_baike=Article::find()
                    ->select(['title'])
                    ->where('cid=:cid',[':cid'=>14])
                    ->all();
        //查找栏目 id 为 23 或 18 的"热点博文"和"社会热点"标题的值
        $hot_blog=Article::find()
                    ->select(['title'])
                    ->where(['in','cid',[23,18]])
                    ->all();
        //渲染视图
        return  $this->render('index1',[
                            "pictures_model"=>$pictures_model,
                            "suss_case"=>$suss_case,
                            "qzd_xwj"=>$qzd_xwj,
                            "enterprise_news"=>$enterprise_news,
                            "industry_news"=>$industry_news,
                            "industry_baike"=>$industry_baike,
                            "hot_blog"=>$hot_blog,
                            "products_model"=>$products_model
                    ]);

    }
}
```

在视图文件 views/index/index.php 里使用 PHP 代码获取数据，实现页面动态化处理，代码如下。

```
<!--Main Start-->
<DIV id=main class=marginbtm20>
<DIV class=indexMain>
<DIV class=indexLeft>
 <!-- 幻灯片 -->
 <DIV class="bannerFlash marginbtm15">
 <STYLE type=text/css>
#slideshow{position:relative;height:269px;width:680px;}
#slideshow div{position:absolute;top:0;left:0;z-index:8;opacity:0.0;
height:269px;overflow:hidden;background-color:#FFF;}
#slideshow div.current{z-index:10;}
#slideshow div.prev{z-index:9;}
#slideshow div img{display:block;border:0;margin-bottom:10px;}
</STYLE>
```

```html
<DIV id=slideshow>
<?php
    //幻灯片切换效果
    //从ds_picture表中读取所有记录的title和imgurl两个字段的内容
    foreach($pictures_model as $k=>$picture){
?>
<DIV <?php if($k==0)echo "class=current";?> >
<A href="#"><IMG src="<?php echo \Yii::$app->request->hostInfo."/chap6"
    .$picture->imgurl;?>" width=680 height=269></A>
</DIV>
<?php } ?>
</DIV>
<SCRIPT type=text/javascript>
function slideSwitch() {
    var $current = $("#slideshow div.current");
    // 判断div.current个数为0时$current的取值
    if ( $current.length == 0 ) $current = $("#slideshow div:last");
    // 判断div.current存在时,则匹配$current.next(),否则转到第一个div
    var $next =  $current.next().length ? $current.next() : $("#slideshow div:first");
    $current.addClass('prev');

    $next.css({opacity: 0.0}).addClass("current").animate({opacity:
        1.0}, 1000, function() {
        //因为原理是层叠,删除类,让z-index的值只放在轮转到的div.current,
        //从而最前端显示
        $current.removeClass("current prev");
        });
}

$(function() {
   //$("#slideshow span").css("opacity","0.7");
   $(".current").css("opacity","1.0");

   // 设定时间为3秒(1000=1秒)
   setInterval( "slideSwitch()", 3000 );
});
</SCRIPT>
</DIV>

<DIV class="title1 indextt2 White">
  <SPAN><A href="#">更多 &gt;&gt;</A></SPAN>成功案例
</DIV>
<DIV class="caseShow marginbtm20">
<DIV class=leftarrow></DIV>
<DIV class=centerCase>

<UL class=ulIndexCase>
```

```
       <?php
         foreach($suss_case as $articles)
         {
             foreach($articles as $article)
             {?>
                 <LI>
                 <A title="<?php echo $article->title; ?>" href="#" target=_blank>
                 <IMG alt="<?php echo $article->title; ?>" src="<?php echo Yii::
$app->request->hostInfo."/chap6".$article->imgurl; ?>" width=171 height=112>
                 </A>
                 <P class=Blue>
                 <A title="<?php echo $article->title; ?>" href="#"><?php echo
$article->title; ?></A>
                 </P>
                 </LI>
    <?php   }
         }
    ?>
    </UL>
    </DIV>
    <DIV class=rightarrow></DIV></DIV>
    <SCRIPT type=text/javascript>
             $(".centerCase").jCarouselLite({btnNext:  ".rightarrow",btnPrev:
".leftarrow",visible:3,scroll: 3,auto: 5000,speed: 100000});
    </SCRIPT>

    <DIV class=indexleftList>
    <DL class=dlIndexList1>
      <DT><EM class=Blue><A href="#">更多 &gt;&gt;</A>
      </EM><SPAN class="Blue bold"><A title=全自动洗碗机 href="#">全自动洗碗机
</A></SPAN>
      </DT>
         <?php foreach ($qzd_xwj as $record){?>
         <DD>
         <A title="<?php echo $record->title?>" href="" target=_blank><?php
   echo $record->title?></A>
         </DD>
         <?php
             }
         ?>
    </DL>
         <DL class=dlIndexList1>
         <DT><EM class=Blue><A href="#">更多 &gt;&gt;</A></EM><SPAN class= "Blue
bold"><A title=家用洗碗机 href="#">家用洗碗机</A></SPAN></DT>
             <DD><A title="独立式家用洗碗机 WQP6-V8" href="#" target=_blank>独立式家用
洗碗机 WQP6-V8</A></DD>
         </DL>
         <DL class=dlIndexList1
             <DT><EM class=Blue><A href="#">更多 &gt;&gt;</A></EM><SPAN class= "Blue
```

```html
bold"> <A title=餐具消毒设备 href="#">餐具消毒设备</A></SPAN></DT>
         <DD><A title=餐具烘干消毒机——餐具消毒设备 href="#" target=_blank>餐具烘干消毒机——餐具消毒设备</A></DD>
         <DD><A title=全自动一次性餐具包装机——餐具消毒设备 href="#" target=_blank>全自动一次性餐具包装机——餐具消毒设备</A></DD>
       </DL>
       <DL class=dlIndexList1>
         <DT><EM class=Blue><A href="#">更多 &gt;&gt;</A></EM><SPAN class="Blue bold"> <A title=商用洗碗机 href="#">商用洗碗机</A></SPAN></DT>
         <DD><A title=塑料周转箱——商用洗碗机配件 href="#" target=_blank>塑料周转箱——商用洗碗机配件</A></DD>
       </DL>
     </DIV>
   </DIV>
   <DIV class=indexRight>
   <DIV class="title2 indextt4">
      <SPAN>
         <A title=产品分类 href="#">产品分类</A>
      </SPAN>
   </DIV>
   <DIV class="rightList3 marginbtm10">
      <DIV class=rightList6><BR>
         <UL class=ulRightnav3>
            <?php foreach ($products_model as $products){?>
            <LI><A title="<?php echo $products->title; ?>" href="#"><?php echo $products->title; ?></A></LI>
            <?php } ?>
         </UL>
      </DIV>
   </DIV>
   <DIV class="title2 indextt4">
     <SPAN><A title=行业百科 href="#">行业百科</A></SPAN>
     <EM><A href="#">更多 &gt;&gt;</A></EM>
   </DIV>
   <DIV class="rightList2 marginbtm15">
   <UL class=ulRightList1s>
     <?php foreach ($industry_baike as $record){?>
     <LI>
       <A title="<?php echo $record->title?>" href="" target=_blank><?php echo $record->title?></A>
     </LI>
     <?php
        }
     ?>
   </UL>
   </DIV>
   <DIV class="title2 indextt3">
     <SPAN><A title="行业新闻" href="#">行业新闻</A></SPAN>
     <EM><A href="#">更多 &gt;&gt; </A></EM>
```

```
        </DIV>
        <DIV class="rightList1 marginbtm15">
          <UL class=ulRightList1>
              <?php foreach ($industry_news as $record){?>
              <LI>
                <A title="<?php echo $record->title?>" href="" target=_blank><?php echo $record->title?></A>
              </LI>
              <?php
                 }
              ?>
          </UL>
          <DIV><IMG src="./images/list_bg1_bottom.jpg"></DIV>
        </DIV>
        <DIV class="title2 indextt3">
          <SPAN><A title="企业新闻" href="#">企业新闻</A></SPAN>
          <EM><A href="#">更多 &gt;&gt;</A></EM>
        </DIV>
        <DIV class="rightList1 marginbtm15">
          <UL class=ulRightList1>
              <?php foreach ($enterprise_news as $record){?>
            <LI>
              <A title="<?php echo $record->title?>" href="" target=_blank><?php echo $record->title?></A>
            </LI>
            <?php
                 }
            ?>
          </UL>
          <DIV><IMG src="./images/list_bg1_bottom.jpg"></DIV>
        </DIV>
        <DIV class="title2 indextt4">
          <SPAN><A title=精品博文 href="#">精品博文</A></SPAN>
          <EM><A href="#">更多 &gt;&gt; </A></EM>
        </DIV>
        <DIV class=rightList4>
          <UL class=ulRightList2>
              <?php
                //栏目id为23或18的"热点博文"或"社会热点"标题的值
                $num=1;
                foreach ($hot_blog as $record){?>
            <LI>
              <EM><?php echo $num++;?></EM>
              <A title="<?php echo $record->title?>" href="" target=_blank><?php echo $record->title?></A>
            </LI>
            <?php
                }
            ?>
```

```
  </UL>
  <DIV><IMG src="./images/list_bg3_bottom.jpg"></DIV>
</DIV>
</DIV></DIV></DIV>
<!--Main End-->
```

在浏览器中通过 URL 访问 IndexController 的 actionIndex()方法，如果上述代码正确执行，则效果如图 6-3 所示。

http://hostname/index.php?r=index/index

6.6 小结

本章深入介绍了 ActiveRecord 类中查询数据的知识，以最基础的 find()方法开始，然后介绍了查询构建类 ActiveQuery 的使用。ActiveQuery 的成员方法提供了多种查询参数类型，应用好这些不同类型的参数是有效提高开发效率的手段。最后，为了更好地理解本章所学内容，实现了项目迭代七。

为了更好地理解项目的实现过程，建议读者参考配套的视频和代码，里面包含了该项目的完整实现过程和详细的代码说明。

第 7 章 Widget（小部件）

如果视图中存在复杂且独立性强的代码，通常会把这些代码独立出来，保存成 Widget（小部件），这样做能够有效提高代码的复用性，且使用户界面布局的移动更加灵活。为了理解小部件的概念，下面先来介绍小部件的调用方式。

7.1 调用小部件的两种方式

小部件在 views 中使用， 在视图中可调用 yii\base\Widget::widget()方法使用小部件。在该方法中通过配置数组的方式，初始化小部件，并返回小部件渲染后的结果。

7.1.1 调用 widget()方法使用小部件 DatePicker

本节通过实现在视图文件中调用小部件 yii2-widget-datepicker 的例子，介绍如何使用 widget()方法调用小部件，这样读者可以进一步了解小部件的作用。

首先在 controllers/DemoController.php 文件中创建 actionWidget()方法。

```
<?php
namespace app\controllers;
use yii\web\Controller;
class DemoController extends Controller{
    public function actionWidget(){
        return $this->render("demoWidget");
    }
}
```

然后在 views/demo/DemoWidget.php 视图文件中调用小部件 kartik\date\DatePicker，并通过传递数组参数来初始化小部件 DatePicker 的属性，代码如下。

```php
<?php
use kartik\date\DatePicker;
echo 'Birth Date';
echo DatePicker::widget([
    'name' => 'dp_1',
    'type' => DatePicker::TYPE_INPUT,
    'language'=>'zh-CN',
    'pluginOptions' => [
        'autoclose'=>true,
        'format' => 'dd-M-yyyy'
    ]
]);
?>
```

为了能够清楚了解小部件 kartik\date\DatePicker 生成的代码，需要修改应用默认布局文件 layouts\main.php，只保留必要的基本结构，代码如下所示。

```
<?php $this->beginPage() ?>
<!DOCTYPE html>
<html>
<head>
    <title>前端资源管理</title>
    <?php $this->head() ?>
</head>
<body>
    <?php $this->beginBody() ?>
        <?= $content ?>
    <?php $this->endBody() ?>
</body>
</html>
<?php $this->endPage() ?>
```

提示： 后面的章节中会详细分析以上代码中的各个方法，这部分和本章内容关系不大，这里不再赘述。

在浏览器中访问 DemoController 控制器的 actionWidget()方法，在页面中显示的日期选择器的效果如图 7-1 所示。

图 7-1　日期选择器效果图

并且可以验证小部件 DatePicker 生成的代码，如下所示。

```
<!DOCTYPE html>
<html lang="en-US">
<head>
    <link href="/chap7/web/assets/4aad7637/css/bootstrap.css" rel="stylesheet">
    <link href="/chap7/web/assets/49cf7cc/css/bootstrap-datepicker3.min.css" rel="stylesheet">
    <link href="/chap7/web/assets/49cf7cc/css/datepicker-kv.min.css" rel="stylesheet">
    <link href="/chap7/web/assets/8521e92c/css/kv-widgets.min.css" rel="stylesheet">
    <script type="text/javascript">
    window.kvDatepicker_f94ee05b = {"autoclose":true,"format":"yyyy\/mm\/dd","todayHighlight":true};
    </script>
</head>
<body>
    选择日期
    <div id="w0-kvdate" class="input-group date">
        <span class="input-group-addon kv-date-calendar" title="Select date">
            <i class="glyphicon glyphicon-calendar"></i>
        </span>
        <span class="input-group-addon kv-date-remove" title="Clear field">
        <i class="glyphicon glyphicon-remove"></i>
        </span>
        <input type="text" id="w0" class="form-control krajee-datepicker" name="dp_1" data-datepicker-source="w0-kvdate" data-datepicker-type="2" data-krajee-kvDatepicker="kvDatepicker_f94ee05b">
    </div>
    <script src="/chap7/web/assets/8b54562c/jquery.js"></script>
    <script src="/chap7/web/assets/49cf7cc/js/bootstrap-datepicker.min.js"></script>
    <script src="/chap7/web/assets/49cf7cc/js/datepicker-kv.min.js"></script>
    <script src="/chap7/web/assets/8521e92c/js/kv-widgets.min.js"></script>
    <script type="text/javascript">
    jQuery(function ($) {
    jQuery.fn.kvDatepicker.dates={};
    if                       (jQuery('#w0').data('kvDatepicker'))
    { jQuery('#w0').kvDatepicker('destroy'); }
        jQuery('#w0-kvdate').kvDatepicker(kvDatepicker_f94ee05b);

        initDPRemove('w0');
        initDPAddon('w0');
    });
    </script>
</body>
</html>
```

通过这个例子，我们了解了 DatePicker 的功能是显示一个日期选择器，其封装了 jQuery

的 UI datepicker 插件。除此之外，更重要的是，希望读者理解在视图中调用小部件就是输出一段被封装的代码。

> **提示：** DatePicker 是日期扩展组件（Extensions）。
> 请参照附录 C"依赖管理工具 Composer"安装该扩展组件。

7.1.2　调用 begin() 和 end() 方法使用小部件 ActiveForm

7.1.1 节中介绍的小部件 DatePicker 封装了 jQuery 的 UI datepicker 插件。本小节将介绍小部件 ActiveForm，其中封装了创建基于模型数据的可交互的 HTML 表单。我们先来看一下如何调用小部件 ActiveForm 的 begin() 和 end() 方法使用该小部件的演示代码。

首先在 controllers/DemoController.php 文件中创建 actionActiveForm() 方法。

```php
<?php
class DemoController extends CController{
    ...
    public function actionActiveForm(){
        $model = new Article();
        $this->renderPartial("activeform",["model"=>$model]);
    }
}
```

然后在 views/demo/activeform.php 视图文件中调用小部件"ActiveForm"。

```php
<?php
use yii\widgets\ActiveForm;
$form=ActiveForm::begin();
echo "文章标题";
echo $form->field($model,'title');
ActiveForm::end();
```

如上面的演示代码所示，视图文件 activeform.php 调用小部件 ActiveForm 时，首先调用该小部件的 begin() 方法，该方法返回 ActiveForm 的实例对象，使用这个实例对象调用 field() 方法创建表单文本输入框，最后以 end() 方法结尾。

在浏览器中输入网址如下，访问 DemoController 控制器的 actionActiveForm() 方法。

```
http://localhost/chap7/web/index.php?r=demo/active-form
```

右击浏览器，单击查看网页源代码，小部件 ActiveForm 生成的 HTML 代码如下。

```
<form id="w0" action="/chap7/web/index.php?r=demo/active-form" method="post">
    <input type="hidden" name="_csrf" value="TcG6E2rAbsCxVQh99PI238kvN2g6qz-MV2SjwipP6LwsjfZ8GfhYueM4fjmui0ypjnkBKgz5fsEDCNmdWw68_Q==">
        文章标题
```

```
        <div class="form-group field-article-title">
            <label class="control-label" for="article-title">Title</label>
            <input type="text" id="article-title" class="form-control" name="Article[title]">

            <div class="help-block"></div>
        </div>
    </form>
```

注意:Yii2 默认启用 CSRF 令牌验证,自动生成"name=_csrf"隐藏域。

Yii2 框架中所有的小部件类都是 yii\base\Widget 类的子类,下面详细说明一下 yii\base\Widget 类的 begin()方法,见表 7-1。

表 7-1　　　　　　　　　　yii\base\Widget 的成员方法 begin ()

public static begin ($config = [])		
$config	array	可以通过传递数组参数来初始化小部件的属性
{return}	static	返回小部件实例对象

如表 7-1 所示的 begin ()方法的第一个参数可以给小部件类的成员属性赋值。例如,小部件 ActiveForm 的部分成员属性见表 7-2。

表 7-2　　　　　　　　　ActiveForm 类的部分成员属性

属　　性	描　　述
id	返回标签的 id
action	表单提交的 URL,默认值是当前页面的 URL
method	表单提交的方式,可以是"post"或"get",默认值是"post"
options	\<form>标签的属性

视图文件中的代码修改成如下所示。

```
<?php
use yii\widgets\ActiveForm;

$form=ActiveForm::begin(["id"=>"article_create_form",
                        "options"=>["class"=>"form-horizontal"],
                        "action"=>"index.php?r=admin/article/create"]);
……
ActiveForm::end();
```

小部件 ActiveForm 生成的 HTML 代码就会包含相关的属性和值。

```
<form id="article_create_form" class="form-horizontal" action="index.php?r=
admin/article/create" method="post">
……
</form>
```

下面介绍如何使用 ActiveForm 小部件替换添加文章视图页面中的 HTML 表单标签。

※7.2 项目实现迭代八：使用 ActiveForm 小部件替换添加文章视图页面中的 HTML 表单标签

在项目实现迭代六中的添加文章视图部分中，使用 HTML 表单实现添加文章标题、内容等功能。7.1.2 节介绍了小部件 ActiveForm，使用该小部件可以降低表单创建的复杂性。本节将使用小部件 ActiveForm 替换添加文章视图文件中的 HTML 表单标签。

添加文章页面的效果如图 7-2 所示，该页面的表单中包含文本框、下拉列表框、文件选择框和文本域。

图 7-2 添加文章表单效果图

在"添加文章"视图文件 modules/admin/views/articleManager/create.php 中调用 ActiveForm 小部件替换 HTML 表单标签，按照如下步骤进行。

7.2.1 调用小部件 ActiveForm

使用 begin()和 end()方法调用小部件 ActiveForm，并给其成员属性赋值。

※7.2 项目实现迭代八：使用 ActiveForm 小部件替换添加文章视图页面中的 HTML 表单标签

```
<?php
$form=ActiveForm::begin([
        "id"=>"article_create_form",
        //指定文件上传表单，enctype 属性一定是要设置的
        "options"=>["class"=>"form-horizontal",
                    "enctype"=>"multipart/form-data"],
        "action"=>"index.php?r=admin/article-manager/create",
        'fieldConfig' => [
            'template' => "{label}\n<div class='controls'>{input}</div>",
            'labelOptions' => ['class' => 'control-label']
        ],
    ]);
?>
......
<?php ActiveForm::end(); ?>
```

以上代码转换的 HTML 表单代码如下。

```
<form class="form-horizontal" id="article_create_form" name=
"article_create_form" action="index.php?r=admin/article-manager /create"
method="post">
......
</form>
```

ActiveForm 类的"fieldConfig"属性的作用就是配置 yii\widgets\ActiveField 类，相当于给 yii\widgets\ActiveField 类的"template"和"labelOptions"属性赋值，这里不解释这两个属性的作用，因为后面的代码中会使用 ActiveForm 类的 field()方法创建 yii\widgets\ActiveField 类的实例对象，到时候就能明白这部分代码的作用。

7.2.2 "文章标题"文本输入框

使用 ActiveForm 类的 field()方法实现"文章标题"文本输入框，代码如下所示。

```
echo $form -> field($article,'title', ['options'=>['class'=>'control-group']])
```

以上代码转换的 HTML 表单代码如下。

```
    <div class="control-group field-article-title">
        <label class="control-label" for="article-title">文章标题</label>
        <div class='controls'>
            <input type="text" id="article-title" class="form-control" name=
"Article[title]">
        </div>
    </div>
```

ActiveForm 的成员方法 field()的详细说明，如表 7-3 所示。

表 7-3　　　　　　　　　　　ActiveForm 的成员方法 field()

public yii\widgets\ActiveField field ($model, $attribute, $options = [])

$model	yii\base\Model	模型实例对象
$attribute	string	模型属性，通常为数据库表的字段名或表单中标签名
$options	array	附加的 HTML 属性
{return}	string	yii\widgets\ActiveField 实例对象

注意：ActiveForm 的前两个参数分别对应模型实例对象和模型属性，通过这个方法使表单和模型联系起来，可以方便使用模型验证表单输入的数据。

1. field()方法代码分析

要了解调用 field()方法就会生成 HTML 标签，就需要分析 yii\widgets\ActiveForm 的 field()代码，其代码如下所示。

```
class ActiveForm extends Widget
{
    ……
    /**
     * Generates a form field.
     * A form field is associated with a model and an attribute. It contains a label, an input and an error message
     * and use them to interact with end users to collect their inputs for the attribute.
     * @param Model $model the data model.
     * @param string $attribute the attribute name or expression. See [[Html::getAttributeName()]] for the format
     * about attribute expression.
     * @param array $options the additional configurations for the field object. These are properties of [[ActiveField]]
     * or a subclass, depending on the value of [[fieldClass]].
     * @return ActiveField the created ActiveField object.
     * @see fieldConfig
     */
    public function field($model, $attribute, $options = [])
    {
        $config = $this->fieldConfig;
        if ($config instanceof \Closure) {
            $config = call_user_func($config, $model, $attribute);
        }
        if (!isset($config['class'])) {
            $config['class'] = $this->fieldClass;
```

※7.2 项目实现迭代八：使用 ActiveForm 小部件替换添加文章视图页面中的 HTML 表单标签　111

```
        }
        return Yii::createObject(ArrayHelper::merge($config, $options, [
            'model' => $model,
            'attribute' => $attribute,
            'form' => $this,
        ]));
    }
    ……
}
```

分析以上代码，该函数返回值代码如下所示。

```
return Yii::createObject([
    [template] => ……
    [labelOptions] =>……
    [class] => yii\widgets\ActiveField
    [options] => ……
    [model] => ……
    [attribute] =>……
    [form] => ……
])
```

Yii::createObject()该函数的作用是通过给定的配置项，创建 yii\widgets\ActiveField 的实例对象。

> **注意**：在 Yii2 框架中把创建表单输入域的方法都集中到了 ActiveField 中，包括文本输入框、下拉列表框、文件输入框等。

ActiveField 的实例对象被创建后，该类其他方法调用流程如图 7-3 所示。

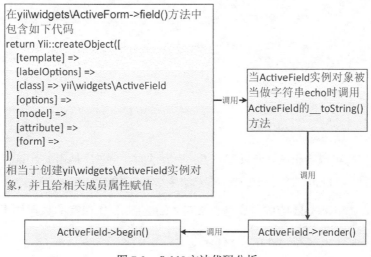

图 7-3　field()方法代码分析

yii\widgets\ActiveField 的实例对象被当作字符串 echo 输出时，就会调用该类的魔术方法 __toString()，代码如下所示。

```
public function __toString()
{
    // __toString cannot throw exception
    // use trigger_error to bypass this limitation
    try {
        return $this->render();
    } catch (\Exception $e) {
        ErrorHandler::convertExceptionToError($e);
        return '';
    }
}
```

__toString()方法中调用了 render()方法，该方法的代码如下。

```
public function render($content = null)
{
    if ($content === null) {
        if (!isset($this->parts['{input}'])) {
            $this->textInput();
        }
        if (!isset($this->parts['{label}'])) {
            $this->label();
        }
        if (!isset($this->parts['{error}'])) {
            $this->error();
        }
        if (!isset($this->parts['{hint}'])) {
            $this->hint(null);
        }
        $content = strtr($this->template, $this->parts);
    } elseif (!is_string($content)) {
        $content = call_user_func($content, $this);
    }

    return $this->begin() . "\n" . $content . "\n" . $this->end();
}
```

由该方法代码可以看出来，当只调用 field()方法时，会依次调用 textInput()方法、label()方法、error()方法和 hint()方法，通过这些方法生成相应的 HTML 标签。

经过分析，ActiveField 的成员属性"$this->template"中保存的数据如下。

```
{label}<div class='controls'>{input}</div>
```

ActiveField 的成员属性"$this->parts"中保存的数据如下。

※7.2 项目实现迭代八：使用 ActiveForm 小部件替换添加文章视图页面中的 HTML 表单标签

```
["{input}"]=>"<input type="text" id="article-cid" class="form-control" name="Article[cid]">"
["{label}"]=>"<label class="control-label" for="article-cid">文章栏目</label>"
["{error}"]=>"<div class="help-block"></div>"
["{hint}"]=>""
```

strtr()属于 PHP 自带函数，该函数的作用是转换指定字符。经过转换后，$content 变量中的内容如下所示。

```
<label class="control-label" for="article-cid">文章栏目</label>
    <div class='controls'>
    <input type="text" id="article-cid" class="form-control" name="Article[cid]">
    </div>
```

在 render()方法中还调用了 begin()方法，详细内容请参见下面的内容。

2．布局标签

除了生成 label 标签和 input 标签之外，field()方法还生成了一些布局标签，代码如下所示。

```
<div class="control-group field-article-title">
    ……
    <div class='controls'>
        ……
    </div>
</div>
```

要了解这部分内容是如何生成的，就需要查看 yii\widgets\ActiveField 的 begin()方法，代码如下所示。

```php
public function begin()
{
    if ($this->form->enableClientScript) {
        $clientOptions = $this->getClientOptions();
        if (!empty($clientOptions)) {
            $this->form->attributes[] = $clientOptions;
        }
    }

    $inputID = $this->getInputId();
    $attribute = Html::getAttributeName($this->attribute);
    $options = $this->options;
    $class = isset($options['class']) ? (array) $options['class'] : [];
    $class[] = "field-$inputID";
```

```
        if ($this->model->isAttributeRequired($attribute)) {
            $class[] = $this->form->requiredCssClass;
        }
        if ($this->model->hasErrors($attribute)) {
            $class[] = $this->form->errorCssClass;
        }
        $options['class'] = implode(' ', $class);
        $tag = ArrayHelper::remove($options, 'tag', 'div');

        return Html::beginTag($tag, $options);
    }
```

仔细分析上面的代码,可以找到"field-$inputID","div"等布局相关的代码,除此之外,在调用 yii\widgets\ActiveForm 时,还通过其 "fieldConfig" 成员属性,给 ActiveField 类的属性 template 赋值 "{label}\n<div class='controls'>{input}</div>",该属性的作用是布局模板,"{label}"和"{input}"表示 label 标签和 input 标签。

3. 添加其他样式

如果布局标签不能满足样式的需求,还需要在 label 标签和 input 标签中添加样式,则可以调用 yii\widgets\ActiveField 类的 label() 方法和 textInput() 方法,这两个方法的详细说明见表 7-4 和表 7-5 所示。

表 7-4　　　　　　　　　yii\widgets\ActiveField 的成员方法 label()

public $this label ($label = null, $options = [])		
$label	null|string|false	null:label 标签通过 Model::getAttributeLabel()获取 string:label 标签的内容 false:field()方法生成的内容中不再包含 label 标签
$options	null|array	附加的 HTML 属性,为 null 时当前的属性不再被渲染
{return}	$this	当前 ActiveField 类的实例对象

表 7-5　　　　　　　　yii\widgets\ActiveField 的成员方法 textInput()

public $this textInput ($options = [])		
$options	array	附加的 HTML 属性
{return}	$this	当前 ActiveField 类的实例对象

则视图文件中的代码如下。

※7.2 项目实现迭代八：使用 ActiveForm 小部件替换添加文章视图页面中的 HTML 表单标签

```
//文章标题输入框
echo $form -> field($article,
            'title',
            ['options'=>['class'=>'control-group']])
    -> label("文章标题".Html::tag('span','*',['class'=>'required']),
            ['for'=>'typeahead'])
    -> textInput(['class'=>'span6 typeahead',
            'data-provide'=>'typeahead',
            'data-items'=>'4',
            'maxlength'=>'32']);
```

转换后的 HTML 代码如下所示。

```
<div class="control-group field-article-title">
    <label class="control-label" for="typeahead">文章标题<span class="required">*</span></label>
    <div class='controls'>
        <input type="text" id="article-title" class="span6 typeahead" name="Article[title]" maxlength="32" data-provide="typeahead" data-items="4">
    </div>
</div>
```

7.2.3 "文章栏目"下拉列表框

"文章栏目"下拉列表框 HTML 代码如下所示。

```
<div class="control-group">
    <label class="control-label required" for="selectError">文章栏目<span class="required">*</span></label>
    <div class="controls">
        <select name="Article[cid]" id="Article_cid">
            <option value="" selected="selected">——请选择——</option>
            <option value="15">首页幻灯图片</option>
            <option value="16">友情链接</option>
            <option value="17">官方博客</option>
            <option value="18">——社会热点</option>
            <option value="23">——热点博文</option>
            <option value="19">网站相关</option>
            <option value="20">——网站底部</option>
            <option value="21">——关于我们右侧</option>
            <option value="22">产品中心</option>
            <option value="1">——全自动洗碗机</option>
            <option value="2">——家用洗碗机</option>
            <option value="3">——餐具消毒设备</option>
            <option value="4">——商用洗碗机</option>
            <option value="14">行业百科</option>
```

```
                <option value="5">新闻中心</option>
                <option value="6">──企业新闻</option>
                <option value="7">──行业新闻</option>
                <option value="8">关于我们</option>
                <option value="27">──联系方式方式</option>
                <option value="9">联系我们</option>
                <option value="10">成功案例</option>
                <option value="24">──商用洗碗机</option>
                <option value="13">──餐具消毒设备</option>
                <option value="12">──家用洗碗机</option>
                <option value="11">──全自动洗碗机</option>
            </select>
    </div>
</div>
```

要生成以上代码，需要调用 ActiveField 类的 label()方法和 dropDownList()方法。label()方法之前已经介绍过了，下面介绍 dropDownList()方法的详细说明，如表 7-6 所示。

表 7-6　　　　　　　yii\widgets\ActiveField 的成员方法 dropDownList ()

public $this dropDownList ($items, $options = [])		
$items	array	用于生成列表的选项的数据 (value=>display)
$options	array	附加的 HTML 属性
{return}	$this	当前 ActiveField 类的实例对象

dropDownList()方法的第一个参数是一个数组，其中保存了级联显示分类目录递归列表，在 Category 模型类中实现了该部分功能，代码如下所示。

```
<?php
//声明app\models命名空间
namespace app\models;
//导入yii\db\ActiveRecord命名空间
use yii\db\ActiveRecord;
//创建ds_category表对应的模型类
class Category extends ActiveRecord{
    ……
    const SHOW_SELECT='────请选择────';
    /**
     * 级联显示 分类目录递归列表 返回父类的所有子类
     * &$categoryList 引用传值返回
     */
    public function showAllCategory(&$categoryList,
                                    $category,
                                    $parentid=0,
```

※7.2 项目实现迭代八：使用 ActiveForm 小部件替换添加文章视图页面中的 HTML 表单标签

```php
                              $separate="")
    {
            foreach($category as $k=>$v){
                    if($v['parentid']==$parentid){
                            $v['title']=$separate.$v['title'];
                            $categoryList[]=$v;
    $this->showAllCategory($categoryList,$category,$v['id'],$separate."—");
                    }
            }
    }
    /**
     * 分类目录下拉列表
     */
    public function showAllSelectCategory()
    {
    $category=Category::find()->select(['id','title','parentid'])->orderBy('sort desc')->all();
            $categoryList=array();
            $this->showAllCategory($categoryList,$category);
            $categorys=array(''=>Category::SHOW_SELECT);
            foreach($categoryList as $v){
                    $categorys[$v['id']]=$v['title'];
            }
            return $categorys;
    }
    ……
}
```

在控制器 ArticlemanagerController 中创建 Category 模型实例对象，调用 showAllSelectCategory()方法获得"文章栏目"下拉列表框分类目录递归列表，返回值代码如下。

```
Array
(
    [] => ——— 请选择 ———
    [15] => 首页幻灯图片
    [16] => 友情链接
    [17] => 官方博客
    [18] => —社会热点
    [23] => —热点博文
    [19] => 网站相关
    [20] => —网站底部
    [21] => —关于我们右侧
    [22] => 产品中心
    [1] => —全自动洗碗机
    [2] => —家用洗碗机
    [3] => —餐具消毒设备
    [4] => —商用洗碗机
    [14] => 行业百科
    [5] => 新闻中心
```

```
            [6] =>  ——企业新闻
            [7] =>  ——行业新闻
            [8] =>  关于我们
            [27] =>  ——联系方式
            [9] =>  联系我们
            [10] =>  成功案例
            [24] =>  ——商用洗碗机
            [13] =>  ——餐具消毒设备
            [12] =>  ——家用洗碗机
            [11] =>  ——全自动洗碗机
)
```

综合上面的内容，在视图文件 modules\admin\views\articleManager\create.php 中使用 ActiveForm 类的 dropDownList ()方法实现"文章栏目"下拉列表框，代码如下所示。

```
//文章栏目下拉列表框
echo $form -> field($article,'cid',["options"=>["class"=>"control-group"]])
            -> label("文章栏目".Html::tag('span','*',['class'=>'required']),
                ['for'=>'selectError'])
            -> dropDownList($categorys->showAllSelectCategory());
```

7.2.4 "文章图片"上传文件输入框

"文章图片"上传文件输入框 HTML 代码如下所示。

```
    <div class="control-group">
        <label class="control-label" for="fileInput">文章图片</label>
        <div class="controls">
            <input id="ytArticle_imgurl" type="hidden" value="" name="Article[imgurl]" />
            <input size="50" class="input-file uniform_on" name="Article[imgurl]" id="Article_imgurl" type="file" />
        </div>
    </div>
```

要生成以上代码，需要调用 ActiveField 类的 label()方法和 fileInput()方法。label()方法之前已经介绍过了，下面介绍 fileInput()方法的详细说明，如表 7-7 所示。

表 7-7   yii\widgets\ActiveField 的成员方法 fileInput()

public $this fileInput ($options = [])		
$options	array	附加的 HTML 属性
{return}	string	当前 ActiveField 类的实例对象

在视图文件 modules\admin\views\articleManager\create.php 中使用 ActiveForm 类的 fileInput()方法实现"文章图片"下拉列表框，代码如下所示。

```
$form -> field($article,'imgurl',["options"=>["class"=>"control-group"]])
    -> label(null,['for'=>'fileInput'])
    -> fileInput(['size'=>50,"class"=>"input-file uniform_on"]);
```

7.2.5 "内容"文本输入域

"内容"文本输入域 HTML 代码如下所示。

```
<div class="control-group">
    <label class="control-label required" for="textarea2">内容 <span class="required">*</span></label>
    <div class="controls">
        <textarea class="cleditor" id="textarea2" name="textarea2" rows="3"></textarea>
    </div>
</div>
```

要生成以上代码，需要调用 ActiveField 类的 label()方法和 textarea()方法。label()方法之前已经介绍过了，下面介绍 textarea()方法的详细说明，如表 7-8 所示。

表 7-8　　　　　　　　　yii\widgets\ActiveField 的成员方法 textArea()

public $this textarea ($options = [])		
$options	array	附加的 HTML 属性
{return}	$this	当前 ActiveField 类的实例对象

在视图文件 modules\admin\views\articleManager\create.php 中使用 ActiveForm 类的 textarea()方法实现"文章图片"下拉列表框，代码如下所示。

```
//使用小部件替换 HTML 代码
$form -> field($article,'content',["options"=>["class"=>"control-group"]])
    -> label("内容".Html::tag('span','*',['class'=>'required']),
             ['for'=>'textarea2'])
    -> textarea(["class"=>"cleditor","cols"=>50,"rows"=>3]);
```

至此，完成使用小部件替换添加文章视图页面中的 HTML 表单标签，视图文件 modules\admin\views\articleManager\create.php 中代码如下所示。

```
<!--基于 bootstrap 使用小物件 ActiveForm 生成表单-->
<?php
```

```php
use yii\widgets\ActiveForm;
use yii\helpers\Html;
?>
<div class="content">
    <div class="header"><h1 class="page-title">操作面板</h1></div>
<?php
$form=ActiveForm::begin([
        "id"=>"article_create_form",
        //指定文件上传表单,enctype属性一定是要设置的
        "options"=>["class"=>"form-horizontal",
                "enctype"=>"multipart/form-data"],
        "action"=>"index.php?r=admin/article/create",
        'fieldConfig' => [
            'template' => "{label}\n<div class='controls'>{input}</div>",
            'labelOptions' => ['class' => 'control-label']
            ],
        ]);
?>
    <fieldset>
    <legend>以下<span class="required">*</span>为必填项.</legend>
<?php
//文章标题输入框
echo $form -> field($article,'title',['options'=>['class'=>'control-group']])
        -> label("文章标题".Html::tag('span','*',['class'=>'required']),
                ['for'=>'typeahead'])
        -> textInput(['class'=>'span6 typeahead',
                    'data-provide'=>'typeahead',
                    'data-items'=>'4',
                    'maxlength'=>'32']);
//文章栏目下拉列表框
echo $form -> field($article,'cid',["options"=>["class"=>"control-group"]])
        -> label("文章栏目".Html::tag('span','*',['class'=>'required']),
                ['for'=>'selectError'])
        -> dropDownList($categorys->showAllSelectCategory());

//图片文件选择框
echo $form -> field($article,'imgurl',["options"=>["class"=>"control-group"]])
        -> label(null,['for'=>'fileInput'])
        -> fileInput(['size'=>50,"class"=>"input-file uniform_on"]);
//文本域输入框
echo $form -> field($article,'content',["options"=>["class"=>"control-group"]])
        -> label("内容".Html::tag('span','*',['class'=>'required']),
                ['for'=>'textarea2'])
        -> textarea(["class"=>"cleditor","cols"=>50,"rows"=>3]);
?>

    <div class="form-actions">
        <button type="submit" class="btn btn-primary" name="sub">提交</button>
        <button type="reset" class="btn" name="res">重置</button>
```

```
    </div>

    </fieldset>
<?php
    ActiveForm::end();
?>
</div>
```

前两节中提到的 DatePicker、ActiveForm 和 ActiveField 都是 Yii2 框架自带的小部件，在实际项目中，经常需要用户自己把视图中带有复杂逻辑的代码封装成小部件，以便提高代码的复用性。下一节将介绍如何自定义小部件。

7.3 自定义小部件

要在 Yii2 框架中使用自定义的小部件，需要符合 Yii2 框架的"内部机制"，而这些已经在 yii\base\Widget 类中实现了，因此，我们自定义的小部件首先需要继承 Widget 类。

7.3.1 继承 Widget

Yii2 框架的小部件都是 yii\base\Widget 或其子类的实例，自定义一个新的小部件，需要继承 Widget 并覆盖 init()和 run()方法，下面通过一个例子了解自定义小部件的过程。

首先创建 widgets/DemoWidget.php 文件，代码如下所示。

```
<?php
namespace app\widgets;
use yii\base\Widget;

class DemoWidget extends Widget
{
    public $message;//定义成员属性

    public function init()
    {
        parent::init();//执行父类的 init()方法
        //通常在 init()方法中给成员属性赋值
        if($this->message===null){
            $this->message= 'Welcome Friend';
        }else{
            $this->message= 'Welcome '.$this->message;
        }
    }

    public function run()
    {
```

```
        //生成渲染结果
        return $this->message;
    }
}
```

小部件创建好后，就可以在视图中调用了。在 controllers/DemoController.php 文件中创建动作方法 actionDemoWidget()，如下所示。

```
<?php
namespace app\controllers;
use yii\web\Controller;
use app\models\Article;

class DemoController extends Controller{
    public function actionDemoWidget()
    {
        //渲染带有自定义小物件的视图
        return $this-> renderPartial("include_custom_widget");
    }
}
```

该方法中渲染带有自定义小部件的视图文件 views/demo/include_custom_widget.php，该文件中代码如下。

```
<?php
use app\widgets\DemoWidget;

//调用自定义小物件 DemoWidget
echo DemoWidget::widget(['message' => 'Good morning']);
?>
```

在浏览器中访问 DemoController 的 actionDemoWidget()方法，输出内容如下。

```
Welcome Good morning
```

为什么自定义小部件需要覆盖 Widget 类的 init()和 run()方法？要知道答案，就得分析 Yii2 框架的代码了，代码目录 vendor\yiisoft\yii2\base\Widget.php 中的相应代码如下。

```
class Widget extends Component implements ViewContextInterface
{
    ……
    /**
     * Initializes the object.
     * This method is called at the end of the constructor.
     * The default implementation will trigger an [[EVENT_INIT]] event.
     */
    public function init()
    {
        parent::init();
        $this->trigger(self::EVENT_INIT);
```

```
        }
    ……
}
```

通过上面的代码可知 yii\base\Widget 类继承 Component 类，而 Component 又继承了 BaseObject 类，yii\base\BaseObject 类中的相应代码如下。

```
class BaseObject implements Configurable
{
    ……
    /**
     * Constructor.
     *
     * The default implementation does two things:
     *
     * - Initializes the object with the given configuration `$config`.
     * - Call [[init()]].
     *
     * If this method is overridden in a child class, it is recommended that
     *
     * - the last parameter of the constructor is a configuration array, like `$config` here.
     * - call the parent implementation at the end of the constructor.
     *
     * @param array $config name-value pairs that will be used to initialize the object properties
     */
    public function __construct($config = [])
    {
        if (!empty($config)) {
            Yii::configure($this, $config);
        }
        $this->init();
    }
    ……
}
```

在 yii\base\BaseObject 类的构造方法中除了包括"$this->init()"之外，还包括了"Yii::configure($this, $config)"，查看 vendor\yiisoft\yii2\BaseYii.php 文件中该方法的代码如下。

```
class BaseYii
{
    ……
    /**
     * Configures an object with the initial property values.
     * @param object $object the object to be configured
     * @param array $properties the property initial values given in terms of name-value pairs.
     * @return object the object itself
     */
    public static function configure($object, $properties)
```

```
    {
        foreach ($properties as $name => $value) {
            $object->$name = $value;
        }

        return $object;
    }
    ……
}
```

通过以上代码可知，自定义小部件需要覆盖 Widget 类的 init()，并且当在视图文件中调用 "echo DemoWidget::widget(['message' => 'Good morning']);" 时，创建 DemoWidget 类的实例对象，并且给 DemoWidget 类的成员属性 "message" 赋值。

至于，为什么自定义小部件时要覆盖 Widget 类的 run()方法，就比较容易理解，查看代码目录 vendor\yiisoft\yii2\base\Widget.php 中的相应代码如下。

```
class Widget extends Component implements ViewContextInterface
{
    ……
    /**
     * Ends a widget.
     * Note that the rendering result of the widget is directly echoed out.
     * @return static the widget instance that is ended.
     * @throws InvalidCallException if [[begin()]] and [[end()]] calls are not properly nested
     * @see begin()
     */
    public static function end()
    {
        if (!empty(static::$stack)) {
            $widget = array_pop(static::$stack);
            if (get_class($widget) === get_called_class()) {
                /* @var $widget Widget */
                if ($widget->beforeRun()) {
                    $result = $widget->run();
                    $result = $widget->afterRun($result);
                    echo $result;
                }

                return $widget;
            }

            throw new InvalidCallException('Expecting end() of ' . get_class($widget) . ', found ' . get_called_class());
        }

        throw new InvalidCallException('Unexpected ' . get_called_class() . '::end() call. A matching begin() is not found.');
```

```
        }
        /**
         * Creates a widget instance and runs it.
         * The widget rendering result is returned by this method.
         * @param array $config name-value pairs that will be used to initialize
the object properties
         * @return string the rendering result of the widget.
         * @throws \Exception
         */
        public static function widget($config = [])
        {
            ob_start();
            ob_implicit_flush(false);
            try {
                /* @var $widget Widget */
                $config['class'] = get_called_class();
                $widget = Yii::createObject($config);
                $out = '';
                if ($widget->beforeRun()) {
                    $result = $widget->run();
                    $out = $widget->afterRun($result);
                }
            } catch (\Exception $e) {
                // close the output buffer opened above if it has not been closed already
                if (ob_get_level() > 0) {
                    ob_end_clean();
                }
                throw $e;
            }

            return ob_get_clean() . $out;
        }
        ……
}
```

由上述代码可知，在执 end()方法时，会调用当前小部件的 run()方法，而当执行 widget()方法时，也会调用当前小部件的 run()方法，因此，在 Yii2 框架中自定义小部件时，通常需要覆盖 Widget 的 init()和 run()方法。

了解了 Yii2 框架中自定义小部件的"内部机制"，接下来通过创建一个小部件的例子，进一步了解自定义小部件的 MVC 结构。

7.3.2 自定义小部件的 MVC 结构

Yii2 框架中的小部件也是 MVC 结构，默认情况下，小部件的视图文件位于小部件类同级的"views"目录里。通常，在小部件的"run()"方法中调用 Widget 的 render()方法渲染小部件自己的视图，这一点和控制器很相似。唯一不同的是，小部件的视图不支持布局文件。

创建 widgets/MvcWidget.php 文件，在其中自定义一个带有视图的小部件。

```php
<?php
namespace app\widgets;
use yii\base\Widget;

class MvcWidget extends Widget
{
    public function init()
    {
        echo "首先执行小部件的init()方法"."<br/>";
    }

    public function run()
    {
        echo "然后是run()方法"."<br/>";
        //渲染小部件自己的视图
        return $this->render('mvc/widgetview', [
            'str'=>'在run()方法中可以向小部件的视图文件传递变量',
        ]);
    }
}
```

这个小部件的视图文件保存在同级 views 目录中，仿照控制器渲染视图的习惯，在 widgets/views 目录下创建 mvc 文件夹，并在其中创建视图文件 widgetview.php，代码如下所示。

```php
<?php
echo "这是小部件 MvcWidget 的视图"."<br/>";
echo $str;
```

小部件创建好后，就可以在视图中调用了。首先在 controllers/DemoController.php 文件中创建动作方法 actionMvcWidget()。

```php
<?php
class DemoController extends Controller{
    ……
    public function actionMvcWidget()
    {
        //渲染带有自定义小部件的视图
        return $this->renderPartial("include_mvc_widget");
    }
}
```

该方法中渲染带有自定义小部件的视图文件 views/demo/include_mvc_widget.php，该文件中代码如下。

```
<?php
use app\widgets\MvcWidget;

//调用自定义小物件 MvcWidget
echo MvcWidget::widget();
?>
```

以上代码需创建的文件结构如图 7-4 所示。

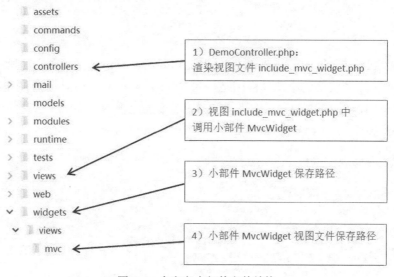

图 7-4　自定义小部件文件结构

在浏览器中访问 DemoController 的 actionMvcWidget()方法，输出内容如下。

```
首先执行小部件的 init()方法
然后是 run()方法
这是小部件 MvcWidget 的视图
在 run()方法中可以向小部件的视图文件传递变量
```

通过以上演示代码，能够了解小部件的目录结构，以及小部件中 init()方法和 run()方法的调用流程。

本节中想和大家一起分析一下 vendor\yiisoft\yii2\base\Widget.php 文件中的 getViewPath() 方法的代码，具体如下。

```
class Widget extends Component implements ViewContextInterface
{
```

```
……
/**
 * Returns the directory containing the view files for this widget.
 * The default implementation returns the 'views' subdirectory under the
directory containing the widget class file.
 * @return string the directory containing the view files for this widget.
 */
public function getViewPath()
{
    $class = new ReflectionClass($this);

    return dirname($class->getFileName()) . DIRECTORY_SEPARATOR . 'views';
}
……
}
```

yii\base\Widget 类的 getViewPath() 方法返回值是小部件自定义视图文件所在路径，从代码中可以看出来本节实例的小部件视图路径为 "widgets/views"，所以我们在自定义小部件类的 run() 方法中调用 render() 方法渲染视图时，需要加上视图文件所在目录的路径 "mvc"，即如下代码所示。

```
class MvcWidget extends Widget
{
    ……
    public function run()
    {
        ……
        return $this->render('mvc/widgetview',……);
    }
}
```

在下一节中，将把首页幻灯片切换部分代码拿出来，保存成一个小部件，希望读者更好地理解及掌握自定义小部件。

※7.4　项目实现迭代九：自定义首页幻灯片小部件

以本书提供的前台首页为例，其中的幻灯片部分比较复杂，而且相对独立性比较强，可以封装成一个小部件。我们按照下面的步骤可以完成首页幻灯片小部件的编写过程。

步骤 1：创建小部件 SlidesWidget。定义 SlidesWidget 类继承 Widget，并存储到 widgets\SlidesWidget.php 文件中，代码如下。

```php
<?php
namespace app\widgets;
use yii\base\Widget;
use app\models\Picture;
//7.4 项目实现迭代六：创建首页幻灯片小物件
class SlidesWidget extends Widget {
    private $pictures_model;
    public function init()
    {
        parent::init();//执行父类的init()方法
        //从ds_picture表中读取所有记录的title和imgurl两个字段的内容。
        $this->pictures_model=
     Picture::find()->select(["title","imgurl"])->all();
    }
    public function run(){
        //小组件视图中的$this指向小物件实例而不是控制器实例
        return $this->render('slides/slides',array("pictures_model"=>$this->pictures_model));
    }
}
```

在小部件 SlidesWidget 中定义私有成员属性"$pictures_model"，用来保存图片表模型实例对象，然后在成员方法 init()中给该属性赋值，查询出图片表所有记录的"title"和"imgurl"两个字段，最后在 run()方法中进行视图渲染的操作，并把"$pictures_model"的值传递到视图层。

步骤 2：创建小部件中调用的视图文件 widgets\views\slides\slides.php，代码如下所示。

```
<style type=text/css>
#slideshow{position:relative;height:269px;width:680px;}
#slideshow div{position:absolute;top:0;left:0;z-index:8;opacity:0.0;height:269px;overflow:hidden;background-color:#FFF;}
#slideshow div.current{z-index:10;}
#slideshow div.prev{z-index:9;}
#slideshow div img{display:block;border:0;margin-bottom:10px;}
</style>
<div class="bannerFlash marginbtm15">
    <div id=slideshow>
        <?php foreach($pictures_model as $k=>$picture){?>
        <div <?php if($k==0)echo "class=current";?>>
            <a href="#">
                <img src="<?php echo Yii::$app->request->hostInfo."/chap7".$picture->imgurl;?>" width=680 height=269>
            </a>
        </div>
```

```
            <?php } ?>
        </div>
    </div>
    <script type=text/javascript>
        function slideSwitch() {
            var $current = $("#slideshow div.current");
            // 判断 div.current 个数为 0 的时候 $current 的取值
            if ( $current.length == 0 ) $current = $("#slideshow div:last");
            // 判断 div.current 存在时则匹配$current.next(),否则转到第一个 div
            var $next =  $current.next().length ? $current.next() : $("#slideshow div:first");
            $current.addClass('prev');

            $next.css({opacity: 0.0}).addClass("current").animate({opacity: 1.0}, 1000, function() {
                //因为原理是层叠,删除类,让 z-index 的值只放在轮转到的 div.current,从而最前端显示
                $current.removeClass("current prev");
            });
        }

        $(function() {
            //$("#slideshow span").css("opacity","0.7");
            $(".current").css("opacity","1.0");
            // 设定时间为 3 秒(1000=1 秒)
            setInterval( "slideSwitch()", 3000 );
        });
    </script>
```

小部件 SlidesWidget 的视图文件 slides.php 中封装了创建幻灯片效果的所有前台代码,在需要时直接调用就可以使用。

步骤 3：在前台首页视图文件,即 views\index\index.php 文件中调用自定义小部件 SlidesWidget,替换已经在小部件中封装的代码。

```
<?php
use app\widgets\SlidesWidget;
//自定义小物件 首页幻灯片小物件
echo SlidesWidget::widget();
?>
```

步骤 4：在浏览器中访问 IndexController 控制器的 actionIndex()方法,验证小部件 SlidesWidget 的输出结果。

> **注意**：小部件中调用的 CSS 文件、JS 文件和图片等资源文件,应该和小部件类文件保存在一起,以便实现独立调用,可参照 4.3 节关于模块中的资源文件的内容。

※7.5 项目实现迭代十：分页显示列表页

在项目实现迭代三中，实现了"新闻中心"列表页。通常，在 Web 应用中，列表页中会显示很多文章，这时就需要用到分页显示，使页面不会变得冗长，并且用户体验很友好。

Yii2 框架中的 Pagination 类用于实现分页功能，如何使用这个类，将在本节中详细介绍。

7.5.1 分页组件 Pagination

对于分页组件 Pagination 类，首先需要设置的值是显示记录的总个数，这个值保存在该类的成员属性"totalCount"中，在创建 Pagination 类的实例对象时赋值，controllers\ArticleController.php 文件中代码如下所示。

```php
<?php
……
use yii\data\Pagination;
class ArticleController extends Controller{
    ……
    public function actionArlist(){
        //新闻中心包含企业新闻和行业新闻两个子栏目
        $query = Article::find()->select(['id','title','description'])
                            ->where("cid in (6,7)");
        //查询数据库表 ds_article 中 cid 是 6 和 7 的记录个数
        $total = $query -> count();
        //创建分页类对象时，设置需要分页显示内容的总个数
        $pages=new Pagination(['totalCount' => $total]);
        $pages->pageSize=1;//设置每页显示记录数
        ……
    }
}
```

注意：关注一下成员属性"totalCount"的赋值方法，在 Yii2 框架中凡是 BaseObject 类的子类都可以通过在创建实例对象时传参数的方式给成员属性赋值，之前已经分析过 BaseObject 类的 __construct()方法的代码，这里不再赘述。

接下来，需要设置的是每页中包含的记录数，查看 vendor\yiisoft\yii2\data\Pagination.php 文件中的代码，如下所示。

```
class Pagination extends BaseObject implements Linkable
{
```

```php
    ……
    /**
     * @var int the default page size. This property will be returned by [[pageSize]] when page size
     * cannot be determined by [[pageSizeParam]] from [[params]].
     */
    public $defaultPageSize = 20;
    /**
     * @var int number of items on each page.
     * If it is less than 1, it means the page size is infinite, and thus a single page contains all items.
     */
    private $_pageSize;
    /**
     * Returns the number of items per page.
     * By default, this method will try to determine the page size by [[pageSizeParam]] in [[params]].
     * If the page size cannot be determined this way, [[defaultPageSize]] will be returned.
     * @return int the number of items per page. If it is less than 1, it means the page size is infinite,
     * and thus a single page contains all items.
     * @see pageSizeLimit
     */
    public function getPageSize()
    {
        if ($this->_pageSize === null) {
            if (empty($this->pageSizeLimit)) {
                $pageSize = $this->defaultPageSize;
                $this->setPageSize($pageSize);
            } else {
                $pageSize = (int) $this->getQueryParam($this->pageSizeParam, $this->defaultPageSize);
                $this->setPageSize($pageSize, true);
            }
        }

        return $this->_pageSize;
    }

    /**
     * @param int $value the number of items per page.
     * @param bool $validatePageSize whether to validate page size.
     */
    public function setPageSize($value, $validatePageSize = false)
    {
        if ($value === null) {
```

```
            $this->_pageSize = null;
        } else {
            $value = (int) $value;
            if ($validatePageSize && isset($this->pageSizeLimit[0], $this->
pageSizeLimit[1]) && count($this->pageSizeLimit) === 2) {
                if ($value < $this->pageSizeLimit[0]) {
                    $value = $this->pageSizeLimit[0];
                } elseif ($value > $this->pageSizeLimit[1]) {
                    $value = $this->pageSizeLimit[1];
                }
            }
            $this->_pageSize = $value;
        }
    }
    ……
}
```

由代码可知，在 Pagination 类中，可以通过设置 "pageSize" 属性来规定每页显示的记录数，默认显示 20 条记录。

最后需要完成的是通过 Pagination 类的成员属性 "offset" 和 "limit"，设置查询 SQL 语句的 offset 偏移量和 limit 限制条件，controllers\ArticleController.php 文件中代码如下所示。

```
<?php
……
class ArticleController extends Controller{
    ……
    public function actionNews(){
        ……
        $pages->pageSize=1;//设置每页显示记录数
        $article_model = $query -> offset($pages->offset)//为查询条件设置偏移量
                                -> limit($pages->limit)//为查询条件增加 LIMIT 限制
                                -> all();
        //通过 render()方法把文章模型对象和分页实例对象传到视图层。
        return $this->render("news",array("article_model"=>$article_model,
                                          "pages"=>$pages)
                            );
    }
}
```

以上代码中 "$pages->offset" 和 "$pages->limit" 的值是什么，需要查看 vendor\yiisoft\yii2\data\Pagination.php 文件中的代码。

```
class Pagination extends BaseObject implements Linkable
{
    ……
    /**
```

```
    * @return int the offset of the data. This may be used to set the
    * OFFSET value for a SQL statement for fetching the current page of data.
    */
    public function getOffset()
    {
        $pageSize = $this->getPageSize();

        return $pageSize < 1 ? 0 : $this->getPage() * $pageSize;
    }
```

当 pageSize 的值小于 1 时，Pagination 类的 offset 属性的值为 0，否则，Pagination 类的 offset 属性的值就是 page（该变量表示第几页）乘以 pageSize 的值。

```
    /**
    * @return int the limit of the data. This may be used to set the
    * LIMIT value for a SQL statement for fetching the current page of data.
    * Note that if the page size is infinite, a value -1 will be returned.
    */
    public function getLimit()
    {
        $pageSize = $this->getPageSize();

        return $pageSize < 1 ? -1 : $pageSize;
    }
    ……
}
```

当 pageSize 的值小于 1 时，Pagination 类的 limit 属性的值为-1，否则，Pagination 类的 limit 属性的值就是 pageSize 的值。

介绍了 Pagination 类，接下来我们看一下在新闻中心栏目分页显示时它的具体应用。在 controllers/ArticleController.php 控制器文件的代码如下所示。

```
<?php
namespace app\controllers;
use yii\web\Controller;
use app\models\Article;
use yii\data\Pagination;
/**
 * ArticleController 控制器主要实现新闻中心等栏目的设计与呈现
 *
 * @author 刘琨
 */
class ArticleController extends Controller{
    //Article 控制器中的所有动作方法都要用到 article 布局文件
    //所以重写成员属性$layouts 在所有动作方法外部。
    public $layout='right';
```

```php
//7.4 项目实现迭代五：分页显示列表页，实现新闻中心栏目列表页视图渲染
public function actionList(){
    //新闻中心包含企业新闻和行业新闻两个子栏目
    $query = Article::find()->select(['id','title','description'])
                    ->where("cid in (6,7)");
    //查询数据库表 ds_article 中 cid 是 6 和 7 的记录个数
    $total = $query -> count();
    //创建分页类对象时，设置需要分页显示内容的总个数
    $pages=new Pagination(['totalCount' => $total]);
    $pages->pageSize=1;//设置每页显示记录数

    $article_model=$query-> offset($pages->offset)//为查询条件设置偏移量
                    -> limit($pages->limit)//为查询条件增加 LIMIT 限制
                    -> all();
    //通过 render()方法把文章模型对象和分页实例对象传到视图层。
    return $this->render("arlist",[
            "article_model"=>$article_model,
            "pages"=>$pages]);
}
```

以上代码实现步骤如下。

1）获取新闻中心栏目下所有记录的总个数，保存在变量"$total"中。

2）创建 Pagination 实例对象，以数组的方式，通过给构造方法传参，给 Pagination 类的成员属性"totalCount"赋值。

3）设置 Pagination 类的成员属性 pageSize，表示每页显示的记录数。

4）使用 Pagination 类的成员属性"offset"，设置查询 SQL 语句的 offset 偏移量。

5）使用 Pagination 类的成员属性"limit"，设置查询 SQL 语句的 limit 限制条件。

6）把模型对象和分页类对象传递到视图层。

在控制器中完成了模型的调用，下面将在视图文件中完成数据的填充。

7.5.2 新闻中心列表页实现数据填充

新闻中心列表页中显示的是文章表的"title"和"description"两个字段的内容，处理起来非常简单，先来看一下原有视图文件（views/article/arlist.php）中的代码。

```
<div class="listPanle marginbtm15">
    <div class="listItem">
        <div class="title"><span>2011-08-23</span><h3 class="Blue bold">
<a href=#title="我国商用洗碗机普及率低市场发展空间大">我国商用洗碗机普及率低市场发展空间
```

```
                大</a>  </h3></div>
                <div class="pvcontent">
                    <p>近日,中国家用电器研究院和国家家用电器质量监督检验中心联合在北京发布
了2011年洗碗机6A检测结果。中国家用电器研究院副院长吴尚杰宣布,经过严格按照GB/T20290-2006
《商用洗碗机性能测试方法》国家标准和"商用洗碗机 6A"标准检测,格兰仕、松下、西门子、美的等 4
家企业送检的 7 个产品全部达到 6A 级标准要求。... <span class="more1"> <a href= #target=
"_blank">[阅读全文]</a></span> </p>
                </div>
            </div>
            <div class="listItem">
                <div class="title"><span>2011-08-23</span><h3 class="Blue bold">
<a href=#target="_blank" title="家用洗碗机在国内市场的推广已呈锐不可当之势">家用洗碗
机在国内市场的推广已呈锐不可当之势</a></h3></div>
                <div class="pvcontent">
                    <p>近日,由中国家用电器研究院主办的"厨房新势力·悦享净生活",2011 年家
用洗碗机 6A 检测标准发布会在北京召开。会上发布了清洁器具"6A 检测标准",即 JDYB007-2011《家
用和类似用途家用洗碗机性能分等分级》技术规范(以下简称"洗碗机 6A"标准)。... <span class=
"more1"><a href=#target="_blank">[阅读全文]</a></span></p>
                </div>
            </div>
            <div class="listItem">
                <div class="title"><span>2011-08-15</span><h3 class="Blue bold">
<a href=#target="_blank" title="洗碗机:内销家电下一片"蓝海"?">洗碗机:内销家电下一片
"蓝海"?</a></h3></div>
                <div class="pvcontent">
                    <p>未来几年洗碗机的内销市场将会进入一个迅速扩大的时期,有望成为家电内销产品的"
新蓝海"。... <span class="more1"><a href=#target="_blank">[阅读全文]</a></span></p>
                </div>
            </div>
            <div class="listItem">
                <div class="title"><span>2011-08-15</span><h3 class="Blue bold">
<a href=#target="_blank" title="家用洗碗机市场开拓还有待时日">家用洗碗机市场开拓还有
待时日</a></h3></div>
                <div class="pvcontent">
                    <p>在我国,家用洗碗机市场面临着市场潜力巨大却无法打开的窘局。... <span class=
"more1"><a href=#target="_blank">[阅读全文]</a></span></p>
                </div>
            </div>
```

替换后的代码如下。

```
            <?php
            foreach($article_model as $vo){
            ?>
                <div class="listItem">
                    <div class="">
                        <div class="title">
                            <span><?php echo date('Y-m-d',$vo->create_time);?></span>
```

```
                <h3 class="Blue bold">
                    <a href="#" target="_blank" title="<?php echo $vo->title;?>"><?php echo $vo->title;?></a>
                </h3>
            </div>
            <div class="pvcontent">
                <p><?php echo $vo->description;?>... <span class="more1"><a href="#" target="_blank">[阅读全文]</a></span></p>
            </div>
        </div>
    </div>
<?php };?>
```

替换完成后,在浏览器中访问新闻中心列表页,即访问 ArticleController 控制器的 actionNews()方法,如图 7-5 所示。

图 7-5 新闻中心列表页

由于上一小节中我们设置了每页显示记录的个数为 1（$pages->pageSize=1;）,因此上面打开的页面中只有一条记录,其余的记录保存在别的分页中并没有显示出来。很显然,为了访问其余的分页,我们还需要一个分页的超链接列表。

7.5.3 分页的超链接列表小部件 LinkPager

Yii2 框架把实现分页的超链接列表的代码封装到了小部件 LinkPager 中,LinkPager 类的部分成员属性见表 7-9。

表 7-9　　　　　　　　　　　　LinkPager 类的部分成员属性

属性	描述
firstPageLabel	"首页"按钮的文本
prevPageLabel	"上一页"按钮的文本
nextPageLabel	"下一页"按钮的文本
lastPageLabel	"末页"按钮的文本
maxButtonCount	要显示的最多分页按钮数，默认是 10
pagination	Pagination 类的实例对象
hideOnSinglePage	如果数据过少，不够 2 页，默认不显示分页

在视图文件（views/article/arlist.php）中使用 widget()方法调用该小部件。

```
<div class="pages">
    <?php
        use yii\widgets\LinkPager;
        echo LinkPager::widget([
            'firstPageLabel'=>'首页',
            'prevPageLabel' => '上一页',
            'nextPageLabel' => '下一页',
            'lastPageLabel'=>'末页',
            'maxButtonCount'=>3,
            'pagination' => $pages,
        ])
    ?>
</div>
```

在浏览器中再次访问新闻中心列表页，就会在页面中显示如图 7-6 所示的分页超链接列表效果。

利用浏览器查看使用 LinkPager 生成的 HTML 代码。

```
<ul class="pagination">
    <li class="first disabled"><span>首页</span></li>
    <li class="prev disabled"><span>上一页</span></li>
    <li class="active"><a href="/chap7/web/index.php?r=article%2Fnews&amp;page=1&amp;per-page=1" data-page="0">1</a></li>
    <li><a href="/chap7/web/index.php?r=article%2Fnews&amp;page=2&amp;per-page=1" data-page="1">2</a></li>
    <li><a href="/chap7/web/index.php?r=article%2Fnews&amp;page=3&amp;per-page=1" data-page="2">3</a></li>
    <li class="next"><a href="/chap7/web/index.php?r=article%2Fnews&amp;
```

```
page=2&amp;per-page=1" data-page="1">下一页</a></li>
        <li class="last"><a href="/chap7/web/index.php?r=article%2Fnews&amp;
page=4&amp;per-page=1" data-page="3">末页</a></li>
    </ul>
```

图 7-6　小部件 LinkPager 效果图

　　LinkPager 封装的这部分超链接列表中，使用了"&page=n"的方式把分页页号传回新闻中心列表页，实现了分页的形式显示列表页。

　　除此之外，显而易见，这部分内容的样式是不对的，这是因为"<ul class="pagination">"中的 CSS 类 pagination 定义在 bootstrap.css 文件中，这里并没有引入该 CSS 文件，所以出现了样式不对的情况。当然，可以直接在视图文件中添加"link"标签引入 bootstrap.css 文件，不过，通常在 Yii2 框架中使用资源管理类实现资源文件的引入。在下一章中将介绍 Yii2 的前端资源管理。

7.6　小结

　　本章全面介绍了 Yii2 框架小部件相关的内容，包括调用小部件的方式，以及如何自定义小部件等。小部件是一种全新的概念，在前面的章节内容中均没有涉及相关介绍，通过本章中简单的示例，可帮助读者快速掌握小部件的实际使用。

第 8 章
前端资源管理

本章介绍的前端资源是和 Web 页面相关的文件，比如 CSS 文件、JavaScript 文件、图片或视频。前端资源根据位置可以分为以下 3 种。

- 源资源：资源文件和 PHP 源代码放在一起，不能通过浏览器直接访问，为了在页面中调用这些资源文件，要把这些资源文件拷贝到可访问的目录中，这个过程称为发布资源，随后会详细介绍。
- 发布资源：资源文件放在可通过浏览器直接访问的 Web 目录中。
- 外部资源：资源文件放在与 Web 应用不同的服务器上。

```
├─assets
├─commands
├─config
├─controllers
├─mail
├─models
├─modules
├─resourse              //源资源文件目录，不能通过Web直接访问
│  ├─css
│  │      Style.css
│  ├─images
│  └─js
│         Common.js
├─runtime
├─tests
├─uploads
├─views
├─web                   //在该应用中只有Web目录下的文件可以被Web直接访问
│  │  favicon.ico
│  │  index-test.php
│  │  index.php
```

```
|   |   robots.txt
|   |
|   └──assets
|          └──fbec7601          //发布资源文件目录,可以被 Web 直接访问
|                 ├──css
|                 |    Style.css
|                 ├──images
|                 └──js
|                      Common.js
|
└──widgets
```

以上所示的是本书配套的应用项目代码目录,"resourse"目录中保存了前端资源文件,包括 CSS 文件、JavaScript 文件和图片文件。该目录不能通过浏览器直接访问,为了使用这些源资源,要把这些资源文件拷贝到可访问的"web"目录中成为发布资源。

经过实践证明,通过程序自动管理资源更好一点,例如,当在页面中使用 yii\jui\DatePicker 小部件时,该小部件会自动包含需要的 CSS 文件和 JavaScript 文件,而不是要求手工去找到这些资源文件并包含,当升级小部件时,也会自动使用新版本的资源文件。在本章中,我们会详述 Yii2 提供的强大的资源管理功能。

8.1 初识资源包类

Yii2 框架在资源包(asset bundle)中管理资源,举例来说,"资源"是本书配套项目中"resourse"目录里面包括的 CSS 文件、JavaScript 文件和图片,"资源包"是继承 yii\web\AssetBundle 的子类。在资源包类中,指定了资源所在位置,包含哪些 CSS 和 JavaScript 文件。资源包类通常定义在应用根目录下的"assets"目录中,如 assets\HeaderfooterAsset.php 文件中定义的资源包类,代码如下所示。

```php
<?php
namespace app\assets;
use yii\web\AssetBundle;

/**
 * 布局文件 headerfooter 需要的资源文件
 *
 * @author 刘琨 <71873467@qq.com>
 */
class HeaderfooterAsset extends AssetBundle
{
    public $sourcePath = '@app/resourse';
```

```
    public $css = [
        'css/Style.css'
    ];
    public $js = [
        'js/Common.js'
    ];
}
```

从 HeaderfooterAsset 资源包类里可以直观地看出来，前端资源所在位置为应用目录下的"resourse"文件夹，里面包含的资源文件有"css/Style.css"和"js/Common.js"。

这里使用 AssetBundle 类的成员属性$sourcePath 定义包含资源文件的目录，成员属性$css 和$js 数组里分别确定资源包中包含的相关 CSS 文件和 JavaScript 文件。

资源包类定义好之后，根据需要在视图文件或者布局文件中通过 AssetBundle 类的成员方法"register()"注册，比如，在\views\layouts\main.php 布局文件中代码如下。

```
<?php
use app\assets\HeaderfooterAsset;
//在布局文件里直接引入 HeaderfooterAsset 类，说明所有调用该布局文件的视图文件都需要的该资源
HeaderfooterAsset::register($this);//$this 代表视图对象
?>
<?php $this->beginPage() ?>
<!DOCTYPE html>
<html>
<head>
    <title>前端资源管理</title>
    <?php $this->head() ?>
</head>
<body>
    布局文件 views/layouts/main.php
    <?php $this->beginBody() ?>
        <?= $content ?>
    <?php $this->endBody() ?>
</body>
</html>
<?php $this->endPage() ?>
```

提示：在 beginPage()和 endPage()方法中使用了 PHP 的输出缓冲控制机制（OB 库函数），下一小节中详细介绍。

视图文件 views\demo\asset.php 中代码如下所示。

视图文件 views/demo/asset.php

在 controllers\DemoController.php 控制器中定义动作方法 actionAsset()，代码如下所示。

```php
<?php
namespace app\controllers;
use yii\web\Controller;
……
class DemoController extends Controller{
    ……
    public function actionAsset()
    {
        return $this-> render("asset");
    }
}
```

在浏览器中调用该控制器的 actionAsset()方法，查看网页源代码如下所示。

```html
<!DOCTYPE html>
<html>
    <head>
        <title>前端资源管理</title>
        <link href="/chap7/web/assets/fbec7601/css/Style.css" rel="stylesheet">
    </head>
    <body>
        布局文件 views/layouts/main.php
            视图文件 views/demo/asset.php
        <script src="/chap7/web/assets/fbec7601/js/Common.js"></script>
    </body>
</html>
```

通过上面这个例子，大家初步认识了 Yii2 框架的前端资源管理执行流程，首先是定义资源包类，然后在视图文件中注册资源。这样就可以把不能通过浏览器直接访问的源资源，发布到可访问的目录中，并且在视图文件中引入 CSS 文件和 JavaScript 文件。

为了更加深入地理解 Yii2 框架的前端资源管理的原理，我们从 Yii2 框架资源管理代码分析开始。

8.2　Yii2 框架资源管理代码分析

Yii2 框架实现资源管理，需要 3 个步骤，首先是在视图中注册资源包类，然后注册相关的资源文件，最后输出缓冲区中的数据，下面详细介绍这 3 个步骤。

8.2.1　视图中注册资源包类

视图中注册资源包类，需要调用资源包类的 register()方法，比如在本章第一小节布局文件 views\layouts\main.php 中代码所示。

```
HeaderfooterAsset::register($this);//$this 代表视图对象
```

HeaderfooterAsset 是自定义的资源包类，继承了基类 yii\web\AssetBundle，在该类中定义了静态 register()方法，该方法代码如下。

```
public static function register($view)
{
    return $view->registerAssetBundle(get_called_class());
}
```

静态 register()方法的功能就是把资源包注册到视图中，其参数是当前视图的实例对象，内部执行的是视图的 registerAssetBundle()方法，yii\web\View 类中该方法代码如下。

```
public function registerAssetBundle($name, $position = null)
{
    if (!isset($this->assetBundles[$name])) {
        $am = $this->getAssetManager();
        $bundle = $am->getBundle($name);
        $this->assetBundles[$name] = false;
        // register dependencies
        $pos = isset($bundle->jsOptions['position']) ? $bundle->jsOptions['position'] : null;
        foreach ($bundle->depends as $dep) {
            $this->registerAssetBundle($dep, $pos);
        }
        $this->assetBundles[$name] = $bundle;
    } elseif ($this->assetBundles[$name] === false) {
        throw new InvalidConfigException("A circular dependency is detected for bundle '$name'.");
    } else {
        $bundle = $this->assetBundles[$name];
    }

    if ($position !== null) {
        $pos = isset($bundle->jsOptions['position']) ? $bundle->jsOptions['position'] : null;
        if ($pos === null) {
            $bundle->jsOptions['position'] = $pos = $position;
        } elseif ($pos > $position) {
            throw new InvalidConfigException("An asset bundle that depends on '$name' has a higher javascript file position configured than '$name'.");
        }
        // update position for all dependencies
        foreach ($bundle->depends as $dep) {
            $this->registerAssetBundle($dep, $pos);
        }
    }
```

```
        }
        return $bundle;
}
```

简单理解 registerAssetBundle()方法的功能就是在视图中注册资源包，其中加粗一行代码是关键点，通过给成员属性$assetBundles 赋值，完成资源包的注册。函数调用流程如图 8-1 所示。

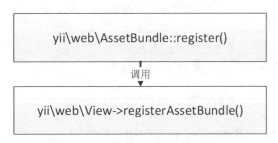

图 8-1　资源包类注册函数调用流程图

资源包类注册完成后，目的就是注册相关的资源文件，8.2.2 节中接着分析相关的代码。

8.2.2　注册资源文件

视图中注册完资源包后，接下来需要注册资源文件，通过 yii\web\View 类的 endBody()方法完成，该部分代码如下所示。

```
public function endBody()
{
    $this->trigger(self::EVENT_END_BODY);
    echo self::PH_BODY_END;

    foreach (array_keys($this->assetBundles) as $bundle) {
        $this->registerAssetFiles($bundle);
    }
}
protected function registerAssetFiles($name)
{
    if (!isset($this->assetBundles[$name])) {
        return;
    }
    $bundle = $this->assetBundles[$name];
    if ($bundle) {
        foreach ($bundle->depends as $dep) {
            $this->registerAssetFiles($dep);
        }
```

```
        $bundle->registerAssetFiles($this);
    }
    unset($this->assetBundles[$name]);
}
```

在视图类的 registerAssetFiles()方法中，调用了资源包类 yii\web\AssetBundle 中的 registerAssetFiles()方法。函数调用流程如图 8-2 所示。

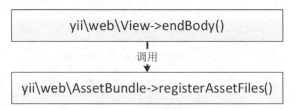

图 8-2　资源文件注册函数调用流程图

yii\web\AssetBundle 中的 registerAssetFiles()方法代码如下所示。

```
public function registerAssetFiles($view)
{
    $manager = $view->getAssetManager();

    foreach ($this->js as $js) {
        if (is_array($js)) {
            $file = array_shift($js);
            $options = ArrayHelper::merge($this->jsOptions, $js);
            $view->registerJsFile($manager->getAssetUrl($this, $file), $options);
        } else {
            if ($js !== null) {
                $view->registerJsFile($manager->getAssetUrl($this, $js), $this->jsOptions);
            }
        }
    }
    foreach ($this->css as $css) {
        if (is_array($css)) {
            $file = array_shift($css);
            $options = ArrayHelper::merge($this->cssOptions, $css);
            $view->registerCssFile($manager->getAssetUrl($this, $file), $options);
        } else {
            if ($css !== null) {
                $view->registerCssFile($manager->getAssetUrl($this, $css), $this->cssOptions);
            }
        }
    }
}
```

通过以上代码可知，资源包类将 JavaScript 文件和 CSS 文件逐个注册到视图中，并且做到相同资源文件不再重复生成。实现相关功能的方法是调用的 yii\web\View 中的 registerJsFile()和 registerCssFile()方法，代码如下所示。

```
public function registerJsFile($url, $options = [], $key = null)
{
    $url = Yii::getAlias($url);
    $key = $key ?: $url;
    $depends = ArrayHelper::remove($options, 'depends', []);

    if (empty($depends)) {
        $position = ArrayHelper::remove($options, 'position', self::POS_END);
        $this->jsFiles[$position][$key] = Html::jsFile($url, $options);
    } else {
        $this->getAssetManager()->bundles[$key] = Yii::createObject([
            'class' => AssetBundle::className(),
            'baseUrl' => '',
            'js' => [strncmp($url, '//', 2) === 0 ? $url : ltrim($url, '/')],
            'jsOptions' => $options,
            'depends' => (array) $depends,
        ]);
        $this->registerAssetBundle($key);
    }
}
public function registerCssFile($url, $options = [], $key = null)
{
    $url = Yii::getAlias($url);
    $key = $key ?: $url;

    $depends = ArrayHelper::remove($options, 'depends', []);

    if (empty($depends)) {
        $this->cssFiles[$key] = Html::cssFile($url, $options);
    } else {
        $this->getAssetManager()->bundles[$key] = Yii::createObject([
            'class' => AssetBundle::className(),
            'baseUrl' => '',
            'css' => [strncmp($url, '//', 2) === 0 ? $url : ltrim($url, '/')],
            'cssOptions' => $options,
            'depends' => (array) $depends,
        ]);
        $this->registerAssetBundle($key);
    }
}
```

在 registerJsFile()方法中，通过 Html::jsFile()方法生成 JavaScript 文件的脚本标记，并

且赋值给该类的成员属性$jsFiles。除此之外，在$jsFiles 里的每个 JavaScript 文件还通过"position"选项配置了其所引入的位置，这里设置的位置是"POS_END"。

在 registerCssFile()方法中，通过 Html::cssFile()方法生成 CSS 文件的脚本标记，并且赋值给该类的成员属性$cssFiles。

至此，相关的资源文件也复制到了可访问目录 web/assets 中，完成了资源文件的注册。最后需要做的是把生成的 HTML 代码输出，8.2.3 节中介绍输出缓冲区的数据。

8.2.3　输出缓冲区的数据

PHP 的输出缓冲控制应用在视图类的 beginPage()和 endPage()方法中，这两个方法的代码如下。

```php
public function beginPage()
{
    ob_start();
    ob_implicit_flush(false);

    $this->trigger(self::EVENT_BEGIN_PAGE);
}
public function endPage($ajaxMode = false)
{
    $this->trigger(self::EVENT_END_PAGE);

    $content = ob_get_clean();

    echo strtr($content, [
        self::PH_HEAD => $this->renderHeadHtml(),
        self::PH_BODY_BEGIN => $this->renderBodyBeginHtml(),
        self::PH_BODY_END => $this->renderBodyEndHtml($ajaxMode),
    ]);

    $this->clear();
}
```

提示："PHP 的输出缓冲控制"相关内容请查看附录 B。

如上代码所示，在 endPage()方法中，调用 ob_get_clean()函数从缓冲区中取出数据之后，使用 strtr()函数完成内容的替换，将数据中"PH_HEAD"、"PH_BODY_BEGIN"和"PH_BODY_END"3 个占位符替换成视图渲染过程中生成的资源信息。

注意："PH_HEAD""PH_BODY_BEGIN"和"PH_BODY_END"3 个占位符分别在视图类的 head()、beginBody()和 endBody()方法中输出。

Yii2 框架资源管理代码分析至此，相信大家对资源管理有了更深一步的认识，为接下来继续学习资源包类 AssetBundle 打下好的基础，希望大家能够水到渠成地学会该类的其他用法，接下来我们介绍 AssetBundle 类的成员属性。

8.3 AssetBundle 类的成员属性

掌握 Yii2 框架的资源管理，需要详细了解 vendor\yiisoft\yii2\web\AssetBundle.php 文件定义的 AssetBundle 类，该类的成员属性见表 8-1。

表 8-1　　　　　　　　　　AssetBundle 类的部分成员属性

属　　性	描　　述
sourcePath	源资源文件所在路径，并且该源资源文件不能通过网络直接访问
basePath	可以通过网络访问的资源文件路径，比如发布资源的路径
baseUrl	可以通过网络访问的资源文件所在目录的 URL，比如发布资源所在目录的 URL
css	资源中包含的 CSS 文件数组
js	资源中包含的 JavaScript 文件数组
depends	指定和其他资源包类的依赖关系
cssOptions	该属性定义的选项传递到 yii\web\View::registerCssFile()方法
jsOptions	该属性定义的选项传递到 yii\web\View::registerJsFile()方法
publishOptions	该属性定义的选项传递到 yii\web\AssetManager::publish()方法

在本章第一小节中，指定了 sourcePath 的值为 "@app/resourse"，"@app" 是应用目录路径的别名，在视图文件中通过如下代码输出 sourcePath 的值。

```
echo HeaderfooterAsset::register($this)->sourcePath;
输出的值为：
D:\xampp\htdocs\chap8\resourse
```

使用同样的方法获得成员属性 basePath 和 baseUrl 的值分别如下所示。

```
basePath  D:\xampp\htdocs\chap8\web\assets\fbec7601
baseUrl   /chap8/web/assets/fbec7601
```

希望大家参考这些输出的数据，更好地理解成员属性 sourcePath、basePath 和 baseUrl 的作用。成员属性 css 和 js 的作用非常好理解，这里不再赘述。

在本书配套项目前台布局文件 views\layouts\headerfooter.php 中，使用 jQuery 实现了一些特效，所以需要引入 jquery.js 文件。这里把引入资源的先后顺序称为资源依赖，通常使用 AssetBundle 类的成员属性 depends 来实现。例如，资源包类 HeaderfooterAsset 中定义 $depends 成员属性，添加依赖 jquery.js 的代码如下。

```php
<?php
……
class HeaderfooterAsset extends AssetBundle
{
    ……
    public $depends = [
        'yii\web\JqueryAsset',
    ];
}
```

Yii2 框架定义了许多资源包，"yii\web\JqueryAsset"就是其中之一，其代码保存在 vendor\yiisoft\yii2\web\JqueryAsset.php 文件中，代码如下所示。

```php
<?php

namespace yii\web;

/**
 * This asset bundle provides the [jQuery] JavaScript library.
 *
 * @author Qiang Xue <qiang.xue@gmail.com>
 * @since 2.0
 */
class JqueryAsset extends AssetBundle
{
    public $sourcePath = '@bower/jquery/dist';
    public $js = [
        'jquery.js',
    ];
}
```

在浏览器中调用该控制器的 actionAsset()方法，查看网页源代码如下所示。

```html
<!DOCTYPE html>
<html>
<head>
    <title>前端资源管理</title>
    <link              href="/chap8/web/assets/2862a8f6/css/Style.css" rel="stylesheet">
</head>
<body>
    布局文件 views/layouts/main.php
            视图文件 views/demo/asset.php
    <script src="/chap8/web/assets/8b54562c/jquery.js"></script>
    <script src="/chap8/web/assets/2862a8f6/js/Common.js"></script>
```

```
</body>
</html>
```

由 8.2.2 节代码可知，引入的资源文件 jquery.js 出现在"body"的最后面，这里需要使其在"head"部分引入，通常使用 AssetBundle 类的成员属性 jsOptions 来实现。例如，资源包类 HeaderfooterAsset 中定义 $jsOptions 成员属性，代码如下所示。

```
<?php
……
class HeaderfooterAsset extends AssetBundle
{
    ……
    public $jsOptions = ['position' => \yii\web\View::POS_HEAD];
}
```

再次在浏览器中调用该控制器的 actionAsset()方法，查看网页源代码如下所示。

```
<!DOCTYPE html>
<html>
<head>
    <title>前端资源管理</title>
    <link href="/chap8/web/assets/2862a8f6/css/Style.css" rel="stylesheet">
    <script src="/chap8/web/assets/8b54562c/jquery.js"></script>
    <script src="/chap8/web/assets/2862a8f6/js/Common.js"></script>
</head>
<body>
    布局文件 views/layouts/main.php
         视图文件 views/demo/asset.php      </body>
</html>
```

了解了 AssetBundle 类的成员属性之后，接下来我们利用本书配套项目实现前端资源管理。

※8.4 项目实现迭代十一：本书配套项目实现前端资源管理

本节我们实现首页和新闻中心列表页的前端资源管理。

8.4.1 实现首页前端资源管理

实现首页前端资源管理，是在项目实现迭代九的基础上继续迭代开发，首页控制器在 controllers\IndexController.php 文件中，部分代码如下。

```
<?php
……
class IndexController extends Controller{
    public function actionIndex(){
        //定义布局文件
```

```
        $this->layout='headerfooter';
        ……
        //渲染视图
        return $this->render('index',……);
    }
}
```

通过浏览器访问首页页面，需要调用 IndexController 控制器的 actionIndex()方法，在该方法中定义了布局文件是 headerfooter.php，视图文件是 index.php。查看视图文件后，发现并没有调用资源文件，首页的前端资源全部是在布局文件中调用，views\layouts\headerfooter.php 文件中部分代码如下所示。

```
<!DOCTYPE HTML>
<html>
    <head>
        <title>全自动洗碗机</title>
        <meta content="text/html; charset=utf-8" http-equiv=Content-Type>
        <link rel=stylesheet type=text/css href="./css/Style.css">
        <SCRIPT type=text/javascript src="./js/jquery.js"></SCRIPT>
        <SCRIPT type=text/javascript src="./js/Common.js"></SCRIPT>
    </head>
    <body id=oneColFixCtr>
        ……
    </body>
</html>
```

在本章最初，已经创建了"resourse"文件夹，并且把资源文件"css/Style.css"和"js/Common.js"都保存在其中。对应的资源包类在 assets\HeaderfooterAsset.php 文件中，代码如下所示。

```
<?php
namespace app\assets;
use yii\web\AssetBundle;

/**
 * 布局文件 headerfooter 需要的资源文件
 *
 */
class HeaderfooterAsset extends AssetBundle
{
    public $sourcePath = '@app/resourse';

    public $css = [
            'css/Style.css'
        ];
    public $js = [
            'js/Common.js'
        ];
```

```
        public $jsOptions = ['position' => \yii\web\View::POS_HEAD];
        public $depends = [
            'yii\web\JqueryAsset',
        ];
}
```

使用 HeaderfooterAsset 资源包类实现后,views\layouts\headerfooter.php 文件中代码如下所示。

```
<?php
use app\assets\HeaderfooterAsset;
//register()方法的返回值是 HeaderfooterAsset 的实例对象
$assetUrl = HeaderfooterAsset::register($this) ->baseUrl;
?>
<?php $this->beginPage() ?>
<!DOCTYPE HTML>
<html>
    <head>
        <title>全自动洗碗机</title>
        <meta content="text/html; charset=utf-8" http-equiv=Content-Type>
        <?php $this->head() ?>
    </head>
<body id=oneColFixCtr>
<?php $this->beginBody() ?>
<div id=container><!--Header Start-->
<div id=header>
    <div id=top>
        <div class=logo>
            <a href="#"><img alt=洗碗机设备厂家 src="<?= $assetUrl; ?>/images/logo.gif" width=192 height=90></a>
            <div style="TEXT-ALIGN: left; PADDING-TOP: 4px">
            <table cellSpacing=0 cellPadding=0>
                <tbody><tr><td><span class=Blue></span></td><td style="PADDING-LEFT: 10px"></td></tr></tbody>
            </table>
            </div>
        </div>
    </div>
    <div id=nav class=clear>
        <ul class=ulNav>
            <li><a id=nav_1 onmouseover=navHover(1) onmouseout=navMouseOut() href="#">网站首页</a></li>
            <li><a id=nav_2 onmouseover=navHover(2) onmouseout=navMouseOut() href="#">关于我们</a></li>
            <li><a id=nav_3 onmouseover=navHover(3) onmouseout=navMouseOut() href="#">产品中心</a></li>
            <li><a id=nav_4 onmouseover=navHover(4) onmouseout=navMouseOut() href="#">新闻中心</a></li>
            <li><a id=nav_5 onmouseover=navHover(5) onmouseout=navMouseOut() href="#">行业百科</a></li>
```

```
        <li><a id=nav_6 onmouseover=navHover(6) onmouseout=navMouseOut() href=
"#">成功案例</a></li>
        <li><a id=nav_7 onmouseover=navHover(7) onmouseout=navMouseOut() href=
"#">联系我们</a></li>
        <li class=rightli><a id=nav_8 onmouseover=navHover(8) onmouseout=
navMouseOut() href="#">官方博客</a></li>
    </ul>
</div>
<div class=navbtm></div></div><!--Header End-->
<SCRIPT type=text/javascript>$(function(){setDefaultNav(1)});</SCRIPT>
<?php echo $content; ?>
<!--Footer Start-->
<div class=footer>
    <div style="BACKGROUND-COLOR: #f4f4f4" id=links>
        <SPAN>友情链接:</SPAN>
        <SPAN><A title=渡手PHP实训 target=_blank>石家庄PHP培训</A></SPAN>
        <SPAN>申请友情链接 QQ:71873467</SPAN>
    </div>
</div>
    <div id=footer><div id=copyright><div id=container><div id=footer><div
id=copyright>
    <P>我们为您提供高品质的全自动洗碗机,家用洗碗机,餐具消毒设备,商用洗碗机! </P>
</div></div></div></div></div>
    <!--Footer End-->
</div>
    <?php $this->endBody() ?>
</body>
</html>
<?php $this->endPage() ?>
```

请注意上面加粗的代码,这是图片文件引用的方法。因为当资源管理加载完成之后,在 web/assets 文件夹中已经复制有图片,因此,只要获得这些资源的路径,就能够引用这些图片。

8.4.2　实现新闻中心列表页前端资源管理

实现新闻中心列表页前端资源管理,是在项目实现迭代十的基础上继续迭代开发,由 7.5.3 小节中的图 7-5 可知,分页的超链接列表小部件 LinkPager 显示的样式不对,需要引入 bootstrop.css 文件,在本节中我们是用前端资源管理完善这部分的功能。

新闻中心栏目控制器在 controllers\ArlistController.php 文件中,部分代码如下。

```
<?php
……
class ArlistController extends Controller{
```

※8.4 项目实现迭代十一：本书配套项目实现前端资源管理

```
    public $layout='right';
    public function actionList(){
    ……
    //通过render()方法把文章模型对象和分页实例对象传到视图层。
    return $this->render("news",array("article_model"=>$article_model,
                                "pages"=>$pages)
                        );
    }
}
```

通过浏览器访问新闻中心栏目页面，需要调用 ArticleController 控制器的 actionNews() 方法，在该控制器中定义了布局文件是 right.php，视图文件是 list.php。查看布局文件 right.php 部分代码如下。

```
<?php $this->beginContent('@app/views/layouts/headerfooter.php'); ?>
<div id="main" class="marginbtm20">
    ……
</div>
<?php $this->endContent(); ?>
```

布局文件 right.php 中没有引入资源文件，并且这里使用的是嵌套布局，嵌套了另一个布局文件 headerfooter.php。

接下来，查看视图文件 list.php，部分代码如下。

```
……
<div class="pages">
    <?php
        use yii\widgets\LinkPager;
        echo LinkPager::widget([
            'firstPageLabel'=>'首页',
            'prevPageLabel' => '上一页',
            'nextPageLabel' => '下一页',
            'lastPageLabel'=>'末页',
            'maxButtonCount'=>3,
            'pagination' => $pages,
            'hideOnSinglePage' => false,
        ])
    ?>
</div>
……
```

之前已经分析过了，小部件 LinkPager 显示的样式不对，需要引入 bootstrop.css 文件。在 Yii2 框架中，已经定义了 BootstrapAsset 资源包，该资源包代码如下。

```
<?php
namespace yii\bootstrap;
use yii\web\AssetBundle;
```

```
/**
 * Asset bundle for the Twitter bootstrap css files.
 *
 */
class BootstrapAsset extends AssetBundle
{
    public $sourcePath = '@bower/bootstrap/dist';
    public $css = [
        'css/bootstrap.css',
    ];
}
```

我们只需要在小部件 LinkPager 前，调用该资源包类即可，代码如下。

```
use yii\bootstrap\BootstrapAsset;
//注册 bootstrap.css 资源文件
BootstrapAsset::register($this);

use yii\widgets\LinkPager;
echo LinkPager::widget([
    'firstPageLabel'=>'首页',
    'prevPageLabel' => '上一页',
    'nextPageLabel' => '下一页',
    'lastPageLabel'=>'末页',
    'maxButtonCount'=>3,
    'pagination' => $pages,
    'hideOnSinglePage' => false,
])
```

在浏览器中再次访问新闻中心列表页，就会在页面中显示如图 8-3 所示的分页超链接列表效果。

图 8-3　资源包类注册函数调用流程图

8.5 小结

本章比较全面介绍了 Yii2 框架前端资源管理相关的内容，包括资源管理的概念、分类和作用。在第 1 节中通过一个小例子初步认识了资源包类的使用流程，为了更好地分析资源管理代码，在第 2 节中介绍了 PHP 的输出缓冲控制。Yii2 框架把资源管理相关功能都封装在 AssetBundle 中，我们可以通过定义其成员属性来完成资源管理的工作，最后通过实现本书配套项目首页和新闻中心列表页的资源管理，帮助读者快速掌握 Yii2 框架前端资源管理的实际使用。

第 9 章
ActiveRecord 模型验证

用户提交数据来填充模型时，需要检查提交的数据是否符合指定的规则。例如，在"文章添加"页面中，就需要验证文章标题和文章内容是否为空，如图 9-1 所示。

图 9-1 "文章添加"页面验证

由于 Yii2 基于 MVC 框架模式，因此，模型验证时，需要分别在模型、控制器和视图中完成，相应的步骤如下。

- 在模型中编写验证需要的规则。
- 在控制器中进行安全赋值和触发验证。

- 在视图中提取验证出错时的信息。

下面详细介绍每个步骤的实现过程。

9.1 模型中编写验证规则

通过前面章节的介绍可知,Yii2 框架中的每一个模型都继承了模型基类 yii\base\Model,本节介绍的模型验证首先需要重写 Model 类的 rules()方法,在其中指定该模型的验证规则。例如,如图 9-1 所示,验证文章标题和内容不为空,就需要下面的验证规则。

```
class Article extends ActiveRecord{
    public function rules()
    {
        return [
                    //文章标题,内容为必填项
                    [['title','content'], 'required',"message"=>"不能为空"],
        ];
    }
    ……
}
```

文章表模型 Article 的 rules()方法定义了一条验证规则,即"[['title','content'], 'required', "message"=>"不能为空"],",其中"['title','content']"表示匹配此验证规则的表单项名。"required"是 yii\validators\RequiredValidator 类的别名,用于确保所验证的表单输入项不为空。"message"是 yii\validators\Validator 类的成员属性,用于自定义错误提示信息。

Yii2 框架规定,Model 类的 rules()方法返回的每个规则必须是以下格式。

```
public function rules()
{
    return [
        [['attributes1','attributes2'],         //属性列表数组
            'validator',             //预定义验证器类的别名
            'on'=>'actionID',        //应用场景列表(可选)
            'message'=>'string'//附加选项,如自定义的错误提示信息
        ],
        ……
    ];
}
```

- "['attributes1','attributes2']"是需要通过此规则验证的表单项的名字。
- "validator"指定要执行验证器的类型。

- "on"参数是可选的,指定应用此规则的场景列表。
- "附加选项"是一个名值对数组,用于初始化相应验证器类的成员属性,如"message"就可以自定义错误提示信息。

对于验证规则中指定的"validator"验证器,通常情况下是一个预定义验证器类的别名。Yii2 框架提供的验证器见表 9-1。

表 9-1　　　　　　　　　　　预定义验证器列表

验证器类	别名	功能描述
BooleanValidator	boolean	确保验证项值是 true 或 false
CaptchaValidator	captcha	验证码验证
CompareValidator	compare	确定值验证
EmailValidator	email	有效的 Email 地址格式验证
DefaultValueValidator	default	设定默认值
ExistValidator	exist	确保验证项可以在指定数据库表的列中找到
FileValidator	file	确保验证项含有一个上传文件的名字
FilterValidator	filter	通过一个过滤器改变此验证项
CRangeValidator	in	确保验证项的值在预先指定的范围之内
StringValidator	length	确保验证项的长度在指定的范围之内
RegularExpressionValidator	match	正则表达式匹配验证
NumberValidator	number	有效的数字格式验证
RequiredValidator	required	确保验证项不为空
UniqueValidator	unique	确保验证项在数据库表列中是唯一的
UrlValidator	url	有效的 URL 格式验证
SafeValidator	safe	认为该验证项是安全的,以便于块赋值

当然,除了使用 Yii2 框架提供的预定义验证器之外,验证规则中指定的"validator"还可以是模型类中的一个方法名,或者是一个自定义验证器的类名。对于这两种情况,本节不再举例说明,下面只列出在"文章添加"页面中需要的验证器规则。

```
<?php
……
```

```php
class Article extends ActiveRecord
{
    ……
    /**
     * 第九章模型验证
     * @return array validation rules for model attributes.
     */
    public function rules()
    {
        return [
            //文章标题，内容为必填项
            [['title','content'], 'required',"message"=>"不能为空"],
            //[['title','content','cid'], 'required',"message"=>"不能为空"],
            //文章图片可以为空，类型只能是 jpg,gif 或者 png,最大 10M
            ['imgurl','file',
                'allowEmpty'=>true,
                'types'=>'jpg, gif, png',
                'maxSize'=>1024 * 1024 * 10,
                'tooLarge'=>'上传图片已超过 10M'],
            //文章标题最多 10 个字符
            ['title', 'string', 'length' => [1,10]],
        ];
    }
}
```

模型中验证规则已经编写完毕，接下来就需要在控制器中触发这些验证，并且安全地获取表单的数据。

9.2 控制器中安全赋值

当用户在"添加文章"页面中填入数据并且单击"提交"按钮后，在 ArticleManagerController 控制器中就可以获得表单收集的数据，并且赋值给文章表模型 Article 的成员属性。经过了 9.1 节中的验证，这里可以通过"块赋值"（massive assignment）的方式轻松实现。

```php
class ArticleManagerController extends Controller
{
    //添加文章
    public function actionCreate()
    {
        ……
```

```
            //创建文章模型
            $article = new Article();
            if(isset($_POST['Article']))
            {
                    $article->attributes=$_POST['Article'];// 块赋值
            }
            ……
        }
    }
```

"$article->attributes=$_POST['Article'];" 称作块赋值，它将 $_POST['Article'] 中的每一项复制到相应的模型属性中，相当于如下赋值方法。

```
        foreach($_POST["Article"] as $name=>$value)
        {
                if($name 是一个安全的属性)
                        $article->$name=$value;
        }
```

> 提示：为了让 $_POST['Article'] 传递的是一个数组而不是字符串，需要在命名表单域时遵守一个规范。具体来说，对于模型类 Article 中属性 title 的输入框，我们将其命名为 Article[title]。

注意，表单项必须有可检验有效性的验证规则才可以进行块赋值，且无论是否符合验证规则，都可以进行块赋值。例如：

['title','email','message'=>"格式不对"],

其中，"title"进行了有效的 Email 地址格式验证，即使输入的数据不符合 Email 地址格式，但是也能在块赋值时被赋值给模型的属性。

> 提示：验证规则是用于检查用户输入的数据，而不是检查我们在代码中生成的数据（如时间戳，自动产生的主键）。因此，不要为那些不接受最终用户输入的特性添加验证规则。

有时候我们需要某一表单项可以进行块赋值，但是又不想给其指定任何规则。例如，之前的文章内容我们希望可以接受用户的任何输入，即使为空也可以，Yii2 提供了一个特殊的规则 "safe" 来达到此目的。模型中的验证规则就可以写成如下形式。

['content', 'safe']

综上所述，能够进行块赋值的表单项需要对应的模型属性有一个验证规则，但是在赋值的时候并没有进行实质性的验证，那么如何触发验证呢？9.3 节将给读者详细介绍。

9.3 控制器中触发验证

触发模型中定义的验证规则,需要调用模型基类 Model 的 validate()方法,此方法返回值类型为 boolean,表示验证是否成功。

不过,对 ActiveRecord 模型来说,直接执行 save()方法即可,因为该方法内部会调用 Model 的 validate()方法,调用流程如图 9-2 所示。

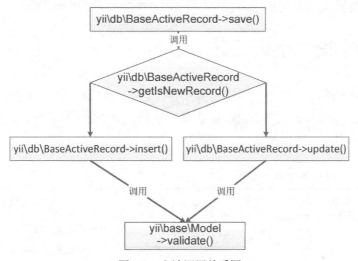

图 9-2　方法调用关系图

图 9-2 中的调用关系了解即可,这里不再过多地进行分析。下面是"添加文章"页面控制器 ArticleManagerController 中调用 ActiveRecord 模型的 save()方法的代码。

```
class ArticleManagerController extends Controller
{
    //添加文章
    public function actionCreate()
    {
        ……
        //创建文章模型
        $article = new Article();
        if(isset($_POST['Article']))
        {
            $article->attributes=$_POST['Article'];
            //执行保存,写入数据库
            if($article->save()){
                //数据存放成功,跳转
```

```
        ......
        }else{
            ......
        }
    }
    ......
    }
}
```

在 save()方法中执行验证后，如果不符合验证规则，则会提示错误信息，下一节中介绍视图中提取错误信息的方法。

9.4 视图中提取错误信息

验证完成后，任何可能产生的错误将被存储在模型对象中。可以通过调用模型基类 yii\base\Model 的 getErrors()方法提取这些错误信息。该方法的详细说明分别见表 9-2。

表 9-2　　　　　　　　　　yii\base\Model 的 getErrors()方法

public function getErrors($attribute = null)		
$attribute	string	null 或表单项名（模型属性名）
{return}	string	所有模型属性的错误信息或指定的一个模型属性错误信息

该方法的用法显而易见，直接在视图文件中调用即可。"添加文章"视图页面中"title"表单项错误信息输出代码如下：

```
foreach ($article->getErrors() as $error)
{
    echo $error;
}
```

除了可以使用模型基类 Model 的 getErrors()方法在视图文件中显示错误信息之外，还可以使用小物件 ActiveForm 类的 errorSummary()方法，该方法的说明见表 9-3。

表 9-3　　　　　　　　ActiveForm 的成员方法 errorSummary ()

public string errorSummary ($models, $options = [])		
$model	Model	模型实例对象
$options	array	附加的 HTML 属性
{return}	string	生成的错误信息

例如，"添加文章"视图页面中表单项错误信息输出代码改成如下形式。

```
echo $form->errorSummary($article);
```

比以上介绍的两种方法可以更加灵活地添加 HTML 属性、设定 CSS 样式的方法是使用 yii\widgets\ActiveField 类的 error()方法，结合 7.2.2 小节中分析的 yii\widgets\ActiveField 类的代码，要实现提取错误信息，只需要在创建表单时，给 ActiveField 类的成员属性 template 中添加 "{error}" 即可，无需再调用 error()方法，并且还可以在 ActiveField 类的成员属性 errorOptions 中设定 CSS 样式，示例代码如下加粗部分所示。

```
<?php
$form=ActiveForm::begin([
    "id"=>"article_create_form",
    //指定文件上传表单，enctype 属性一定是要设置的
    "options"=>["class"=>"form-horizontal",
                "enctype"=>"multipart/form-data"],
    "action"=>"index.php?r=admin/articlemanager/create",
    'fieldConfig' => [
        'template'                 =>              "{label}\n<div class='controls'>{input}{error}</div>",
        'labelOptions' => ['class' => 'control-label'],
        'errorOptions'=>["style"=>"display:inline;color:red"]
    ],
]);
?>
```

至此，关于 ActiveRecord 模型验证的所有相关内容就介绍完了，9.5 节将通过完成"添加文章"页面的模型验证，加深对本章内容的理解。

※9.5 项目实现迭代十二：完成"添加文章"页面中的模型验证

在上文中，只是完成了模型验证的一部分，本节将系统完整地完成"添加文章"页面中的模型验证。

步骤 1：首先在模型 Article 中编写验证规则。在 models/Article.php 中重写模型基类 Model 的 rules()方法，代码如下。

```
<?php
……
class Article extends ActiveRecord
{
    ……
```

```php
/**
 * 模型验证
 * @return array validation rules for model attributes.
 */
public function rules()
{
    return [
        //文章标题, 内容,栏目为必填项
        [['title','content','cid'], 'required',"message"=>"不能为空"],
        //文章标题最多 10 个字符
        ['title', 'string', 'length' => [1,10]],
    ];
}
```

步骤 2：在控制器中进行安全赋值和触发验证。在 modules/admin/controllers/ArticleManagerController.php 中编写如下代码。

```php
<?php
namespace app\modules\admin\controllers;
use yii\web\Controller;
use app\models\Article;
use app\models\Category;

class ArticlemanagerController extends Controller
{
    //添加文章
    public function actionCreate()
    {
        //创建文章模型
        $article = new Article();
        //创建栏目模型,传递分类信息
        $categorys = new Category();

        if(isset($_POST['Article']))
        {
            $article->attributes=$_POST['Article'];//安全块赋值
            //执行保存,写入数据库
            if($article->save()){
                //数据写入成功,提示保存成功
                \Yii::$app->session->setFlash('actionInfo',"保存成功");
            }else{
                \Yii::$app->session->setFlash('actionInfo',"保存失败");
            }
        }
        //渲染视图
        return
        $this->render('create',['article'=>$article,'categorys'=> $categorys]);
    }
}
```

※9.5 项目实现迭代十二：完成"添加文章"页面中的模型验证 167

提示：在上面的代码中，包含了一些没有介绍过的内容，如创建栏目模型、传递分类信息的 Category::model()->showAllSelectCategory()方法、数据写入成功后提示保存成功的 \Yii::$app->session->setFlash('actionInfo',"保存成功");方法，这部分内容和本章内容联系不大，这里不再过多介绍，读者可参照本书配套代码，自学掌握。

提示：在上面的代码中包含了数据写入成功后提示保存成功的代码（\Yii::$app->session->setFlash('actionInfo',"保存成功");）。这部分内容和本章内容联系不大，这里不再过多介绍，读者可参照本书配套代码，自学掌握。

步骤 3：使用小物件 ActiveForm 生成表单视图，一旦验证不通过，提取错误信息。在 modules/admin/views/articleManager/create.php 中编写如下代码。

```php
<!--基于bootstrap使用小物件ActiveForm生成表单-->
<?php
use yii\widgets\ActiveForm;
use yii\helpers\Html;
?>
<div class="content">
    <div class="header"><h1 class="page-title">操作面板</h1></div>
<?php
$form=ActiveForm::begin([
        "id"=>"article_create_form",
        //指定文件上传表单，enctype 属性一定是要设置的
        "options"=>["class"=>"form-horizontal",
                "enctype"=>"multipart/form-data"],
        "action"=>"index.php?r=admin/articlemanager/create",
        'fieldConfig' => [
            'template' => "{label}\n<div class='controls'>{input}{error}</div>",
//添加 {error}
            'labelOptions' => ['class' => 'control-label'],
            'errorOptions'=>["style"=>"display:inline;color:red"]//错误信息的样式
        ],
    ]);
?>
    <fieldset>
    <legend>以下<span class="required">*</span>为必填项.</legend>
<?php
//文章标题输入框
echo $title = $form -> field($article,'title',['options'=>['class'=>'control-group']])
            -> label("文章标题".Html::tag('span','*',['class'=>'required']),
                ['for'=>'typeahead'])
            -> textInput(['class'=>'span6 typeahead',
                    'data-provide'=>'typeahead',
```

```
                            'data-items'=>'4',
                            'maxlength'=>'32']);

//文章栏目下拉列表框
echo $form -> field($article,'cid',["options"=>["class"=>"control-group"]])
        -> label("文章栏目".Html::tag('span','*',['class'=>'required']),
            ['for'=>'selectError'])
        -> dropDownList($categorys->showAllSelectCategory());

//图片文件选择框
echo $form -> field($article,'imgurl',["options"=>["class"=>"control-group"]])
        -> label('文章图片',['for'=>'fileInput'])
        -> fileInput(['size'=>50,"class"=>"input-file uniform_on"]);
//文本域输入框
echo $form -> field($article,'content',["options"=>["class"=>"control-group"]])
        -> label("内容".Html::tag('span','*',['class'=>'required']),
            ['for'=>'textarea2'])
        -> textarea(["class"=>"cleditor","cols"=>50,"rows"=>3]);
?>

    <div class="form-actions">
      <button type="submit" class="btn btn-primary" name="sub">提交</button>
      <button type="reset" class="btn" name="res">重置</button>
    </div>
 <?php
//foreach ($article->getErrors('title') as $error)
//{
//    echo $error;
//}
//print_r($form->errorSummary($article));
    ActiveForm::end();
?>
    </fieldset>
<?php
    if(\Yii::$app->session->hasFlash('actionInfo'))
        echo "<div class='flash-success' id='flash-success'><b>"
        ."<img border='0' src='"
        .\Yii::$app->request->baseUrl."/icons/info.png' width='16px' height='16px'>提示: "
        .\Yii::$app->session->getFlash('actionInfo')
        ."</b><span style='float:right;margin-top:-11px'><a href='javascript:void(0)' onclick=\"$('#flash-success').slideToggle();\"><img border='0' src='"
        .\Yii::$app->request->baseUrl."/icons/cancel.png'></a></span></div>"
        ;
    ?>
    </div>
```

9.6 小结

虽然本章内容初学时感觉比较烦琐，但是经过梳理之后，相信读者应该能够找到这些知识之间的联系，从而掌握 Yii2 框架 ActiveRecord 模型验证的用法。

通过本章的学习，首先希望读者了解模型验证的概念和作用。模型验证就是执行模型 rules()方法中定义的具体验证规则。用户提交数据，模型被填充，就需要检查字段的值是否符合指定的规则。

其次希望读者掌握 Yii2 框架在模型、控制器和视图中进行完成模型验证的步骤，即在模型中定义验证规则，在控制器中安全赋值和触发验证，最后在视图中提取验证错误信息。

最后，以掌握本章内容为目的，实现了"项目实现迭代十二"，为了更好地理解项目的实现过程，建议读者参考配套的视频和代码。

第 10 章 AJAX 验证

在页面开发过程中，对于像数据验证这些不需要重新载入整个页面的需求，可以采用 AJAX 技术。使用 AJAX 可以极大地优化用户的体验与页面的执行。

10.1 AJAX 简介

AJAX 是 Asynchronous JavaScript and XML 的缩写，其核心是通过 XMLHttpRequest 对象，以一种异步的方式，向服务器发送数据请求，并通过该对象接收请求返回的数据，从而消除网络交互过程中"处理—等待—处理—等待"的不足，完成人机交互的数据操作，具体流程如图 10-1 所示。

图 10-1　AJAX 流程图

10.2 传统的 JavaScript 实现 AJAX 验证

使用传统的 JavaScript 方法,基于 XMLHttpRequest 对象,也可以将数据加载到页面中。下面通过一个简单的示例来说明这一方法的实现过程。

功能描述:创建用户注册页面 register.php 和验证页面 validate.php。在注册页面中输入用户名,在验证页面中验证输入的用户名是否已经注册过了。

用户注册页面 register.php 的实现代码如下所示。

```
<html>
<head>
<title>用户注册</title>
<meta http-equiv="content-type" content="text/html;charset=utf-8"/>
<script type="text/javascript">
    //创建AJAX 引擎
    function getXmlHttpObject(){
        var xmlHttpRequest;
        //不同的浏览器获取 XMLHttpRequest 对象的方法不一样
        if(window.ActiveXObject){
            xmlHttpRequest=new ActiveXObject("Microsoft.XMLHTTP");
        }else{
            xmlHttpRequest=new XMLHttpRequest();
        }
        return xmlHttpRequest;
    }
    var myXmlHttpRequest="";
    //验证用户名是否存在
    function checkName(){
        myXmlHttpRequest=getXmlHttpObject();
        //如何判断创建完成
        if(myXmlHttpRequest){
            //通过 myXmlHttpRequest 对象发送请求到服务器的某个页面
            //第一个参数表示请求的方式, "get" / "post"
            //第二个参数指定 url,对哪个页面发出 AJAX 请求(本质仍然是 HTTP 请求)
            //第三个参数若为 true,表示使用异步机制,如果为 false,表示不使用异步
            var url="validate.php?username="+ document.getElementById('username ').value;
            //打开请求
            myXmlHttpRequest.open("get",url,true);
            //指定回调方法 chuli 是方法名
            myXmlHttpRequest.onreadystatechange=chuli;
            //真的发送请求,如果是 get 请求,则填入 null 即可
```

```
                //如果是 post 请求，则填入实际的数据
                myXmlHttpRequest.send(null);
            }
        }
        //回调函数
        function chuli(){
            //window.alert("处理方法被调回"+myXmlHttpRequest.readyState);
            //取出从 registerPro.php 页面返回的数据
            if(myXmlHttpRequest.readyState==4){
                //window.alert("服务器返回"+myXmlHttpRequest.responseText);
                document.getElementById('myres').value=myXmlHttpRequest.responseText;
            }
        }
    </script>
    </head>
    <body>
        <form action="#" method="post">
            用户名字:<input type="text"  onkeyup="checkName();"  name="username" id="username">
            <input type="button" onClick="checkName();"  value="验证用户名">
            <input style="border-width: 0;color: red" type="text" id="myres">
            <br/>
            用户密码:<input type="password" name="password"><br>
            电子邮件:<input type="text" name="email"><br>
            <input type="submit" value="用户注册">
        </form>
    </body>
</html>
```

验证页面 validate.php 的实现代码如下所示。

```
<?php
    //告诉浏览器返回的数据是 XML 格式
    header("Content-Type: text/xml;charset=utf-8");
    //告诉浏览器不要缓存数据
    header("Cache-Control: no-cache");
    //接收数据
    $username=$_GET['username'];
    if($username=="liukun"){
        echo "用户名不可以用";//注意，这里数据是返回给请求的页面
    }else{
        echo "用户名可以用";
    }
?>
```

上述代码执行后的效果如图 10-2 所示。

要实现一个 AJAX 异步调用和局部刷新，通常需要以下几个步骤。

图 10-2　传统 JavaScript 实现 AJAX 功能

- 创建 XMLHttpRequest 对象，也就是创建一个异步调用对象。
- 创建一个新的 HTTP 请求，并指定该 HTTP 请求的方法、URL 及验证信息。
- 设置响应 HTTP 请求状态变化的方法。
- 发送 HTTP 请求。
- 获取异步调用返回的数据。

下面分为 5 个部分进行详细说明。

10.2.1　创建 AJAX 引擎 XMLHttpRequest 对象

不同的浏览器使用的异步调用对象也有所不同，在 IE 浏览器中，异步调用使用的是 XMLHTTP 组件中的 XMLHttpRequest 对象，而在 Netscape、Firefox 浏览器中则直接使用 XMLHttpRequest 组件。因此，在不同浏览器中创建 XMLHttpRequest 对象的方式有所不同。

在 IE 浏览器中，创建 XMLHttpRequest 对象的方式如下所示。

```
var xmlHttpRequest = new ActiveXObject("Microsoft.XMLHTTP");
```

在 Netscape 浏览器中，创建 XMLHttpRequest 对象的方式如下所示。

```
var xmlHttpRequest = new XMLHttpRequest();
```

由于无法确定用户使用的是什么浏览器，因此在创建 XMLHttpRequest 对象时，最好将以上两种方法都加上以下代码。

```
//定义一个变量,用于存放 XMLHttpRequest 对象
var xmlHttpRequest;
//创建 XMLHttpRequest 对象的方法
function createXMLHttpRequest()
{
    if(window.ActiveXObject)  //判断是否是 IE 浏览器
    {
        //创建 IE 浏览器中的 XMLHttpRequest 对象
        xmlHttpRequest = new ActiveXObject("Microsoft.XMLHTTP");
    }
    else if(window.XMLHttpRequest)
    {//判断是否是 Netscape 等支持 XMLHttpRequest 组件的浏览器
```

```
            //创建其他浏览器上的 XMLHttpRequest 对象
            xmlHttpRequest = new XMLHttpRequest();
        }
    }
```

if(window.ActiveXObject)语句用来判断是否使用 IE 浏览器。其中 ActiveXObject 并不是 window 对象的标准属性，而是 IE 浏览器中专有的属性，可以用于判断浏览器是否支持 ActiveX 控件。通常只有 IE 浏览器或以 IE 浏览器为内核的浏览器才能支持 Active 控件。

else if(window.XMLHttpRequest)语句是为了防止一些浏览器既不支持 ActiveX 控件，也不支持 XMLHttpRequest 组件而进行的判断。其中 XMLHttpRequest 也不是 window 对象的标准属性，但可以用来判断浏览器是否支持 XMLHttpRequest 组件。

如果浏览器既不支持 ActiveX 控件，也不支持 XMLHttpRequest 组件，那么就不会对 xmlHttpRequest 变量赋值。

10.2.2 创建 HTTP 请求

创建了 XMLHttpRequest 对象之后，必须为 XMLHttpRequest 对象创建 HTTP 请求，用于说明 XMLHttpRequest 对象要从哪里获取数据。通常可以是网站中的数据，也可以是本地中其他文件的数据。

创建 HTTP 请求可以使用 XMLHttpRequest 对象的 open()方法，其语法代码如下所示。

```
XMLHttpRequest.open(method,URL,flag,name,password)
```

代码中的参数解释如下。

- method：该参数用于指定 HTTP 的请求方法，一共有 get、post、head、put、delete 这 5 种方法，常用的方法为 get 和 post。
- URL：该参数用于指定 HTTP 请求的 URL 地址，可以是绝对地址，也可以是相对地址。
- flag：该参数为可选参数，参数值为布尔型。该参数用于指定是否使用异步方式。true 表示异步方式，false 表示同步方式。默认为 true。
- name：该参数为可选参数，用于输入用户名。如果服务器需要验证，则必须使用该参数。
- password：该参数为可选参数，用于输入密码。如果服务器需要验证，则必须使用该参数。

通常可以使用以下代码来访问一个网站文件的内容。

```
var url="validate.php?username="+ document.getElementById("username").value;
xmlHttpRequest.open("get",url,true);
```

10.2.3 设置响应 HTTP 请求状态变化的方法

创建完 HTTP 请求之后，应该就可以将 HTTP 请求发送给 Web 服务器了。然而，发送 HTTP 请求的目的是为了接收从服务器中返回的数据。从创建 XMLHttpRequest 对象开始，到发送数据及接收数据，XMLHttpRequest 对象一共会经历以下 5 种状态。

- 未初始化状态：在创建完 XMLHttpRequest 对象时，该对象处于未初始化状态，此时 XMLHttpRequest 对象的 readyState 属性值为 0。
- 初始化状态：在创建完 XMLHttpRequest 对象后，使用 open()方法创建了 HTTP 请求时，该对象处于初始化状态。此时，XMLHttpRequest 对象的 readyState 属性值为 1。
- 发送数据状态：在初始化 XMLHttpRequest 对象后，使用 send()方法发送数据时，该对象处于发送数据状态，此时，XMLHttpRequest 对象的 readyState 属性值为 2。
- 接收数据状态：Web 服务器接收完数据并进行处理完毕之后，向客户端传送返回的结果。此时，XMLHttpRequest 对象处于接收数据状态，XMLHttpRequest 对象的 readyState 属性值为 3。
- 完成状态：XMLHttpRequest 对象接收数据完毕后，进入完成状态，此时 XML-HttpRequest 对象的 readyState 属性值为 4。

接收完毕后的数据存入客户端计算机的内存中，可以使用 responseText 属性来获取数据。

只有在 XMLHttpRequest 对象完成了以上 5 个步骤之后，才可以获取从服务器端返回的数据。因此，如果要获得从服务器端返回的数据，就必须要先判断 XMLHttpRequest 对象的状态。

XMLHttpRequest 对象可以响应 readystatechange 事件，该事件在 XMLHttpRequest 对象状态改变时（也就是 readyState 属性值改变时）激发。因此，可以通过该事件调用一个方法，并在该方法中判断 XMLHttpRequest 对象的 readyState 属性值。如果 readyState 属性值为 4，则使用 responseText 属性来获取数据，具体代码如下所示。

```
//指定回调方法 chuli 是方法名
myXmlHttpRequest.onreadystatechange=chuli;
//回调方法
```

```
function chuli(){
    //判断 XMLHttpRequest 对象的 readyState 属性值是否为 4，如果为 4 表示异步调用完成
    if(myXmlHttpRequest.readyState==4){
        //取出值,根据返回信息的格式定.text
        document.getElementById("myres").value=myXmlHttpRequest.responseText;
    }
}
```

responseText 是服务器接收到的响应体。如果 readyState 小于 3，这个属性就是一个空字符串。当 readyState 为 3 时，这个属性返回目前已经接收的响应部分。如果 readyState 为 4，这个属性保存了完整的响应体。如果响应包含了为响应体指定字符编码的头部，就使用该编码。否则，假定使用 UTF-8。

10.2.4 设置获取服务器返回数据的语句

但是，异步调用过程完毕，并不代表异步调用成功了。如果要判断异步调用是否成功，还要判断 XMLHttpRequest 对象的 status 属性值。只有该属性值为 200，才表示异步调用成功（参见附录）。因此，要获取服务器返回数据的语句，还必须要先判断 XMLHttpRequest 对象的 status 属性值是否等于 200，如以下代码所示。

```
if(xmlHttpRequst.status == 200)
{
    //使用以下语句将返回结果以字符串形式输出
    document.write(xmlHttpRequest.responseText);
}
```

注意：如果 HTML 文件不是在 Web 服务器上运行，而是在本地运行，则 xmlHttpRequest.status 的返回值为 0。因此，如果该文件在本地运行，则应该加上 xmlHttpRequest.status == 0 的判断。

通常将以上代码放在响应 HTTP 请求状态变化的方法体内，如以下代码所示。

```
//指定回调方法 chuli 是方法名
//设置当 XMLHttpRequest 对象状态改变时调用的方法,注意,方法名后面不要添加小括号
myXmlHttpRequest.onreadystatechange=chuli;
//回调方法
function chuli(){
    //判断 XMLHttpRequest 对象的 readyState 属性值是否为 4,如果为 4,表示异步调用完成
    if(myXmlHttpRequest.readyState==4){
        //设置获取数据的语句
        if(xmlHttpRequest.status == 200 || xmlHttpRequest.status == 0)
        {
            //取出值,返回结果为字符串形式
            document.getElementById("myres").value=myXmlHttpRequest.responseText;
        }
    }
}
```

10.2.5 发送 HTTP 请求

在经过以上几个步骤的设置之后，就可以将 HTTP 请求发送到 Web 服务器上去了。可以使用 XMLHttpRequest 对象的 send()方法发送 HTTP 请求，其语法代码如下所示。

```
XMLHttpRequest.send(data)
```

其中 data 是个可选参数，如果请求的数据不需要参数，就可以使用 null 来替代。data 参数的格式与在 URL 中传递参数的格式类似，以下为在一个 send()方法中使用 data 参数的示例。

```
name=myName&value=myValue
```

只有在使用 send()方法之后，XMLHttpRequest 对象的 readyState 属性值才会开始改变，也才会激发 readystatechange 事件，并调用方法。

10.3 jQuery 实现 AJAX 验证

在传统的 JavaScript 代码中，使用 XMLHttpRequest 对象异步加载数据。在 jQuery 中，$.ajax()是最底层、功能最强的方法，其调用的语法格式如下所示。

```
$.ajax([options])
```

其中，可选参数[options]为$.ajax()中的请求设置，其格式为 key/value，既包含发送请求的参数，又含有服务器响应后回调的数据。$.ajax()中的参数见表 10-1。

表 10-1　　　　　　　　　　　$.ajax()中的参数列表

参数名	类型	功 能 描 述
url	string	发送请求的地址（默认为当前页面）
type	string	数据请求方式（post 或 get），默认为 get
dataType	string	服务器返回的数据类型，如果没有指定，jQuery 将自动根据 HTTP 包 MIME 信息自动判断，服务器返回的数据根据自动判断的结果进行解析，传递给回调方法，其可用类型如下所示。 html：返回纯文本的 HTML 信息，包含的 script 标记会在插入页面时被执行 script：返回纯文本 JavaScript 代码 text：返回纯文本字符串 xml：返回可被 jQuery 处理的 XML 文档 json：返回 JSON 格式的数据
success	function	请求完成后调用的回调方法，该方法无论数据发送成功或失败都会调用，其中有两个参数，一个是 XMLHttpRequest 对象，另一个是 strStatus，用于描述成功请求类型的字符串

下面通过一个简单的示例，介绍 jQuery 中 $.ajax()在数据交互过程中的应用。

功能描述：创建一个用于登录的 HTML 页面 login.html，在页面中设置用于输入"用户名"和"密码"的文本框，以及"登录"和"取消"按钮。另外，创建一个服务器端页面 login.php，用来处理静态页发送来的登录请求。

登录静态页面 login.html 的实现代码如下所示。

```html
<!DOCTYPE html>
<html lang="en">
<head>
    <title>$.ajax()方法发送请求</title>
    <meta charset='UTF-8'>
    <script type="text/javascript" src="Jscript/jquery-1.4.2.js"></script>
    <script type="text/javascript">
        $(function() {
            $("#txtName").blur(function() {  // "登录"按钮单击事件
                //获取用户名称
                var strTxtName = encodeURI($("#txtName").val());
                //开始发送数据
                $.ajax({  //请求登录处理页
                    url: "login.php",  //登录处理页
                    dataType: "html",
                    //传送请求数据
                    data: { txtName: strTxtName },
                    success: function(strValue) {  //登录成功后返回的数据
                        //根据返回值进行状态显示
                        if(strValue == 1){
                            $("#divError").show().html("用户名存在");
                        }
                        else{
                            $("#divError").show().html("用户名不存在");
                        }
                    }
                })
            })
        })
    </script>
</head>
<body>
    <form id="frmUserLogin" action="#">
        <div class="divFrame">
            <div class="divTitle"><span>用户登录</span></div>
            <div class="divContent"><div class="clsShow">
                <div id="divError" class="clsError"></div>
                <div>名称:<input id="txtName" type="text" class="txt" /></div>
```

```html
                    <div>密码: <input id="txtPass" type="password" class="txt"/>
</div>
                    <div>
                        <input id="btnLogin" type="submit" value="登录" class= "btn" />  
                        <input id="btnReset"  type="reset" value="取消" class= "btn" />
                    </div>
                </div></div>
        </div>
    </form>
</body>
</html>
```

服务器端页面 login.php 的实现代码如下所示。

```php
<?php
    //接收数据
    $username=$_GET['txtName'];
    if($username=="liukun"){
        echo 1;//注意，这里数据是返回给请求的页面
    }
?>
```

上述代码执行后的效果如图 10-3 所示。

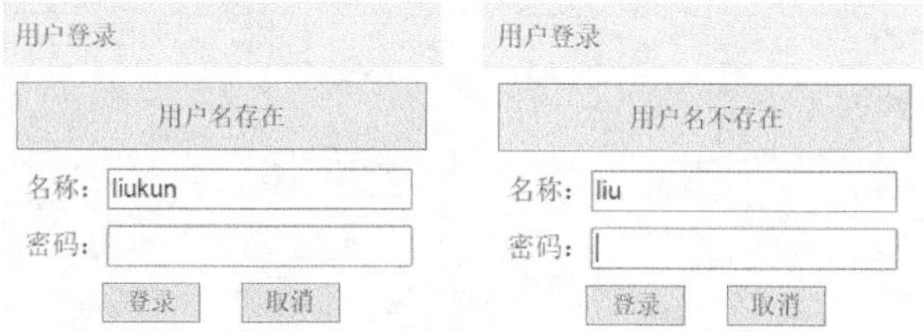

图 10-3　$.ajax()发送请求

※10.4　项目实现迭代十三：完成"添加用户"页面的 AJAX 验证

Yii2 框架的小物件 ActiveForm 很重要的一个特性就是它支持 AJAX 验证。现在，让我们实现在添加用户时，验证用户名是否已经存在的功能。当用户名存在时，提示"用户名已存在"。页面效果如图 10-4 所示。

图 10-4　AJAX 验证用户名是否存在

相关的用户表结构如下所示。

```
CREATE TABLE `ds_manager` (
  `id` int(11) NOT NULL,
  `username` varchar(32) COLLATE utf8_unicode_ci DEFAULT NULL,
  `password` varchar(32) COLLATE utf8_unicode_ci DEFAULT NULL,
  `realname` varchar(32) COLLATE utf8_unicode_ci DEFAULT NULL,
  `roleid` tinyint(2) DEFAULT NULL,
  `telephone` varchar(32) COLLATE utf8_unicode_ci DEFAULT NULL,
  `qq` varchar(32) COLLATE utf8_unicode_ci DEFAULT NULL,
  `email` varchar(32) COLLATE utf8_unicode_ci DEFAULT NULL,
  `address` varchar(200) COLLATE utf8_unicode_ci DEFAULT NULL,
  `create_time` int(11) DEFAULT NULL,
  `lastlogin_time` int(11) DEFAULT NULL,
  `status` tinyint(1) DEFAULT NULL,
  `login_hits` int(11) DEFAULT NULL
) ENGINE=InnoDB DEFAULT CHARSET=utf8 COLLATE=utf8_unicode_ci;
```

在 Yii2 框架中创建该数据表对应的 ActiveRecord 模型，保存在 models/Manager.php 文件中，代码如下。

```
<?php
//声明 app\models 命名空间
namespace app\models;
//导入 yii\db\ActiveRecord 命名空间
use yii\db\ActiveRecord;
//创建 ds_manager 表对应的模型类
class Manager extends ActiveRecord{
    /**
```

```php
 * @return string 返回该ActiveRecord类关联的数据表名
 */
public static function tableName()
{
    return "{{%manager}}";
}
public function rules()
{
    return [
        ['username','unique','message'=>'用户名'.$this->username.'已存在'],
    ];
}
public function attributeLabels() {
    return [
        "username"=>"用户名",
    ];
}
}
```

在该模型中确定验证规则为"unique",即用户名存在数据库中的唯一性验证。要使用 Yii2 框架的小物件 ActiveForm 实现 AJAX 验证,首先需要开启 AJAX 验证的配置,在 modules/admin/views/manager/add.php 视图文件中添加如下代码。

```php
<?php
use yii\widgets\ActiveForm;
use yii\helpers\Html;
use yii\helpers\Url;
use yii\widgets\ActiveFormAsset;
//注册小部件ActiveForm的资源包
ActiveFormAsset::register($this);
?>
……
<?php
$form=ActiveForm::begin([
    "id"=>"manager-form",
    "method"=>"post",
    'enableAjaxValidation'=>true,//开启ajax验证
    'validationUrl' => Url::to(['manager/add']),//数据异步校验URL
    'enableClientValidation'=>false,//为了避免混淆我们把客户端验证先关掉
    'validateOnSubmit'=>false,     //提交时的验证
    'validateOnChange'=>true,      //输入框值改变时的验证
    'validateOnType'=>false,       //键入时验证

    'fieldConfig' => [
        //错误信息的样式
        'errorOptions'=>[
```

```
                "style"=>"display:inline;color:red",
                "class"=>"help-block"
                ]
        ],
    ]);
?>
......
<?php
//用户名输入框
echo    $form -> field(
            $model,
            'username',
            ['options'=>['class'=>'control-group']]
        )
            -> textInput(
                ['class'=>'input-xlarge',
                'size'=>32,'maxlength'=>'32']
            );
?>
......
<?php ActiveForm::end(); ?>
```

在该视图文件中需要注册小部件 ActiveForm 的资源包 yii\widgets\ActiveFormAsset 类，然后把小部件 ActiveForm 的配置项 enableAjaxValidation 设置成 true 时，在视图文件中会生成一段 JS 代码如下所示，实现 AJAX 验证。

```
<script src="/chap10/web/assets/8b54562c/jquery.js"></script>
<script src="/chap10/web/assets/612fbc10/yii.js"></script>
<script src="/chap10/web/assets/612fbc10/yii.activeForm.js"></script>
<script type="text/javascript">
    jQuery(function ($) {
    jQuery('#manager-form').yiiActiveForm(
        [{
            "id":"manager-username",
            "name":"username",
            "container":".field-manager-username",
            "input":"#manager-username",
            "enableAjaxValidation":true
        }],
        {
            "validateOnSubmit":false,
            "validationUrl":"\/chap10\/web\/index.php?r=admin%2Fmanager%2Fadd"
        }
    );
    });
```

※10.4 项目实现迭代十三：完成"添加用户"页面的 AJAX 验证

```
</script>
```

> 提示：查看\web\assets\612fbc10\yii.activeForm.js 这个文件，可以发现调用的是 jQuery 的 $.ajax()方法。

为了响应 AJAX 验证请求，需要在 modules/controllers/ManagerController.php 控制器文件中添加如下代码。

```php
<?php
namespace app\modules\admin\controllers;
use yii\web\Controller;
use app\models\Manager;
use yii\widgets\ActiveForm;
use yii\web\Response;
/**
 * ManagerController for the `admin` module
 */
class ManagerController extends Controller
{
    public function actionAdd()
    {
        $model=new Manager();
        //必须执行该方法才能显示 ActiveForm 获取到的验证信息
        $load = $model->load(\Yii::$app->request->post());
        if (\Yii::$app->request->isAjax)//如果是 Ajax 请求执行以下代码
        {
            //如果在发送给终端用户之前响应主体需要格式化，应设置 format 属性
            \Yii::$app->response->format = Response::FORMAT_JSON;
            //返回 ActiveForm 获取到的验证信息
            return ActiveForm::validate($model);
        }
        //判断能否执行模型的块赋值
        if ($load) {
            //正确块赋值的情况下，保存数据
            if($model->save()){
                //数据写入成功，提示保存成功
                \Yii::$app->session->setFlash('actionInfo',"保存成功");
            }else{
                \Yii::$app->session->setFlash('actionInfo',"保存失败");
            }
        }
        return $this->render('add',['model'=>$model]);
    }
}
```

当用户在输入框中输入一些值后，就会触发 AJAX 校验。打开浏览器工具，开发者可以看到，当输入框值改变时，页面向服务器发送了一次 AJAX 请求，如图 10-5 所示。

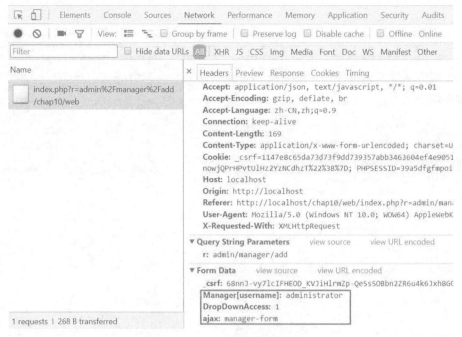

图 10-5　AJAX 向服务器发送请求

10.5　小结

基于 B/S 开发模式已经成为现阶段应用系统开发的主流，在应用系统中，最常见的功能是表单验证操作。传统的 Web 表单验证程序存在界面闪烁、受 HTTP 的限制、页面全部刷新、用户等待时间过长等问题。AJAX 表单验证技术利用 AJAX 异步无刷新、快速响应、节省网络带宽等性能特点，大大提高了 Web 界面的响应速度，为用户提供更为自然的浏览体验。

第 11 章 用户登录

用户登录其实是一个寻求认证的过程，即用户在表单中输入一些必要的数据，程序从数据库中查询这些数据是否满足认证条件，如果满足，允许登录，如果不满足，则拒绝登录。

要实现登录系统，需要掌握 Yii2 框架的以下几点内容。

- 负责接收、验证数据的表单模型。
- 降低服务器端负荷的客户端验证。
- 如何自定义方法作为 rules() 方法验证器。
- 专门用于验证用户名和密码的身份类。
- 可以保存用户登录状态的 yii\web\User 类。

完成上面的内容后就可以实现一个高效且安全的登录系统。

11.1 表单模型

模型是 MVC 模式中的一部分，代表业务数据、规则和逻辑的对象。第 5 章中介绍了 ActiveRecord 模型，该模型的特点如下。

- 数据的持久化（保存到数据库）。
- 收集的数据存储在硬盘中。
- 成员属性是数据库表中的字段，除了可以数据验证之外，还可以进行数据库操作。

在第 7 章中，我们学习了如何使用小部件 ActiveForm 创建表单，表单创建之后，还需要确定输入数据的类型，以及验证这些数据应符合什么样的规则。正如模型概念所定义的，模型可用来保存和验证用户输入的数据。这一类模型和 ActiveRecord 模型不同，这里把其称为表单模型，该类模型的特点如下。

- 数据传输（数据被获取、使用、丢弃）。
- 收集的数据存储在内存中。
- 成员属性是表单的输入项，只能进行数据验证。

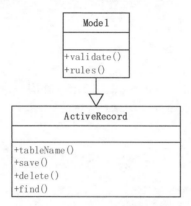

图 11-1 Model 和 ActiveRecord

图 11-1 包含了 2 个类的部分常用的成员方法。ActiveRecord 类继承 Model 类，在 Model 类中，定义了可以用来进行验证的 validate()和 rule()方法；ActiveRecord 类中主要定义了和数据库相关的成员方法。

在 Yii2 框架中，使用 ActiveRecord 的时候会自动创建数据库连接，而在登录系统中，由于登录信息只被用于验证用户合法性，并不需要保存，因此使用 Model 才是合适的。

在 modules/admin/models/UserLogin.php 目录下创建登录表单对应的表单模型 UserLogin，代码如下：

```php
<?php
namespace app\modules\admin\models;

use yii\base\Model;
/**
 * UserLogin is the model behind the login form.
 */
class LoginForm extends Model
{
    public $username;
    public $password;
```

```
    public $rememberMe = false;
}
```

UserLogin 中定义了 3 个属性：$username、$password 和 $rememberMe，用于保存用户输入的用户名和密码，还有用户是否想记住登录的选项。由于 $rememberMe 有一个默认的值 false，因此相应的选项在初始化显示在登录表单中时将是未勾选状态。

下一节将为定义的 UserLogin 表单模型完成客户端的验证操作。

11.2 客户端验证

客户端验证是表单没有提交数据到服务器之前，在客户端由浏览器执行页面中的 JavaScript 代码，来验证数据是否符合验证规则。如图 11-2 所示，登录页面客户端验证并输出错误信息。

当光标聚焦用户名输入框又移动开之后，会出现"用户名不可为空白"的错误提示。由于没有产生与服务器端的通信，因此这种方式可以降低服务器的负荷。

图 11-2　登录页面效果图

> **注意**：为了使得客户端验证正常工作，用户浏览器需要设置 JavaScript 可用。为了确保数据有效性，服务器端验证将始终被执行。

如何实现客户端验证呢？我们使用小部件 ActiveForm 来完成。

11.2.1　ActiveForm 实现客户端验证代码分析

小部件 ActiveForm 默认使用时不生成客户端验证所需要的 JavaScript 代码，当添加配置项 enableClientValidation 为 true 的时候，才会根据模型中的 rules()方法中定义的验证规则生成客户端所需要的 JavaScript 代码，当在浏览器触发相关事件时，完成客户端验证。

我们举一个例子来具体分析一下，如在视图文件 modules\admin\views\default\login.php 中添加配置项 enableClientValidation，并设置为 true 代码如下。

```
<?php
    $form = ActiveForm::begin([
        ……
        'enableClientValidation'=>true,//是否使客户端验证可用。默认值是 false。
        ……
```

```
?>
……
<?= $form -> field($model,'username');//用户名输入框?>
```

在模型的 rules()方法中存在如下的验证规则。

```
<?php
namespace app\modules\admin\models;

use yii\base\Model;
/**
 * UserLogin is the model behind the login form.
 */

class UserLogin extends Model
{
    ……
    public function rules()
    {
        return array(
            // username 和 password 不为空
            [['username', 'password'], 'required'],
        );
    }
}
```

当在浏览器中执行这段代码，并查看页面代码后，就会看到包含的 JavaScript 代码如下。

```
<script src="/chap11/web/assets/8b54562c/jquery.js"></script>
<script src="/chap11/web/assets/612fbc10/yii.js"></script>
<script src="/chap11/web/assets/612fbc10/yii.validation.js"></script>
<script src="/chap11/web/assets/612fbc10/yii.activeForm.js"></script>
<script type="text/javascript">
jQuery(function ($) {
    jQuery('#login-form').yiiActiveForm([
        {
            "id":"userlogin-username",
            "name":"username",
            "container":".field-userlogin-username",
            "input":"#userlogin-username",
            "validate":function (attribute, value, messages, deferred, $form) {
                yii.validation.required(value, messages, {"message":"用户名不能为空。"});
            }},
        {
```

```
                "id":"userlogin-password",
                "name":"password",
                "container":".field-userlogin-password",
                "input":"#userlogin-password",
                "validate":function (attribute, value, messages, deferred, $form) {
                    yii.validation.required(value, messages, {"message":"密码不能为空。"});
                }}
        ],
        {
            "validateOnSubmit":false
        }
    );
});
</script>
```

上面的这些 JavaScript 代码是如何加载的，需要分析 ActiveForm 类的代码（vendor\yiisoft\yii2\widgets\ActiveForm.php），当$enableClientValidation 设置成 true 时，会调用验证器的 clientValidateAttribute()方法，生成验证需要的 JavaScript 代码，如图 11-3 所示。

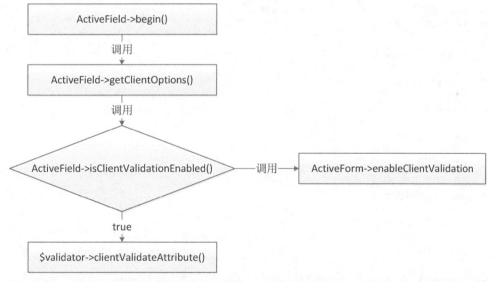

图 11-3　客户端验证方法调用关系图

验证器的 clientValidateAttribute()方法的作用就是返回执行客户端验证所需的 JavaScript 脚本。例如，验证器 RequiredValidator 的 clientValidate Attribute()方法的代码如下。

```
<?php
namespace yii\validators;
```

```
use Yii;

class RequiredValidator extends Validator
{
    ……
    /**
     * @inheritdoc
     */
    public function clientValidateAttribute($model, $attribute, $view)
    {
        ValidationAsset::register($view);//注册资源包
        $options = $this->getClientOptions($model, $attribute);

        return 'yii.validation.required(value, messages, ' . json_encode($options,
JSON_UNESCAPED_SLASHES | JSON_UNESCAPED_UNICODE) . ');';
    }
    ……
}
```

基于上述内容，我们又可以得出另外一个结论，只要验证器中实现了 Validator::clientValidateAttribute()方法，就会支持客户端验证。目前，下列核心验证器都支持客户端验证。

- BooleanValidator

- CaptchaValidator

- CompareValidator

- EmailValidator

- FileValidator

- FilterValidator

- ImageValidator

- InlineValidator

- IpValidator

- NumberValidator

- RangeValidator

- RegularExpressionValidator

- RequiredValidator

- StringValidator

- UrlValidator

> **注意**：并不是所有的验证器都支持客户端验证。

※11.2.2 项目实现迭代十四：完成登录页面的客户端验证

在本节中，以核心验证器 RequiredValidator 为例，介绍登录页面客户端验证的实现过程。

步骤1：在 DefaultController 控制器的 actionLogin()方法中实现登录页面的渲染。modules/admin/controllers/DefaultController.php 控制器代码如下。

```php
<?php
namespace app\modules\admin\controllers;

use yii\web\Controller;
use app\modules\admin\models\UserLogin;

/**
 * Default controller for the `admin` module
 */
class DefaultController extends Controller
{
    //设置默认动作方法为 actionLogin()
    public $defaultAction = "login";
    //后台登录页面
    public function actionLogin()
    {
        //登录页面不需要布局文件
        $this->layout=false;
        //首先实例化 UserLogin 对象
        $model=new UserLogin();
        return $this->render('login',array('model'=>$model));
    }
}
```

步骤2：客户端进行验证时的依据是 rules()方法中的设置，因此在 modules/admin/models/UserLogin.php 表单模型中需要添加验证规则。

```php
<?php
namespace app\modules\admin\models;

use Yii;
use yii\base\Model;
/**
 * UserLogin is the model behind the login form.
 */
```

```php
class UserLogin extends Model
{
    public $username;
    public $password;
    public $rememberMe=true;

    public function rules()
    {
        return array(
            // username 和 password不为空
            [['username', 'password'], 'required'],
        );
    }
    /**
     * Declares attribute labels.
     */
    public function attributeLabels()
    {
        return array(
            'username'=>'用户名',
            'password'=>'密码',
            'rememberMe'=>'30日内免登录',
        );
    }
}
```

步骤3：通过设置 enableClientValidation 为 true，使客户端验证可用。使用小部件 Active Form 生成表单视图，一旦验证不通过，提取错误信息。在 modules/admin/views/default/login.php 中编写如下代码。

```php
<?php
use yii\helpers\Html;
use yii\widgets\ActiveForm;

$this->beginPage();
$this->title = '用户登录';
?>
<!DOCTYPE html>
<html lang="<?= \Yii::$app->language ?>">
  <head>
    <title><?= Html::encode($this->title) ?></title>
    <meta charset="<?= \Yii::$app->charset ?>">
    <link rel="stylesheet" type="text/css" href="<?php echo $this->context->module->assetsUrl; ?>/css/form_houtai.css">
    <link rel="stylesheet" type="text/css" href="<?php echo $this->context->module->assetsUrl; ?>/css/style_houtai.css" />
    <?php $this->head() ?>
  </head>
  <body>
    <?php $this->beginBody() ?>
```

```
        <div class="wrapper">
            <div class="content">
                <div id="form_wrapper" class="form_wrapper">
                    <div class="form">
<?php
    $form = ActiveForm::begin([
        "id"=>"login-form",
        "method"=>"post",
        'enableClientValidation'=>true,//是否使客户端验证可用。默认值是false。
        'options'=>['class'=>'login active'],
        'validateOnSubmit'=>false,    //提交时的验证
        'validateOnChange'=>true,     //输入框值改变时的验证
        'validateOnType'=>false,      //键入时验证

        'fieldConfig' => [
'errorOptions'=>["style"=>"display:inline;color:red;margin- left:30px;","class"=>
"help-block"]//错误信息的样式
            ],
        ]);
?>
<h3>登录窗口</h3>
<?= $form -> field($model,'username');//用户名输入框?>
<?= $form -> field($model,'password');//密码输入框
?>
<?= $form -> field($model,'rememberMe')
        -> label("rememberMe",['style'=>'display:inline;'])
        -> checkBox();
?>
<div class="bottom">
    <input type="submit" value="登录"/>
    <div class="clear"></div>
</div>
    <?php ActiveForm::end();  ?>
    </div></div></div></div>
    <?php $this->endBody() ?>
  </body>
</html>
<?php $this->endPage() ?>
```

添加以上代码后，就会实现图 11-2 的效果，当用户名输入框没有输入任何信息，移动光标就会出现"用户名不可为空白"的错误提示信息。

11.3 模型中的自定义方法作为 rules() 验证器

9.1 节中总结了 Model 类的 rules() 方法返回的规则格式如下。

```
public function rules()
{
```

```
        return [
            [['attributes1','attributes2'],    //属性列表数组
                'validator',         //预定义验证器类的别名
                'on'=>'actionID',    //应用场景列表(可选)
                'message'=>'string'//附加选项,如自定义的错误提示信息
            ],
            ……
        ];
}
```

其中,"validator"可以是预定义验证器类的别名,也可以是模型类中一个方法的名字,在 modules/ admin/models/UserLogin.php 表单模型的 rules()方法中添加如下验证规则和验证方法。

```php
<?php
namespace app\modules\admin\models;

use Yii;
use yii\base\Model;
use app\modules\admin\models\UserIdentity;
use app\models\Manager;
/**
 * UserLogin is the model behind the login form.
 */
class UserLogin extends Model
{
    public $username;
    public $password;
    public $rememberMe=true;

    private $_user = false;

    /**
     * Declares attribute labels.
     */
    public function attributeLabels()
    {
        return array(
            'username'=>'用户名',
            'password'=>'密码',
            'rememberMe'=>'30 日内免登录',
        );
    }
    public function rules()
    {
        return [
            // username 和 password 不为空
```

```
            [['username', 'password'], 'required'],
            // 验证密码和数据库中保存的是否一致
            ['password', 'validatePassword'],

        ];
    }
    public function validatePassword($attribute, $params)
    {
        //根据用户名查询数据库
        $user = Manager::find()
                ->where(['username'=>$this->username])
                ->one();
        //如果用户名不存在，报错
        if($user === null)
        {
            $this->addError('username',"用户名不存在");
        }
        else
        {
            //密码不匹配，报错
            if($user -> password !== md5($this->password) )
            {
                $this->addError('password',"密码错误");
            }
            else
            {
                //用户名和密码都正确，更新数据库
                $user->lastLogin_time = time();
                $user->save();//更新数据库用户表最后登录时间
            }
        }
    }
}
```

为了触发上面定义的 validatePassword()验证方法，需要在 DefaultController 控制器的 actionLogin()方法中调用 Model 的 load()和 validate()方法，代码如下所示。

```
<?php
class DefaultController extends Controller
{
    //设置默认动作方法为 actionLogin()
    public $defaultAction = "login";
    //后台登录页面
    public function actionLogin()
    {
        //登录页面不需要布局文件
        $this->layout=false;
```

```
        //实例化 UserLogin 对象
        $model=new UserLogin();
        //块赋值，登录方法
    if ($model->load(\Yii::$app->request->post()) && $model->validate()) {
            //……
        }

        return $this->render('login', ['model' => $model]);
    }
}
```

完成以上代码修改之后，当在登录页面输入用户名和密码并提交表单之后，就会进行密码验证，执行方法 validatePassword()方法。

Yii2 官方指南中提到，模型中的自定义验证方法必须是下面所示的结构。

```
/**
 * @param string 所要验证的特性的名字
 * @param array  验证规则中指定的选项
 */
public function validatorName($attribute,$params) { ... }
```

为什么该方法必须有$attribute 和$params 两个参数呢？在 vendor\yiisoft\yii2\validators\Validator.php 中找到如下代码。

```
public static function createValidator($type, $model, $attributes, $params = [])
{
    $params['attributes'] = $attributes;

    if ($type instanceof \Closure || ($model->hasMethod($type) && !isset(static::$builtInValidators[$type]))) {
        // method-based validator
        $params['class'] = __NAMESPACE__ . '\InlineValidator';//内联验证器
        $params['method'] = $type;
    } else {
        if (isset(static::$builtInValidators[$type])) {
            $type = static::$builtInValidators[$type];
        }
        if (is_array($type)) {
            $params = array_merge($type, $params);
        } else {
            $params['class'] = $type;
        }
    }

    return Yii::createObject($params);
}
```

通过分析代码得出，当使用模型中的自定义方法作为 rules()方法的验证器时，实际上是创建了内联验证器 InlineValidator 的实例对象，其代码如下。

```
class InlineValidator extends Validator
{
    ……
    public function validateAttribute($model, $attribute)
    {
        $method = $this->method;
        if (is_string($method)) {
            $method = [$model, $method];
        }
        call_user_func($method, $attribute, $this->params, $this);
    }
}
```

如代码中加粗部分所示，也就可以理解为什么模型中的自定义验证方法必须有 $attribute 和$params 两个参数了。

11.4　用于验证用户名和密码的身份类 UserIdentity

本节介绍的身份类 UserIdentity，继承 yii\db\ActiveRecord 类，实现了\yii\web\IdentityInterface 接口，封装了用户登录系统的验证逻辑，可以很容易地将用户名、密码与数据库中存储的值进行匹配。

UserIdentity 类对应的数据库用户表"ds_user"结构如下所示。

```
CREATE TABLE `ds_user` (
  `id` int(11) NOT NULL,
  `username` varchar(32) COLLATE utf8_unicode_ci DEFAULT NULL,
  `password` varchar(32) COLLATE utf8_unicode_ci DEFAULT NULL,
  `realname` varchar(32) COLLATE utf8_unicode_ci DEFAULT NULL,
  `roleid` varchar(64) COLLATE utf8_unicode_ci DEFAULT NULL,
  `telephone` varchar(32) COLLATE utf8_unicode_ci DEFAULT NULL,
  `qq` varchar(32) COLLATE utf8_unicode_ci DEFAULT NULL,
  `email` varchar(32) COLLATE utf8_unicode_ci DEFAULT NULL,
  `address` varchar(200) COLLATE utf8_unicode_ci DEFAULT NULL,
  `created_at` int(11) DEFAULT NULL,
  `updated_at` int(11) DEFAULT NULL,
  **`status` tinyint(1) DEFAULT NULL,**
  **`auth_key` varchar(32) COLLATE utf8_unicode_ci DEFAULT NULL,**
  `password_hash` varchar(256) COLLATE utf8_unicode_ci NOT NULL,
  `password_reset_token` varchar(256) COLLATE utf8_unicode_ci NOT NULL
) ENGINE=InnoDB DEFAULT CHARSET=utf8 COLLATE=utf8_unicode_ci;
```

> 提示：在这里重新创建了 ds_user 用户表，目的是为了突出"status"和"auth_key"两个字段的必要性。

IdentityInterface 接口包含的方法如下所示。

```php
interface IdentityInterface
{
    //根据 id 查找数据表对应的数据
    public static function findIdentity($id);

    //根据 AccessToken 查找对应的数据
    public static function findIdentityByAccessToken($token, $type = null);

    //返回当前模型类所对应的 id
    public function getId();

    //返回当前模型类所对应的 auth_key
    public function getAuthKey();

    //验证 auth_key
    public function validateAuthKey($authKey);
}
```

用不到的方法可以空着，其他方法的函数体留空即可。则 modules\admin\models\UserIdentity.php 中的代码如下所示。

```php
<?php
namespace app\modules\admin\models;
use yii\db\ActiveRecord;

class UserIdentity extends ActiveRecord implements \yii\web\IdentityInterface
{
    const STATUS_DELETED = 0;//状态
    const STATUS_ACTIVE = 10;//活跃状态
    public static function tableName(){
        return '{{%user}}';
    }
    //在 UserLogin 的代码中，引用了这个方法，
    //目的是根据用户提交的 username 返回一个在数据表与 username 相同的 AR 实例。
    public static function findByUsername($username){
        return static::findOne(['username'=>$username]);
    }
    //验证密码
    public function validatePassword($password){
        return $this->password === md5($password);
    }
    public function generateAuthKey() {}
    //根据 id 查找数据表对应的数据
    public static function findIdentity($id){
        return static::findOne(['id' => $id, 'status' => self::STATUS_ACTIVE]);
```

```
}
//根据AccessToken查找对应的数据
public static function findIdentityByAccessToken($token,$type=null){}
//返回当前模型类所对应的id
public function getId(){
    return $this->id;
}
//返回当前模型类所对应的auth_key
public function getAuthkey(){
    return $this->auth_key;
}
//验证auth_key
public function validateAuthKey($authKey){}
```

接下来，就可以完善 UserLogin 模型 rules()方法中的自定义验证方法 validatePassword()，代码如下所示。

```
class UserLogin extends Model
{
    /**
     * 验证密码
     */
    public function validatePassword($attribute, $params)
    {
        if (!$this->hasErrors()) {
            $user = $this->getUser();

            if (!$user || !$user->validatePassword($this->password)) {
                $this->addError($attribute, '用户名或密码错误。');
            }
        }
    }
    /**
     * Finds user by [[username]]
     */
    public function getUser()
    {
        if ($this->_user === false) {
            $this->_user = UserIdentity::findByUsername($this->username);
        }

        return $this->_user;
    }
    ……
}
```

在 getUser()方法中，调用 UserIdentity 类的 findByUsername ()方法，通过用户名获得对应的密码，再进行密码的验证。

※11.5　项目实现迭代十五：完成用户登录

图 11-4 描述了 Yii2 框架提供的用户登录机制中类之间的交互过程。

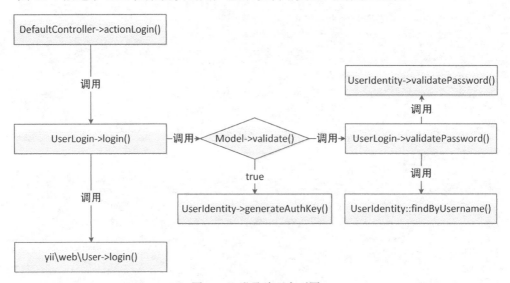

图 11-4　登录验证序列图

步骤 1：在 DefaultController 控制器的 actionLogin()方法中实现登录页面的渲染。modules/admin/controllers/DefaultController.php 控制器代码如下。

```
<?php
namespace app\modules\admin\controllers;

use yii\web\Controller;
use app\modules\admin\models\UserLogin;

/**
 * Default controller for the `admin` module
 */
class DefaultController extends Controller
{
    //设置默认动作方法为actionLogin()
    public $defaultAction = "login";
    //后台登录页面
    public function actionLogin()
    {
        //登录页面不需要布局文件
```

```php
        $this->layout=false;
        //判断是否已经登录
        if (!\Yii::$app->user->isGuest) {
            return $this->goHome();
        }
        //实例化 UserLogin 对象
        $model=new UserLogin();
        //块赋值，登录方法
        if ($model->load(\Yii::$app->request->post()) && $model->login()) {
            return \Yii::$app
                    ->getResponse()
                    ->redirect(['admin/manager/add']);
        }
        return $this->render('login', ['model' => $model]);
    }
    //退出登录
    public function actionLogout()
    {
        \Yii::$app->user->logout();
        return \Yii::$app
                ->getResponse()
                ->redirect(['admin/default/login']);
    }
}
```

在 actionLogin()方法中首先根据"\Yii::$app->user->isGuest"判断当前是否是游客模式，即未登录状态。如果当前是游客，会先实例化 UserLogin 模型，使用"$model->load(Yii::$app->request->post())"把数据块赋值给 UserLogin 模型实例对象，如果返回 true，则块赋值成功。继续执行"$model->login()"方法，在该方法中，执行一系列的验证。

步骤 2：modules/admin/models/UserLogin.php 表单模型代码如下。

```php
<?php
namespace app\modules\admin\models;

use Yii;
use yii\base\Model;
use app\modules\admin\models\UserIdentity;
/**
 * UserLogin is the model behind the login form.
 */
class UserLogin extends Model
{
    public $username;
    public $password;
    public $rememberMe=true;
```

```php
    private $_user = false;

    /**
     * Declares attribute labels.
     */
    public function attributeLabels()
    {
        return array(
            'username'=>'用户名',
            'password'=>'密码',
            'rememberMe'=>'30日内免登录',
        );
    }
    public function rules()
    {
        return array(
            // username 和 password不为空
            [['username', 'password'], 'required'],
            // 验证密码和数据库中保存的是否一致
            ['password', 'validatePassword'],
        );
    }
    /**
     * 验证密码
     */
    public function validatePassword($attribute, $params)
    {
        if (!$this->hasErrors()) {
            $user = $this->getUser();
            if (!$user || !$user->validatePassword($this->password)) {
                $this->addError($attribute, '用户名或密码错误');
            }
        }
    }

    public function login()
    {
        if ($this->validate()) {
            if($this->rememberMe)
            {
                //cookie相关操作
            }
            return Yii::$app->user->login($this->getUser(), $this->rememberMe ? 3600*24*30 : 0);
        }
```

```
            return false;
    }
    /**
     * Finds user by [[username]]
     */
    public function getUser()
    {
        if ($this->_user === false) {
            $this->_user = UserIdentity::findByUsername($this->username);
        }

        return $this->_user;
    }
}
```

在 UserLogin 类的 validatePassword()方法中，通过实例化 UserIdentity 模型首先查询在数据库中输入的 username 是否存在。如果不存在，则显示错误信息；如果存在，则进行密码匹配。

步骤 3：在目录 modules/admin/components/UserIdentity.php 中创建验证身份类，代码如下。

```php
<?php
namespace app\modules\admin\models;
use yii\db\ActiveRecord;

class UserIdentity extends ActiveRecord implements \yii\web\IdentityInterface
{
    const STATUS_DELETED = 0;//状态
    const STATUS_ACTIVE = 10;//活跃状态
    public static function tableName(){
        return '{{%user}}';
    }
    //在 UserLogin 的代码中，引用了这个方法，
    //目的是根据用户提交的 username 返回一个在数据表与 username 相同的 AR 实例。
    public static function findByUsername($username){
        return static::findOne(['username'=>$username]);
    }
    //验证密码
    public function validatePassword($password){
        return $this->password === md5($password);
    }
    public function generateAuthKey() {}
    //根据 id 查找数据表对应的数据
    public static function findIdentity($id){
        return static::findOne(['id' => $id, 'status' => self::STATUS_ACTIVE]);
    }
    //根据 AccessToken 查找对应的数据
```

```php
public static function findIdentityByAccessToken($token,$type=null){}
//返回当前模型类所对应的 id
public function getId(){
    return $this->id;
}
//返回当前模型类所对应的 auth_key
public function getAuthkey(){
    return $this->auth_key;
}
//验证 auth_key
public function validateAuthKey($authKey){}
}
```

在 validatePassword()方法中因为对存入数据库的密码进行了单向加密，所以必须使用 md5()方法进行加密。如果密码不匹配，将显示错误消息；如果密码匹配，用户就成功登录了。

当用户通过登录验证后，就可以进入到后台系统进行操作，如添加、修改或删除文章等。这时候就会产生两个问题，一是操作页面如何验证用户是否已经登录，二是为了避免用户每次操作都需要重新登录，用户的登录状态如何保存起来。11.6 节中介绍的 yii\web\User 类，就可以解决这两个问题。

11.6　保存用户登录状态的 yii\web\User 类

判断一个用户是否已经登录成功非常简单，使用 yii\web\User 类的 isGuest 属性即可。在 modules/admin/controllers/ArticleManagerController.php 中添加如下代码。

```php
class ArticleManagerController extends Controller
{
    public function init()
    {
        if(\Yii::$app->user->isGuest){
            //跳转到登录页面
            return \Yii::$app->getResponse()->redirect(['admin/default/login']);
        }
    }
    ……
}
```

在文章表控制器 ArticleManagerController 的 init()方法中，检测\Yii::$app->user->isGuest 返回的是 true 还是 false，就可以判断出用户是否登录。只有登录成功后才可以访问该控制器的其他动作方法。

记录用户登录状态的是 yii\web\User 类的 login()方法，该方法的详细介绍见表 11-1。

表 11-1　　　　　　　　　　yii\web\User 类的成员方法 login()

public boolean login (yii\web\IdentityInterface $identity, $duration = 0)		
$identity	yii\web\IdentityInterface	用户的身份信息（已经认证过的）
$duration	integer	用户保持登录状态的秒数。默认为 0，意味着登录状态持续到用户关闭浏览器。如果大于 0，将用于基于 Cookie 登录。在这种情况下，allowAutoLogin 必须设置为 true，否则将引发异常
{return}	boolean	用户是否登录

当用户输入的密码通过验证后，在 UserLogin 表单模型的 login()方法中调用，代码如下所示。

```
class UserLogin extends Model
{
    ……
    public function login()
    {
        if ($this->validate()) {
            if($this->rememberMe)
            {
                $this->user->generateAuthKey();
            }
            return Yii::$app->user->login($this->getUser(), $this->rememberMe ? 3600*24*30 : 0);
        }
        return false;
    }
}
```

进入 yii\web\User 类中，找到 login()方法，代码如下所示。

```
class User extends Component
{
    ……
    public function login(IdentityInterface $identity, $duration = 0)
    {
        if ($this->beforeLogin($identity, false, $duration)) {
            $this->switchIdentity($identity, $duration);
            $id = $identity->getId();
            $ip = Yii::$app->getRequest()->getUserIP();
            if ($this->enableSession) {
                $log = "User '$id' logged in from $ip with duration $duration.";
            } else {
                $log = "User '$id' logged in from $ip. Session not enabled.";
            }
```

```
            Yii::info($log, __METHOD__);
            $this->afterLogin($identity, false, $duration);
        }

        return !$this->getIsGuest();
    }
    ……
}
```

这里调用了当前类的 switchIdentity()方法，把接受到的两个参数同时传递进去，switchIdentity()方法代码如下。

```
class User extends Component
{
    ……
    public function switchIdentity($identity, $duration = 0)
    {
        $this->setIdentity($identity);

        if (!$this->enableSession) {
            return;
        }

        /* Ensure any existing identity cookies are removed. */
        if ($this->enableAutoLogin && ($this->autoRenewCookie || $identity === null)) {
            $this->removeIdentityCookie();
        }

        $session = Yii::$app->getSession();
        if (!YII_ENV_TEST) {
            $session->regenerateID(true);
        }
        $session->remove($this->idParam);
        $session->remove($this->authTimeoutParam);

        if ($identity) {
            $session->set($this->idParam, $identity->getId());
            if ($this->authTimeout !== null) {
                $session->set($this->authTimeoutParam, time() + $this->authTimeout);
            }
            if ($this->absoluteAuthTimeout !== null) {
                $session->set($this->absoluteAuthTimeoutParam, time() + $this->absoluteAuthTimeout);
            }
            if ($this->enableAutoLogin && $duration > 0) {
                $this->sendIdentityCookie($identity, $duration);
            }
```

```
        }
    }
    ……
}
```

代码中加粗部分所示,除了会对duration进行判断,只有大于0的情况下才会进行cookie验证,也判断了enableAutoLogin的值,这个值也是cookie验证的关键所在,只有为true的时候才会储存cookie,该值在config\web.php中注册user组件的时候进行初始化,代码如下。

```
'components' => [
    ……
    'user' => [
        'identityClass' => 'app\modules\admin\models\UserIdentity',
        'enableAutoLogin' => true,
    ],
    ……
]
```

> 提示:Yii2 框架默认在 yii\web\Application 类的 coreComponents()方法中创建了应用组件 user,因此,在应用中的任何地方可以使用\Yii::$app->user 访问 yii\web\User 的实例对象。

11.7　小结

本章带领读者实现了用户登录功能,贯穿其中的是表单模型 Model、ActiveForm 客户端验证、UserIdentity 和 yii\web\User 等新知识点。通过本章的项目实现,相信读者也加深了对 Yii2 框架熟练应用程度及认识。

第 12 章
基于角色的访问控制

随着企业信息化建设的发展,安全性已经成为一个十分重要的问题。传统意义上的安全模型已经不能满足当前信息化需求的飞速发展,信息系统对安全性提出了一个更高的要求。因此,产生了访问控制技术。

12.1 访问控制技术综述

访问控制技术是由美国国防部资助的开发研究成果演变而来的。从概念上讲,它是对系统资源使用的控制,通过验证访问者是否对被访问资源拥有相对应的权限来进行实现。一般而言,我们称访问者为主体,被访问资源为客体。在主体与客体之间,需要通过访问控制策略来规定主体访问客体的规则。只有经过授权的主体才允许访问特定的客体。访问控制策略应该满足下面最基本的 3 个方面的控制。

- 机密性控制:保证客体资源不被非法读取。
- 完整性控制:保证客体资源不被非法地增加、删除、改写,从而确保资源的一致和完整性。
- 有效性控制:保证客体资源不被非法访问主体使用和破坏。

访问控制就是在主体和客体之间植入一个安全机制,以实现访问者权限的验证以及被保护资源的控制。当访问者请求访问某个目标资源时,访问控制决策单元(Access Control Decision Function,ADF)负责收集访问者信息并进行决策判断(允许/拒绝),然后访问控制执行单元(Access Control Execute Function,AEF)根据决策结果来决定对该访问应实行的操作。

在整个信息管理系统中,访问控制的核心是 ADF,通过它对访问者所提出的请求进行验证，同时结合其他不同来源端的输入信息以及目标资源信息来进行决策。一般而言，ADF在制定决策时需要访问者信息、访问请求信息、访问控制信息、目标信息、上下文信息、决策请求及一些保留信息。

目前，信息的安全性受到很大的挑战，很多情况下单一的安全机制很难保证系统的整体安全性。因此，与其他技术的结合是访问控制技术的主要趋势。RBAC 与数据完整性、数据机密性、身份验证、安全审计等技术的结合已经被广泛应用。

目前，企业环境中的访问控制方法一般有以下 3 种。

（1）自主型访问控制方法（Discretionary Access Control，DAC）

DAC 是一种允许主体添加特殊限制的访问控制。DAC 是基于用户的，具有很大的灵活性。它允许主体针对访问资源的用户来设定访问控制权限，这样每次用户对资源进行访问，系统都会检查用户对资源的访问权限，只有通过验证的用户才有资格访问资源。这种访问策略适合于各类操作系统及应用程序，在商业和行政领域应用十分广泛。

理论上，DAC 通过访问控制矩阵（Access Control Matrix，ACM）来描述权限的设定，矩阵行表示系统中主体，列表示系统中客体，矩阵中数据表示主体对客体所拥有的访问权限。

（2）强制型访问控制方法（Mandatory Access Control，MAC）

在安全性级别高的系统中，主体和客体不能进行平等对待，需要进行分级管理，这种情况下 DAC 无法满足要求。在这种系统中，需要将敏感信息与普通信息分隔开，同时也需要将主体进行安全级别分级。典型的是军用系统，因此美国政府和军方开发了比 DAC 更为严格的访问控制策略，并且经过逐渐地发展，形成了现在的 MAC。

MAC 强制主体服从指定的访问控制策略，所有主体和客体都被赋予特定的标签来标识其所在的安全级别。当主体访问客体时，根据主体的安全级别及访问方式来确定主体是否对客体进行访问。当前，较为成熟的访问控制策略有能力策略（CAP）、多级安全策略（MLS）和类型实施策略（TE）等。

（3）基于角色的访问控制方法（Role-Based Access Control，RBAC）

RBAC 是本章重点论述的访问控制方法，在下节中会进行详细论述。

在这 3 种访问控制方法中，DAC 在一定程度上实现了多用户的隔离及资源保护，并且实现简单，通常应用于商业环境。但是，它存在一定的危险性，一方面，访问权可以进行传递，一旦传递出去之后很难进行控制；另一方面，DAC 不保护客体产生的副本，虽然主体不具有对某个主体的访问权限，但是却可以访问其副本，这样增加了管理的难度。

MAC 则是对 DAC 的重要补充，有效地防止了 DAC 中出现的安全问题。但是，MAC 很多时候增加了不可回避的访问限制，影响了系统的灵活性，因此导致 MAC 的应用十分有限。同时，MAC 关注的是信息向安全级别高的方向流动，对安全级别高的信息的完整性保护不足。

综上所述，前两种传统的访问控制模型对权限的控制不是太弱就是太强，它们已经不能适应企业的需求，跟不上企业的规模和信息系统迅速扩展的脚步。于是，新的模型应需而生，即基于角色的访问控制模型 RBAC。RBAC 模型是目前公认的一种有效用于解决大型企业资源访问控制问题的方法。

12.2 RBAC 简介

RBAC 是面向企业安全策略的一种有效的访问控制方式，其基本思想是，不是直接将系统操作的各种任务（权限）授予具体的用户，而是在用户集合与任务集合之间建立一个角色集合。每一种角色对应一组相应的任务。一旦用户被分配了适当的角色后，该用户就拥有此角色的所有操作权限。这样做的好处是，不必在每次创建用户时都进行分配权限的操作，只要分配用户相应的角色即可，而且角色的权限变更比用户的权限变更要少得多，这样将简化用户的权限管理，减少系统的开销。

RBAC 的基本原理可简单地用图 12-1 来表示，即把整个访问控制过程分成两步：包含多个操作动作的任务与角色相关联；角色再与用户关联，从而实现了用户与具体的操作动作的逻辑分离。它将对用户的授权分成两部分，用角色来充当用户行使权限的中介。角色添加到用户中，该用户就继承了角色的权限。

图 12-1 RBAC 的基本原理

由于 RBAC 实现了用户与访问权限的逻辑分离，因此它极大地方便了权限管理。例如，如果一个用户的职位发生变化，只要将用户当前的角色去掉，加入代表新任务的角色即可。

12.3 RBAC 需求分析及功能概述

权限管理的主要目的是对用户进行识别和权限维护，也可以认为是完成某个用户对某个资源的某个操作的控制。除此之外，当某个用户以某个角色登录到应用系统中时，应用系统还需要监控该用户对每个资源的每个操作,判断是否具有相应的权限,如果有相应权限,可以执行;否则阻止操作。根据以上理论分析并结合实际情况,本书设计的内容管理系统的权限管理子系统主要有以下需求。

- 权限管理模块需要对访问管理系统的用户的身份进行认证,也就是判断用户是否可以登录到系统,如输入的密码是否正确。
- 权限管理模块是管理系统的访问控制核心,最主要的功能是配置用户属于哪些角色、可以完成哪些任务及可以进行哪些操作。
- 管理系统的用户分别隶属不同的部门,负责的任务各不相同,对系统的使用水平也各不相同,因此,权限管理模块要灵活而且容易操作。
- 权限管理模块应具备一定的效率和安全性。

根据上文对需求的分析,我们对系统的功能进行了深入研究和设计。本章研究的权限管理子系统由以下几部分组成,其总体功能结构及关系如图 12-2 所示。

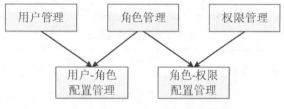

图 12-2　RBAC 功能结构及关系图

※12.4　项目实现迭代十六:最简方式实现 RBAC

用户权限管理的操作不是很复杂,主要包括新建、修改和删除用户和角色,并且建立或者取消用户与角色之间的关联,以及配置/获取角色的权限。

12.4.1　数据库设计

数据库结构设计是权限管理系统设计方案的重要环节。一个良好的数据库设计既要能给功能实现提供良好的内在机制支持和功能扩展潜力,又要简便,易于理解。良好的数据库结构设计本身内在就可以表述 RBAC 的要求。在很大程度上,基于角色访问控制功能的实现好坏是由数据库结构决定的。根据前面的功能模块设计,采用 MySQL 数据库设计出表 12-1~表 12-3。

表 12-1　　　　　　　　　用户信息表（ds_user）

字　段　名	类　　型	字　段　说　明
id	int	主键
username	varchar	登录用户名
password	varchar	密码
roleid	tinyint	关联角色 id
realname	varchar	真实姓名

表 12-2　　　　　　　　　角色信息表（ds_role）

字　段　名	类　　型	字　段　说　明
id	smallint	主键
role_name	varchar	角色名
auth_ids	varchar	该角色权限 id 集，以逗号分隔

表 12-3　　　　　　　　　权限信息表（ds_auth）

字　段　名	类　　型	字　段　说　明
id	smallint	主键
auth_name	varchar	权限名称
parent_id	smallint	父级权限 id
auth_routing	varchar	权限路由（控制器/动作方法）
auth_level	tinyint	权限级别

用户信息表中的记录定义了用户与某个角色的从属关系，其中 roleid 来源于角色信息表的 id。角色信息表中记录了该角色拥有的权限，其中 auth_ids 来源于权限信息表的 id。因此，用户信息表与角色信息表、角色信息表与权限信息表的关系如图 12-3 所示。

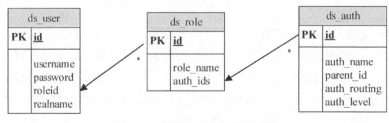

图 12-3　数据库表之间的关系图

12.4.2 用户管理

新建用户就是为新的用户分配一个唯一的用户标识号,并在用户信息表(ds_user)中记录用户的相关信息;修改用户就是管理员修改用户的信息,但此时并不为用户分配新的用户标识号,并将修改的用户信息更新到用户信息表中;删除用户就是当用户不再具有合法身份访问管理信息系统时,将其从用户信息表中删除。用户相关操作界面如图 12-4 所示。

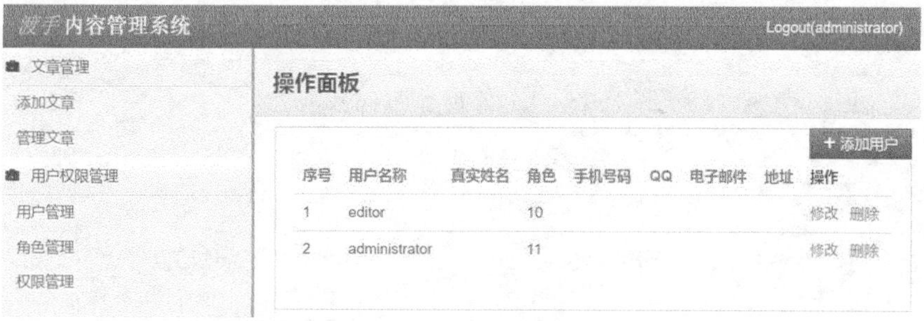

图 12-4 用户管理

在 modules/admin/controllers/UserController.php 文件中实现代码如下。

```php
<?php
namespace app\modules\admin\controllers;
use yii\web\Controller;
use app\models\User;
use yii\widgets\ActiveForm;
use yii\web\Response;
use app\modules\admin\models\Role;
class UserController extends Controller
{
    public function init()
    {
        if(\Yii::$app->user->isGuest){
            //跳转到登录页面
            $this->redirect(['/admin/default/login'])->send();
            //跳转后不再执行后面的代码
            \Yii::$app->end();
        }
    }
    //新建用户
    public function actionAdd()
    {
        //创建角色模型
        $role= new Role();
        $roles = $role->showAllSelectRole();
```

```php
        $model=new User;
        $load = $model->load(\Yii::$app->request->post());
        if (\Yii::$app->request->isAjax)//如果是 Ajax 请求执行以下代码
        {
            //如果在发送给终端用户之前响应主体需要格式化，应设置 format 属性
            \Yii::$app->response->format = Response::FORMAT_JSON;
            //返回 ActiveForm 获取到的验证信息
            return ActiveForm::validate($model);
        }
        //判断能否执行模型的块赋值
        if ($load) {
            //正确块赋值的情况下，保存数据
            if($model->save()){
                //数据写入成功，提示保存成功
                \Yii::$app->session->setFlash('actionInfo',"保存成功");
            }else{
                \Yii::$app->session->setFlash('actionInfo',"保存失败");
            }
        }
        return $this->render('add',['model'=>$model,'roles'=>$roles]);
    }
    //用户列表
    public function actionList()
    {
        $user = User::find()->all();
        return $this->render("list",["user"=>$user]);
    }
    //删除
    public function actionDelete($id)
    {
        $model=User::find()->where((int)$id);
        if($model->delete()){
            \Yii::$app->session->setFlash('actionInfo',"删除成功");
        }else {
            \Yii::$app->session->setFlash('actionInfo',"删除失败");
        }
        return $this->redirect(['admin/user/list']);
    }
}
```

12.4.3 角色管理

新建角色就是管理员录入新角色时为新的角色分配一个唯一的角色标识号，并在角色信息表（ds_role）中记录角色的相关信息；修改角色就是管理员修改角色的相关信息，但此时并不为角色分配新的角色标识号，而是仍然采用新建角色时产生的角色标识号，并将

修改的角色信息更新到角色信息表中；删除角色就是当某角色不再被使用时，将其相关信息从角色信息表中删除。角色相关操作的界面如图 12-5 和图 12-6 所示。

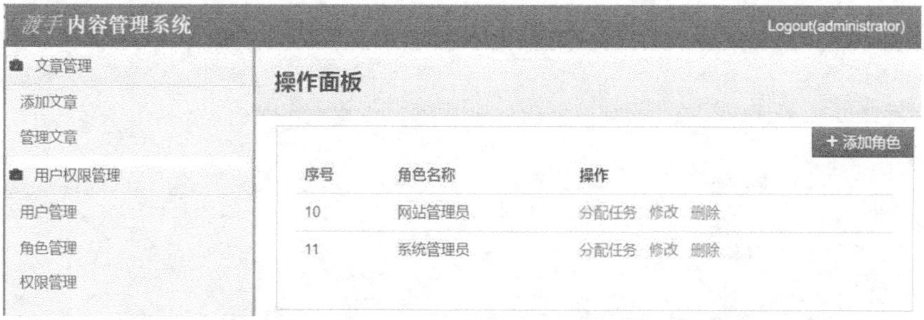

图 12-5　角色管理

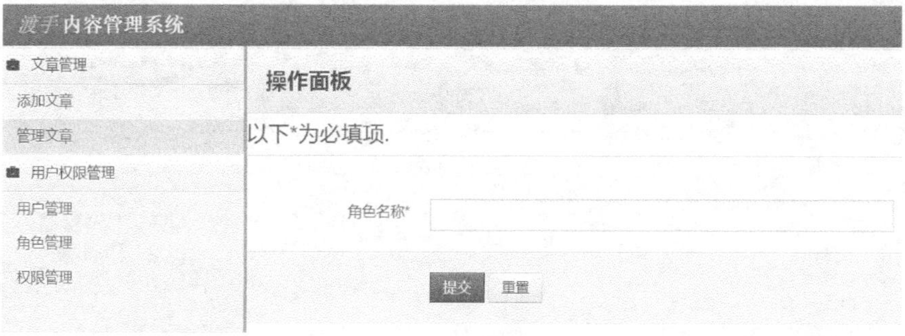

图 12-6　添加角色

在 modules/admin/controllers/RoleController.php 文件中实现的代码如下。

```php
<?php
namespace app\modules\admin\controllers;
use yii\web\Controller;
use app\modules\admin\models\Role;
use app\modules\admin\models\Auth;
class RoleController extends Controller
{
    public function init()
    {
        if(\Yii::$app->user->isGuest){
            //跳转到登录页面
            $this->redirect(['/admin/default/login'])->send();
            //跳转后不再执行后面的代码
            \Yii::$app->end();
        }
    }
    //角色列表
```

```php
    public function actionList()
    {
        $auth = Role::find()->all();
        return $this->render("list",array("auth"=>$auth));
    }
    //添加角色
    public function actionAdd()
    {
        //创建文章模型
        $role = new Role();
        if(isset($_POST['Role']))
        {
            $role->attributes=$_POST['Role'];//安全块赋值
            //执行保存，写入数据库
            if($role->save()){
                //数据写入成功，提示保存成功
                \Yii::$app->session->setFlash('actionInfo',"保存成功");
            }else{
                \Yii::$app->session->setFlash('actionInfo',"保存失败");
            }
            return $this->redirect(['admin/role/add']);
        }
        //渲染视图，传递模型数据
        return $this->render("add",["role"=>$role]);
    }
    //删除
    public function actionDelete($id)
    {
        $model=Role::find()->where("id = $id")->one();
        if($model->delete()){
            \Yii::$app->session->setFlash('actionInfo',"删除成功");
        }else {
            \Yii::$app->session->setFlash('actionInfo',"删除失败");
        }
        return $this->redirect(['admin/role/list']);
    }
}
```

12.4.4 权限管理

新建权限需要录入权限名称、父权限 id、权限路由和权限级别，如图 12-7 所示。
权限相关操作的维护界面如图 12-8 所示。

※12.4 项目实现迭代十六：最简方式实现 RBAC 217

图 12-7 新建权限

图 12-8 权限管理

从录入的内容可以看出来，新建权限其实就是新建栏目菜单。在 modules/admin/controllers/AuthController.php 文件中实现代码如下。

```php
<?php
namespace app\modules\admin\controllers;
use yii\web\Controller;
use app\modules\admin\models\Role;
use app\modules\admin\models\Auth;
use yii\helpers\Url;
class AuthController extends Controller
{
    public function init()
    {
        if(\Yii::$app->user->isGuest){
```

```php
            //跳转到登录页面
            $this->redirect(['/admin/default/login'])->send();
            //跳转后不再执行后面的代码
            \Yii::$app->end();
        }
    }
    //角色列表页
    public function actionList(){

        $auth_level0 = Auth::find()->where("auth_level=0")->all();
        $auth_level1 = Auth::find()->where("auth_level=1")->all();
        return $this->render("list",array(
            "auth_level0"=>$auth_level0,
            "auth_level1"=>$auth_level1,
        ));
    }
    //添加权限任务
    public function actionAdd(){
        //创建文章模型
        $auth = new Auth();
        //创建栏目模型，传递分类信息
        $auth_level0 = $auth->showAllSelectAuth();

        if(isset($_POST['Auth']))
        {
            $auth->attributes=$_POST['Auth'];//安全块赋值
            //执行保存，写入数据库
            if($auth->save()){
                //数据写入成功，提示保存成功
                \Yii::$app->session->setFlash('actionInfo',"保存成功");
            }else{
                \Yii::$app->session->setFlash('actionInfo',"保存失败");
            }
            return $this->redirect(['admin/auth/list']);
        }
        //渲染视图，传递模型数据
        return $this->render("add",["auth"=>$auth,"auth_level0"=>$auth_level0]);
    }
    //删除
    public function actionDelete($id){
        $model=Auth::find()->where("id = $id")->one();
        if($model->delete()){
            \Yii::$app->session->setFlash('actionInfo',"删除成功");
        }else {
            \Yii::$app->session->setFlash('actionInfo',"删除失败");
        }
        return $this->redirect(['admin/auth/list']);
    }
}
```

当权限表中的数据设置好之后，在 modules/admin/Module.php 模块类文件中读取，参考代码如下。

```php
<?php

namespace app\modules\admin;
use app\models\User;
use app\modules\admin\models\Role;
use app\modules\admin\models\Auth;
/**
 * admin module definition class
 */
class Module extends \yii\base\Module
{
    public $parent_menu;
    public $son_menu;
    /**
     * @inheritdoc
     */
    public $controllerNamespace = 'app\modules\admin\controllers';

    /**
     * @inheritdoc
     */
    public function init()
    {
        parent::init();
        $this->layout = 'headerleftHtml';
        // custom initialization code goes here
        if(!\Yii::$app->user->isGuest){
            //通过登录用户名获得该用户的角色id
            $user = User::find()->where("id='".\Yii::$app->user->id."'")->one();
            //通过角色id获得该角色的权限
            $auth = Role::find()->where("id='".$user->roleid."'")->one();
            $auth_ids = explode(',',$auth["auth_ids"]);

            //通过角色的权限获得具体的权限
            $this->parent_menu = Auth::find()->where(['id'=>$auth_ids,'auth_level'=>0])->all();
            $this->son_menu = Auth::find()->where(['id'=>$auth_ids,'auth_level'=>1])->all();
        }

    }
    public function getAssetsUrl()
    {
        $assetManager = new \yii\web\AssetManager();
        return $assetManager->publish("@app/modules/admin/assets")[1];
    }
}
```

首先通过登录时的用户名，去用户表中查询出该用户的角色id，然后使用该角色id在角色表中查询出该角色拥有的权限，最后根据authi_level查询出一级目录和二级目录。读取数据是在模块的布局文件modules/admin/views/layouts/headerleftHtml.php中，参考代码如下：

```
<?php
use yii\helpers\Url;
$this->beginPage() ?>
<!DOCTYPE html>
<html lang="en">
  <head>
    <meta charset="utf-8">
    <title>后台管理页面</title>
    <link rel="stylesheet" type="text/css" href="<?php echo $this->context->module->assetsUrl; ?>/css/bootstrap.css" />
    <link rel="stylesheet" type="text/css" href="<?php echo $this->context->module->assetsUrl; ?>/css/theme.css"/>
    <link rel="stylesheet" type="text/css" href="<?php echo $this->context->module->assetsUrl; ?>/font-awesome/css/font-awesome.css"/>
    <link rel="stylesheet" type="text/css" href='<?php echo $this->context->module->assetsUrl; ?>/css/jquery.cleditor.css'/>
    <link rel="stylesheet" type="text/css" href='<?php echo $this->context->module->assetsUrl; ?>/css/uniform.default.css'/>
    <link rel="stylesheet" type="text/css" href='<?php echo $this->context->module->assetsUrl; ?>/css/form.css'/>
    <script type="text/javascript" src="<?php echo $this->context->module->assetsUrl; ?>/js/jquery.js"></script>
    <script type="text/javascript" src="<?php echo $this->context->module->assetsUrl; ?>/js/jquery.cleditor.js"></script>
    <!-- checkbox, radio, and file input styler -->
    <script type="text/javascript" src="<?php echo $this->context->module->assetsUrl; ?>/js/jquery.uniform.min.js"></script>
    <!-- Demo page code -->
    <style type="text/css">
      #line-chart {
        height:300px;
        width:800px;
        margin: 0px auto;
        margin-top: 1em;
      }
      .brand { font-family: georgia, serif; }
      .brand .first {
        color: #ccc;
        font-style: italic;
      }
      .brand .second {
        color: #fff;
        font-weight: bold;
```

```html
            }
            span.required{color: red;}
        </style>
        <?php $this->head() ?>
        <!-- Le HTML5 shim, for IE6-8 support of HTML5 elements -->
        <!--[if lt IE 9]>
            <![endif]-->
    </head>

    <!--[if lt IE 7 ]> <body class="ie ie6"> <![endif]-->
    <!--[if IE 7 ]> <body class="ie ie7 "> <![endif]-->
    <!--[if IE 8 ]> <body class="ie ie8 "> <![endif]-->
    <!--[if IE 9 ]> <body class="ie ie9 "> <![endif]-->
    <!--[if (gt IE 9)|!(IE)]><!-->
    <body class="">
    <?php $this->beginBody() ?>
    <!--<![endif]-->
    <div class="navbar">
        <div class="navbar-inner">
            <ul class="nav pull-right">
                <li><a href="http://localhost/chap12-MySelfdefined/web/index.php?r=admin/default/logout" class="hidden-phone visible-tablet visible-desktop" role="button">Logout</a></li>
            </ul>
            <a class="brand" href="#"><span class="first">渡手</span><span class="second">内容管理系统</span></a>
        </div>
    </div>

    <div class="sidebar-nav">
        <?php
            foreach ($this->context->module->parent_menu as $key => $value) {
        ?>
        <a href="#" class="nav-header" data-toggle="collapse"><i class="icon-briefcase"></i><?php echo $value["auth_name"]?></a>
        <ul id="accounts-menu" class="nav nav-list">
            <?php
                foreach ($this->context->module->son_menu as $k => $v) {
                    if($v["parent_id"]==$value["id"])
                    {
            ?>
            <li <?php if($_GET['r'] == "admin/article-manager/create") echo "class='active'"; ?>>
                <a href="<?php echo Url::toRoute($v['auth_routing']);?>"><?php echo $v["auth_name"]?></a>
            </li>
            <?php
                }
```

```
            }
        ?>
      </ul>
      <?php
            }
        ?>
    </div>
     <?php echo $content?>

    <script type="text/javascript">
        //rich text editor
        $('.cleditor').cleditor();
        //uniform - styler for checkbox, radio and file input
     $("input:checkbox, input:radio, input:file")
                .not('[data-no-uniform="true"],#uniform-is-ajax')
                .uniform({fileDefaultText:'未选择文件',fileBtnText:'选择文件'});
    </script>
    <?php $this->endBody() ?>
  </body>
</html>
<?php $this->endPage() ?>
```

当用户登录后，会根据拥有的权限，看到不同的栏目菜单。

12.4.5　用户—角色配置管理

建立用户和角色关联是指给某一用户分配某种角色的操作，用户信息表的 roleid 字段记录该信息；撤销用户和角色关联是指将某角色从某一用户中删除，并在用户信息表的 roleid 字段中删除相关信息。这部分操作在添加用户时完成，界面如图 12-9 所示。

图 12-9　用户和角色关联

12.4.6 角色—权限配置管理

配置角色的权限是建立角色和权限之间联系的过程,如图 12-10 所示。

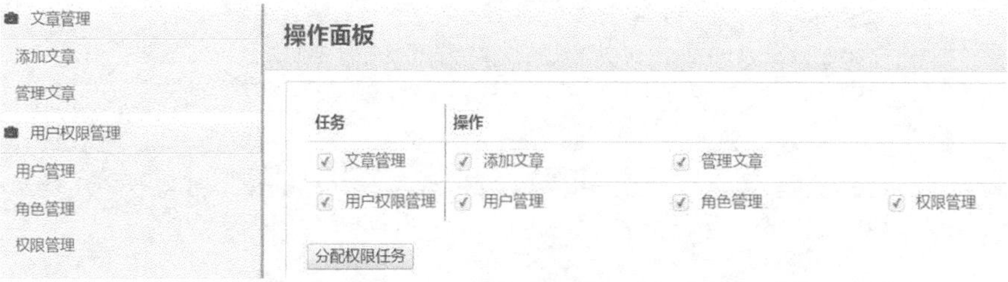

图 12-10 角色和权限关联图

先单击角色名称后面的"分配权限任务",然后勾选右边的某个权限任务,单击相应按钮即可完成角色的授权;如果要取消某角色的权限任务,则取消原来的勾选,单击相应按钮即可完成该操作。

在 modules/admin/controllers/ RoleController.php 文件中实现代码如下。

```php
<?php
class RoleController extends Controller
{
    ……
    //分配权限任务
    public function actionAssign($roleid,$flag=0){
        $role =new Role();
        if(!empty($_POST))
        {
            if($role->saveAuth($_POST["roleid"],$_POST["auth_id"]))
            {
                return $this->redirect(['admin/role/assign',"roleid"=>$_POST["roleid"],"flag"=>1]);
            }
            else
            {
                return $this->redirect(['admin/role/assign',"roleid"=>$_POST["roleid"],"flag"=>2]);
            }
        }
        else
        {
            if($flag == 1){
                \Yii::$app->session->setFlash('actionInfo',"分配权限成功");
            }
            elseif($flag == 2){
                \Yii::$app->session->setFlash('actionInfo',"分配权限失败");
```

```
        }
        else{
            \Yii::$app->session->setFlash('actionInfo',"");
        }

        //显示已经拥有的权限任务
        $role_info = $role->find()->where("id=$roleid")->one();
        $auth_ids = explode(",", $role_info["auth_ids"]);

        //列出所有权限
        $auth_level0 = Auth::find()->where("auth_level=0")->all();
        $auth_level1 = Auth::find()->where("auth_level=1")->all();

        return $this->render("assign",[
                "auth_level0"=>$auth_level0,
                "auth_level1"=>$auth_level1,
                "roleid"=>$roleid,
                "auth_ids"=>$auth_ids]);
    }

    }
    ......
}
```

※12.5 项目实现迭代十七：使用 yii\rbac\DbManager 实现 RBAC

Yii2 框架代码的 vendor\yiisoft\yii2\rbac 目录下提供了实现 RBAC 的相关代码和创建数据库表的 sql 文件。本节中使用该目录下的 DbManager 实现权限管理系统。

注意：本节内容不是上一节内容的迭代，而是使用新的数据库表，代码也是重新编写的。

12.5.1 基本概念

1. 基本原理

本节设计的权限管理子系统主要有以下需求，基本原理如图 12-11 所示。

- 用户权限管理包括用户管理，角色管理和权限管理 3 部分。
- 用户管理中实现用户的添加、删除和分配角色的操作。一个用户可以有多个角色，一个角色也可以分配给多个用户，用户和角色之间是多对多的关系。
- 角色管理中实现角色的添加、删除和分配权限的操作。一个权限只能分配给一个角色，一个角色可以有多个权限，角色和权限是一对多的关系。

- 权限管理中实现权限的添加、删除操作。

图 12-11　RBAC 的基本原理

本节的权限管理系统，仿照上一节的设计思路，其总体功能结构及关系如图 12-12 所示。

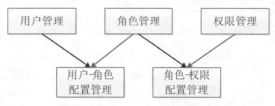

图 12-12　功能结构及关系图

2．数据库表及初始化授权数据

Yii2 框架为实现 RBAC 提供的数据库，如表 12-4～表 12-7 所示。

表 12-4　　　　　　　　　角色权限项目信息表（auth_item）

字　段　名	类　　型	是否主键	字　段　说　明
name	varchar	是	名称
type	smallint	否	类型，1 为角色，2 为权限
description	text	否	描述
rule_name	varchar	否	规则
data	blob	否	数据
created_at	int	否	创建时间
updated_at	int	否	更新时间

该表初始化授权数据如下。

```
INSERT INTO `auth_item` (`name`, `type`, `description`, `rule_name`, `data`,
`created_at`, `updated_at`) VALUES
('article-manager/admin', 2, '管理文章', NULL, NULL, NULL, NULL),
('article-manager/create', 2, '添加文章', NULL, NULL, NULL, NULL),
('auth/list', 2, '权限管理', NULL, NULL, NULL, NULL),
```

```
('role/list', 2, '角色管理', NULL, NULL, NULL, NULL),
('sysmanager', 1, '系统管理员', NULL, NULL, NULL, NULL),
('user/list', 2, '用户管理', NULL, NULL, NULL, NULL),
('webmanager', 1, '网站管理员', NULL, NULL, NULL, NULL);
```

表 12-5　　　　　　　　　　　父子关系表（auth_item_child）

字 段 名	类　型	是否主键	字 段 说 明
parent	varchar	是	父（角色名）
child	varchar	是	子（权限名）

该表初始化授权数据如下。

```
INSERT INTO `auth_item_child` (`parent`, `child`) VALUES
('sysmanager', 'auth/list'),
('sysmanager', 'role/list'),
('sysmanager', 'user/list'),
('webmanager', 'article-manager/admin'),
('webmanager', 'article-manager/create');
```

表 12-6　　　　　　　　　　　用户角色配置表（auth_assignment）

字 段 名	类　型	是否主键	字 段 说 明
item_name	varchar	是	角色名称
user_id	varchar	是	用户 ID
created_at	int	否	创建时间

该表初始化授权数据如下。

```
INSERT INTO `auth_assignment` (`item_name`, `user_id`, `created_at`) VALUES
('sysmanager', '2', NULL),
('webmanager', '1', NULL),
('webmanager', '2', NULL);
```

用户表（ds_user）有两条数据，分别是"editor"和"administrator"，对应的 user_id 为 1 和 2。

表 12-7　　　　　　　　　　　规则表（auth_rule）

字 段 名	类　型	字 段 说 明
name	varchar	名称
data	blob	数据
created_at	int	创建时间
updated_at	int	更新时间

用户角色配置表（auth_assignment）中的记录定义了用户与某个角色的从属关系，其中 user_id 来源于用户信息表（ds_user）的 id。

父子关系表（auth_item_child）中记录了该角色拥有的权限，其中 parent 和 child 都来源于角色权限项目信息表（auth_item）的 name 字段。因此，用户角色配置表（auth_assignment）、父子关系表（auth_item_child）和角色权限项目信息表（auth_item）的关系如图 12-13 所示。

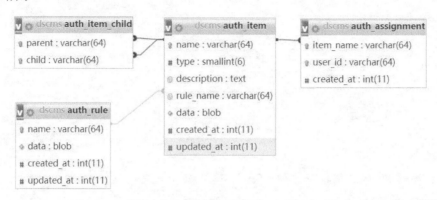

图 12-13　数据库表之间的关系图

3．创建模型

有了数据库表，为了方便对表进行增删改查的操作，依次创建各个表对应的 ActiveRecord 模型。

在 modules\admin\models\AuthAssignment.php 文件中实现代码如下。

```php
<?php
namespace app\modules\admin\models;
use yii\db\ActiveRecord;
class AuthAssignment extends ActiveRecord{
    public static function tableName(){
        return "{{auth_assignment}}";
    }
    public function attributeLabels()
    {
        return [
            'item_name'=>'角色名',
            'user_id'=>'用户 ID',
        ];
    }
}
```

在 modules\admin\models\AuthAssignment.php 文件中实现代码如下。

```php
<?php
namespace app\modules\admin\models;
use yii\db\ActiveRecord;
use app\modules\admin\models\AuthItemChild;
class AuthItem extends ActiveRecord{
    public static function tableName(){
        return "{{auth_item}}";
    }
    public function attributeLabels()
    {
        return [
            'name'=>'名称',
            'type'=>'类型',
            'description'=>'描述',
            'rule_name'=>'规则名称',
            'data'=>'数据',
            'created_at'=>'创建时间',
            'updated_at'=>'更新时间',
            ];
    }
    /**
     * @return array validation rules for model attributes.
     */
    public function rules()
    {
       return [
           ['name','unique','message'=>'名称'.$this->name.'已存在'],
           [['name','description'], 'required',"message"=>"不能为空"],
       ];
    }
    /**
     * 角色多选框
     * 不允许出现子角色
     * 能够看到权限管理页面的只有系统管理员,其他角色不能操作权限管理页面
     */
    public function showAllSelectRole()
    {
        $all=self::find()->select(["name","description"])->where('type = 1')->all();
        foreach($all as $v){
                $roles[$v['name']]=$v['description'];
        }
        return $roles;
    }
    public $parent;
    public function getParent()
    {
        return $this->parent;
    }
}
```

在 modules\admin\models\AuthItemChild.php 文件中实现代码如下。

```php
<?php
namespace app\modules\admin\models;
use yii\db\ActiveRecord;
class AuthItemChild extends ActiveRecord{
    public static function tableName(){
        return "{{auth_item_child}}";
    }
    public function attributeLabels()
    {
        return [
            'parent'=>'父级',
            'child'=>'子级',
        ];
    }
}
```

4．配置组件

在开始定义授权数据和执行存取检查之前，需要先配置应用组件 yii\base\Application::authManager。Yii2 框架提供了两套授权管理器：yii\rbac\PhpManager 和 yii\rbac\DbManager。前者使用文件存放授权数据，而后者使用数据库存放授权数据。在 config\web.php 文件中实现代码如下。

```
'components' => [
    'authManager' => [
        'class' => 'yii\rbac\DbManager',
        'itemTable'=> 'auth_item',
        'itemChildTable'=> 'auth_item_child',
        'assignmentTable'=> 'auth_assignment',
        'ruleTable'=> 'auth_rule',

    ],
    ......
]
```

12.5.2 用户管理

1．用户列表页

用户管理中首先把现有的用户列出来，如图 12-14 所示。

图 12-14 用户管理

在 modules/admin/controllers/UserController.php 文件中实现代码如下。

```php
class UserController extends Controller
{
    ……
    //用户列表
    public function actionList()
    {
        $user = User::find()->all();
        return $this->render("list",["user"=>$user]);
    }
}
```

2．添加用户页

添加用户页面如图 12-15 所示。

图 12-15 添加用户页面

在 modules/admin/controllers/UserController.php 文件中实现代码如下。

```php
class UserController extends Controller
{
    ......
    //从表单中获取的数据，插入 user 用户表，插入用户角色配置表
    public function actionAdd()
    {
        //创建用户表模型，新增用户执行插入操作
        $user=new User;
        //执行块赋值
        $load = $user->load(\Yii::$app->request->post());
        //以 Ajax 的形式完成用户名唯一性验证
        if (\Yii::$app->request->isAjax)//如果是 Ajax 请求执行以下代码
        {
            //如果在发送给终端用户之前响应主体需要格式化，应设置 format 属性
            \Yii::$app->response->format = Response::FORMAT_JSON;
            //返回 ActiveForm 获取到的验证信息
            return ActiveForm::validate($user);
        }
        //判断能否执行模型的块赋值
        if ($load) {
            //密码用 md5 加密
            $user->password = md5($_POST["User"]["password"]);
            //新增用户执行插入操作
            if($user->save()){
                //数据写入成功，提示保存成功
                \Yii::$app->session->setFlash('actionInfo',"保存成功");
            }else{
                \Yii::$app->session->setFlash('actionInfo',"保存失败");
            }
            return $this->redirect(['user/list']);
        }
        return $this->render('add',['user'=>$user]);
    }
}
```

3．分配角色页

分配角色页面如图 12-16 所示。

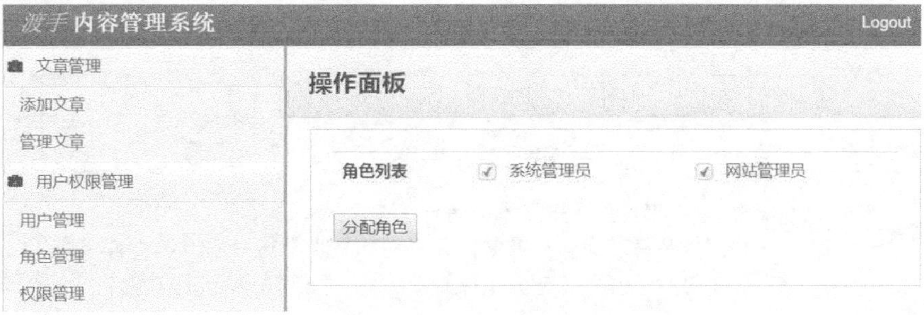

图 12-16　分配角色页面

用户可以有多个角色，每个角色可以分配给多个用户，两者之间是多对多的关系。多选框列出所有角色，该用户已有的角色是选中状态。提交表单后修改 auth_assignment 表，用户新增的角色，在该表中增加一条数据；用户去掉的角色，在表中删除一条数据。在 modules/admin/controllers/UserController.php 文件中实现代码如下。

```php
<?php
class UserController extends Controller
{
    ......
    //给用户分配角色
    public function actionAssign($userid,$flag=0){
        //查询出所有角色
        $roleall = AuthItem::find()->where("type=1")->all();
        //获得当前用户拥有的角色
        $authAssignment = new AuthAssignment();
        $roles=$authAssignment::find()
            ->where("userid='".$userid."'")
            ->all();
        $rolethisuser = array();
        //遍历获得角色数组
        foreach ($roles as $key=>$value)
        {
            $rolethisuser[] = $value->item_name;
        }
        //如果$_POST不为空，意味着是提交表单操作
        if(!empty($_POST))
        {
            //更改完角色的权限后，得到如下数组。如果把所有权限都去掉，就为空。
            $arrchange = isset($POST["role_name"])? $POST["role_name"] : array();
            //该数组和原本的权限数组进行差集操作
            //array_diff()函数返回第一个参数中的其他数组没有的元素，所以比较两次
            $per_new1 = array_diff($role_thisuser,$arr_change);
            $per_new2 = array_diff($arr_change,$role_thisuser);
            //数组 all 中，保存新增和去掉的权限操作
            $all = array_merge($per_new1,$per_new2);
            //如果差集不为空，即有区别
            if($all != null )
            {
                $insertData = array();//初始化变量
                //差集中的每个元素都要检查和原本的角色集合的关系
                foreach ($all as $value)
                {
                    //新的角色属于原本的角色集合，
                    //意味着这个新的角色是原本角色集合删除的，所以下面要执行删除操作
                    if(inarray($value,$rolethisuser))
                    {
                        //执行删除操作
                        if(!$authAssignment::find()
```

```php
                        ->andWhere(["itemname"=>$value,
                                    "userid"=>$userid])
                        ->one()
                        ->delete())
                    {//循环执行过程中出现错误
                        return $this->redirect(['user/assign',
                            "userid"=>$POST["userid"],
                            "flag"=>2]);
                    }
                }
                else {
                    //新的角色不属于原本的角色集合,
                    //意味着这个新的角色是原本角色集合没有的,
                    //所以下面要执行插入操作
                    //这里的插入操作需要使用批量插入方法,循环内组织数组
                    $insertData[]= [$value,$userid];
                }
            }
            //循环结束后开始执行批量插入数据
            //批量插入数据
            if(!\Yii::$app->db->createCommand()->batchInsert(
                AuthAssignment::tableName(),
                ['itemname','userid'],
                $insertData)->execute())
            {
                return $this->redirect(['user/assign',
                    "userid"=>$POST["userid"],"flag"=>2]);
            }
            //执行所有操作都成功,分配权限成功
            return $this->redirect(['user/assign',
                "userid"=>$POST["userid"],"flag"=>1]);
        }
    }

    if($flag == 1){
        \Yii::$app->session->setFlash('actionInfo',"分配角色成功");
    }
    elseif($flag == 2){
        \Yii::$app->session->setFlash('actionInfo',"分配角色失败");
    }

    //渲染视图
    return $this->render("assign",[
        "userid"=>$userid,//用户 ID
        "rolethisuser"=>$rolethisuser,//当前用户拥有的角色
        "roleall"=>$roleall//所有角色
    ]);
    }
}
```

4．删除用户

删除用户表中的用户，还有删除用户角色配置表（auth_assignment）中和该用户相关的数据，在 modules/admin/controllers/UserController.php 文件中实现代码如下。

```php
<?php
class UserController extends Controller
{
    ……
    public function actionDelete($userid)
    {
        //获得用户数据
        $model=User::find()->where("id=$userid")->one();
        //删除用户角色配置表中和该用户相关的数据
        if($model->delete()
           &&
           AuthAssignment::deleteAll("user_id='".$model->username."'"))
        {
            \Yii::$app->session->setFlash('actionInfo',"删除成功");
        }else {
            \Yii::$app->session->setFlash('actionInfo',"删除失败");
        }
        return $this->redirect(['user/list']);
    }
}
```

12.5.3 角色管理

1．角色列表页

假定能查看角色列表页面的只有系统管理员，如图 12-17 所示，列出所有角色。

图 12-17　角色列表页面

在 modules/admin/controllers/RoleController.php 文件中实现代码如下。

```
class RoleController extends Controller
{
    ......
    public function actionList()
    {
        $roles = AuthItem::find()->where('type = 1')->all();
        return $this->render("list",array("roles"=>$roles));
    }
}
```

2. 添加角色页

添加角色页面如图 12-18 所示。

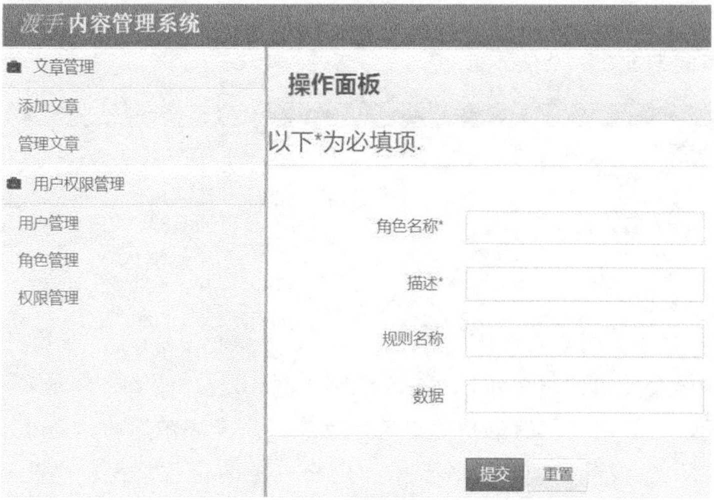

图 12-18　添加角色页面

在 modules/admin/controllers/UserController.php 文件中实现代码如下。

```
<?php
class RoleController extends Controller
{
    ......
    //添加角色
    public function actionAdd()
    {
        //创建文章模型
        $role = new AuthItem();
        if(isset($_POST['AuthItem']))
        {
            $role->attributes=$_POST['AuthItem'];//安全块赋值
```

```
        $role->type = 1;//type 为 1 代表角色，2 代表权限
        //执行保存，写入数据库
        if($role->save()){
            //数据写入成功，提示保存成功
            \Yii::$app->session->setFlash('actionInfo',"保存成功");
        }else{
            \Yii::$app->session->setFlash('actionInfo',"保存失败");
        }
        return $this->redirect(['role/list']);
    }
    //渲染视图，传递模型数据
    return $this->render("add",["role"=>$role]);
}
```

3．分配权限页

分配权限页面如图 12-19 所示。

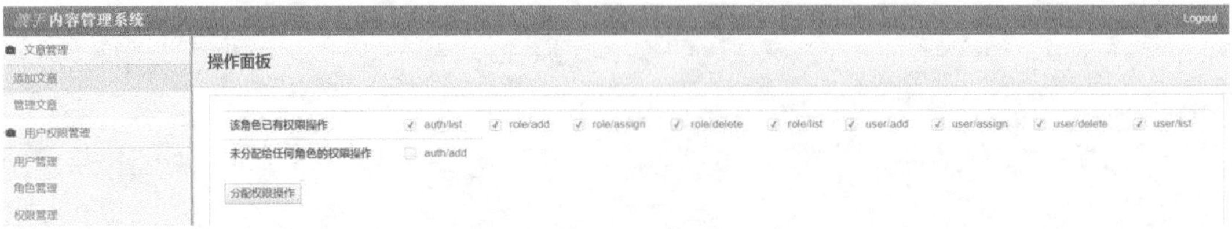

图 12-19　分配权限页面

用户可以有多个角色，每个角色可以分配给多个用户，两者之间是多对多的关系。多选框列出所有角色，该用户已有的角色是选中状态。提交表单后修改 auth_assignment 表，用户新增的角色，在该表中增加一条数据；用户去掉的角色，在表中删除一条数据。在 modules/admin/controllers/UserController.php 文件中实现代码如下。

设定一个权限操作只能分配给一个角色。以多选框的形式列出未分配给任何角色的权限操作，和该角色已有的权限操作。提交表单后，修改 auth_item_child 表，角色新增的权限，在该表中增加一条数据；角色去掉的权限，在表中删除一条数据。在 modules/admin/controllers/RoleController.php 文件中实现代码如下。

```
<?php
class RoleController extends Controller
{
    ......
    //给角色分配权限
    public function actionAssign($name,$flag=0){
        $parent_child =new AuthItemChild();
        $auth = new AuthItem();
```

※12.5 项目实现迭代十七：使用 yii\rbac\DbManager 实现 RBAC

```php
//获得该角色的所有记录
$data = $parent_child::find()->where("parent='".$name."'")->all();
$per_thisrole = array();
foreach ($data as $key=>$value)
{
    $per_thisrole[] = $value->child;
}
//如果$_POST不为空,意味着是提交表单操作
if(!empty($_POST))
{
    //更改完角色的权限后,得到如下数组。如果把所有权限都去掉,就为空。
    $arr_change = isset($_POST["auth_name"])
                ? $_POST["auth_name"]
                : array();
    //该数组和原本的权限数组进行差集操作
    //array_diff()函数返回第一个参数中的其他数组没有的元素,所以比较两次。
    $per_new1 = array_diff($per_thisrole,$arr_change);
    $per_new2 = array_diff($arr_change,$per_thisrole);
    //数组all中,保存新增和去掉的权限操作
    $all = array_merge($per_new1,$per_new2);
    //如果差集不为空,即有区别
    if($all != null )
    {
        //差集中的每个元素都要检查和原本的权限集合的关系
        foreach ($all as $value)
        {
            //新的权限属于原本的权限集合,
            //意味着这个新的权限是原本权限集合删除的,所以下面要执行删除操作
            if(in_array($value,$per_thisrole))
            {
                //执行删除操作
                if(!$parent_child::find()
                    ->where("child='".$value."'")
                    ->one()
                    ->delete())
                {//循环执行过程中出现错误
                    return $this->redirect(['role/assign',
                        "name"=>$_POST["aname"],
                        "flag"=>2]);
                }
            }
            else {
                //执行插入操作
                $parent_child->parent = $name;
                $parent_child->child = $value;
                if(!$parent_child->save())
                {//循环执行过程中出现错误
                    return $this->redirect(['role/assign',
                        "name"=>$_POST["aname"],
```

```
                            "flag"=>2]);
                    }
                }
            }
            //执行所有操作都成功,分配权限成功
            return $this->redirect(['role/assign',
                    "name"=>$_POST["aname"],
                    "flag"=>1]);
        }
    }
    if($flag == 1){
        \Yii::$app->session->setFlash('actionInfo',"分配权限成功");
    }
    elseif($flag == 2){
        \Yii::$app->session->setFlash('actionInfo',"分配权限失败");
    }

    //获得还没有被分配的权限
    //1.查询出所有的权限操作
    $permissions = $auth::find()
                ->select("name")
                ->where("type=2")
                ->all();
    foreach ($permissions as $v)
    {
        $per_arr[]=$v->name;
    }
    //2.查询所有已经分配了角色的权限操作
    $child = $parent_child::find()->select("child")->all();
    foreach ($child as $v)
    {
        $child_arr[]=$v->child;
    }
    //3.两个数组的差集,就是还没有分配角色的权限
    $per_norole = array_diff($per_arr,$child_arr);

    //渲染视图
    return $this->render("assign",[
        "name"=>$name,
        "per_thisrole"=>$per_thisrole,
        "per_norole"=>$per_norole
    ]);
    }
}
```

4. 删除角色

如果直接删除 auth_item 表中的角色,由于代码的数据表有外键的缘故,也会删除 auth_

item_child 表中的有父子关系的数据。虽然这样是符合逻辑的,还会保留角色的所属权限动作,但是被删除角色的原有权限动作就没有了所属的角色,可以在分配权限页面中把权限动作给其他角色。在 modules/admin/controllers/RoleController.php 文件中实现代码如下。

```php
<?php
class RoleController extends Controller
{
    ……
    //如果直接删除 authitem 表中的角色,由于代码的数据表有外键的关系,也会删除 authitemchild 表中的父子关系
    //这样是符合逻辑的,还会保留角色的所属权限动作,但是这些权限动作就没有了所属的角色
    //可以在分配权限页面中把权限动作给其他角色
    public function actionDelete($name)
    {
        $model=AuthItem::find()->where("name = '".$name."'")->one();
        if($model->delete()){
            \Yii::$app->session->setFlash('actionInfo',"删除成功");
        }else {
            \Yii::$app->session->setFlash('actionInfo',"删除失败");
        }
        return $this->redirect(['role/list']);
    }
}
```

12.5.4 权限管理

1. 权限列表页

同样假定能查看权限列表页面的只有系统管理员,如图 12-20 所示,列出所有权限。

图 12-20 权限列表页面

在 modules/admin/controllers/AuthController.php 文件中实现代码如下。

```php
<?php
class AuthController extends Controller
{
    ……
    public function actionList(){
        //列出所有权限
        $auths = AuthItem::find()->where('type = 2')->all();
        return $this->render("list",array("auths"=>$auths));
    }
}
```

2．添加权限页

添加权限页面如图 12-21 所示。

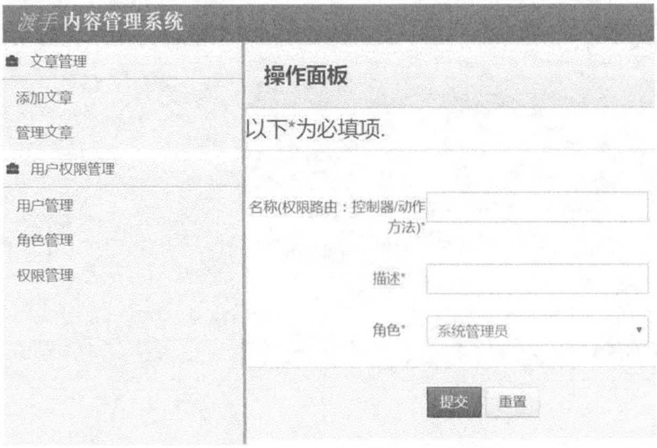

图 12-21　添加权限页面

在 modules/admin/controllers/AuthController.php 文件中实现代码如下。

```php
<?php
class AuthController extends Controller
{
    ……
    //添加权限
    public function actionAdd(){
        //创建模型
        $auth = new AuthItem();
        $authItemChild = new AuthItemChild();

        if(isset($_POST['AuthItem']))
        {
            $auth->attributes=$_POST['AuthItem'];//安全块赋值
            $auth->type = 2;//权限的 type 为 2
            //在 AuthItemChild 表中保存父子关系
            $authItemChild->parent = $_POST['AuthItem']['parent'];
```

```
            $authItemChild->child = $_POST['AuthItem']['name'];
            //执行保存，写入数据库
            if($auth->save()&&$authItemChild->save()){
                //数据写入成功，提示保存成功
                \Yii::$app->session->setFlash('actionInfo',"保存成功");
            }else{
                \Yii::$app->session->setFlash('actionInfo',"保存失败,名称是否唯一？");
            }
            return $this->redirect(['auth/list']);
        }
        //渲染视图，传递模型数据
        return $this->render("add",["auth"=>$auth]);
    }
}
```

3．删除权限

如果直接删除 auth_item 表中的权限，由于代码的数据表有外键的缘故，也会删除 auth_item_child 表中有父子关系的数据。这样会把其他孩子的父亲也删除，所以需要先解除父子关系，然后再删除 authitem 表中的权限。在 modules/admin/controllers/AuthController.php 文件中实现代码如下。

```
class AuthController extends Controller
{
    //……
    //如果直接删除 authitem 表中的权限，由于代码的数据表有外键的关系，也会删除
authitemchild 表中的父子关系
    //这样会把其他孩子的父亲也删除
    //所以需要先解除父子关系，然后再删除 authitem 表中的权限
    public function actionDelete($name){
        //step1:AuthItemChil 表中，字段 child 中的数据是唯一的，通过名称找到这条数据删除
        $parent_child=AuthItemChild::find()->where("child = '".$name."'")->one();
        //为了防止权限不属于任何角色，现要判断是否为空
        if($parent_child != null)
        {
            $parent_child->delete();
        }
        //step2:解除父子关系后，然后再删除 authitem 表中的权限
        $permission=AuthItem::find()->where("name = '".$name."'")->one();
        if($permission->delete()){
            \Yii::$app->session->setFlash('actionInfo',"删除成功");
        }else {
            \Yii::$app->session->setFlash('actionInfo',"删除失败");
        }
```

```
        return $this->redirect(['auth/list']);
    }
}
```

12.5.5 权限管理系统验证

授权数据准备好后，权限管理系统验证检查简单到只需要一个方法调用 yii\web\User::can()，例如，在 modules/admin/controllers/AuthController.php 文件中实现代码如下。

```
class AuthController extends Controller
{
    //……
    //权限验证
    public function beforeAction($action)
    {
        if (!parent::beforeAction($action)) {
            return false;
        }

        $controller = \Yii::$app->controller->id;
        $action = \Yii::$app->controller->action->id;
        $permissionName = $controller.'/'.$action;
        if(!\Yii::$app->user->can($permissionName)
            && \Yii::$app->getErrorHandler()->exception === null){
            throw new \yii\web\UnauthorizedHttpException('对不起，您现在还没获此操作的权限');
        }
        return true;
    }
}
```

当用户没有相关的操作权限时就会显示如图 12-22 所示页面。

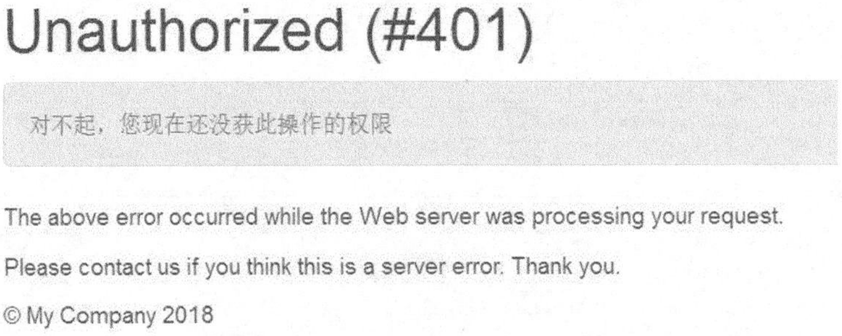

Unauthorized (#401)

对不起，您现在还没获此操作的权限

The above error occurred while the Web server was processing your request.

Please contact us if you think this is a server error. Thank you.

© My Company 2018

图 12-22 没有获此操作权限

※12.6　项目实现迭代十八：使用yii2-admin扩展实现RBAC

12.5 节中使用 yii\rbac\DbManager 实现了 RBAC，我自己设计了比较简单的图形化界面，本节介绍的 yii2-admin 扩展，我们不再需要自己写代码，只要按照 yii2-admin 的要求，安装完后点一点，一个完善的并且可视化的权限管理系统就出来了。

12.6.1　配置

请参照本书附录 C 中的"安装扩展组件 yii2-admin"安装相关内容，安装完之后依次进行如下配置。

> **注意**：本节内容不是上一节内容的迭代，不仅使用了新的数据库表，最重要的是代码使用的是 Yii2 的高级版。

首先配置数据库，需要在应用配置文件 advanced\common\config\main-local.php 中添加如下代码。

```php
<?php
return [
    'components' => [
        'db' => [
            'class' => 'yii\db\Connection',
            //为了和原有数据库区别开，
            //新建立了 yii2advanced 数据库，和原有数据库结构一样
            'dsn' => 'mysql:host=localhost;dbname=yii2advanced',
            'username' => 'root',
            'password' => '',
            'charset' => 'utf8',
            'tablePrefix'=>'ds_',
        ],
        ……
    ],
];
```

因为仅将权限管理系统应用于后台 backend 应用，所以将配置写到 advanced\backend\config\main.php 文件里，代码如下所示。

```php
<?php
return [
    ……
    'modules' => [
        'admin' => [
            'class' => 'mdm\admin\Module',
            'layout' => 'left-menu',//yii2-admin 的导航菜单
```

```
        ]
    ],
    ……
    'components' => [
        'authManager' => [
            'class' => 'yii\rbac\DbManager', // 使用数据库管理配置文件
            'itemTable'=> 'auth_item',
            'itemChildTable'=> 'auth_item_child',
            'assignmentTable'=> 'auth_assignment',
            'ruleTable'=> 'auth_rule',
        ],
    ],
    ……
    'as access' => [
        'class' => 'mdm\admin\components\AccessControl',
        'allowActions' => [
            'site/*',
            'admin/*',
            //'some-controller/some-action',
        ]
    ],
];
```

以上是最基本的配置需求，配置完之后 yii2-admin 就能够运行起来了，在本节之前的代码中后台系统以模块的形式存在，而现在后台系统以应用的形式存在，yii2-admin 就成为了后台系统中的一个模块。在上一节中已经介绍了"yii\rbac\DbManager"组件，本节不再赘述。下面介绍一下"as access"的功能。

"as access"配置项对应的类是"mdm\admin\components\AccessControl"，该类代码保存在 vendor\mdmsoft\yii2-admin\components\AccessControl.php 文件中，该类的注释部分如下所示。

```
/**
 * Access Control Filter (ACF) is a simple authorization method that is best
used by applications that only need some simple access control.
 * As its name indicates, ACF is an action filter that can be attached to
a controller or a module as a behavior.
 * ACF will check a set of access rules to make sure the current user can
access the requested action.
 *
 * To use AccessControl, declare it in the application config as behavior.
 * For example.
 *
 * ```
 * 'as access' => [
 *     'class' => 'mdm\admin\components\AccessControl',
 *     'allowActions' => ['site/login', 'site/error']
 * ]
 * ```
 */
```

从注释部分可以看出来该类属于存取控制过滤器（ACF），比较适合实现简单的授权，当用户发出请求时，ACF 会检查 "allowActions" 定义的列表，判断该用户是否允许执行所请求的动作方法。

```
'allowActions' => [
    'site/*',
    'admin/*',
    //'some-controller/some-action',
]
```

以上内容表示，SiteController 控制器和 Admin 模块可以跳过 yii2-admin 的权限控制，允许任何人访问。

> 注意：如果是正式环境（线上环境），不应该在这里配置任何东西，为空即可。但是为了在开发环境更简单地使用，可以在此处配置所需要的任何权限，在开发完成之后，需要清空这里的配置，转而在系统里面通过 RBAC 配置权限。

如果希望页面显示中文，则需要在配置文件中添加如下代码。

```
return [
    'language'=>'zh-CN',
    ……
]
```

至此，yii2-admin 模块安装成功。接下来将分析该模块的数据库表结构，以便于理解 RBAC 的操作流程。

12.6.2 使用的数据库表

为了更好地实现 RBAC，yii2-admin 中提供了菜单表（menu）和用户表（user），在 advanced\vendor\mdmsoft\yii2-admin\migrations 目录下的 schema-mysql.sql 文件中，详细内容见表 12-8。

表 12-8 菜单表（menu）

字段	数据类型	是否主键	字段意义
id	int	是	序号
name	varchar(128)	否	菜单名
parent	int	否	父级菜单
route	varchar(256)	否	路由
order	int	否	排序号
data	blob	否	数据

结合本书配套内容管理系统，在该表名称前加上前缀"ds_"，并且在表中填入如下数据。

```sql
INSERT INTO `ds_menu` (`id`, `name`, `parent`, `route`, `order`, `data`) VALUES
(1, '文章管理', NULL, NULL, 1, NULL),
(2, '文章列表', 1, '/article-manager/admin', 101, NULL),
(3, '文章添加', 1, '/article-manager/create', 102, NULL),
(4, '用户权限管理', NULL, NULL, 2, NULL),
(5, '用户列表', 4, '/admin/user/index', 201, NULL),
(6, '用户注册', 4, '/admin/user/signup', 202, NULL);
```

从表中数据可以看出，"文章列表"和"文章添加"两个菜单的父级菜单是"文章管理"，"用户列表"和"用户注册"的父级菜单是"用户权限管理"，这几个菜单的路由保存在表中，也是为了更加方便地生成菜单。

表 12-9　　　　　　　　　　　　用户表（user）

字　段	数据类型	是否主键	字　段　意　义
id	int	是	用户 ID
username	varchar(32)	否	用户名
auth_key	varchar(32)	否	生成用户时，随机生成的字符串，主要用于用户 Cookie 登录
password_hash	varchar(32)	否	加密密码
password_reset_token	varchar(256)	否	重置密码时的验证字串
email	varchar(256)	否	电子邮件
status	integer	否	状态
created_at	integer	否	创建时间
updated_at	integer	否	更新时间

yii2-admin 提供了用户表，本书配套代码原有的用户表就不再使用了，因为使用该表在登录和权限管理中更加安全可靠，不过为了配合本书配套代码，也需要在该表名前加上前缀"ds_"。

通过上述讲解配置了 yii2-admin 模块并且也清楚了数据表的结构，下面介绍图形管理界面。

12.6.3　路由列表

完成前面两小节之后，访问下面的 URL，就可以进入 yii2-admin 的图形管理页面了，

※12.6 项目实现迭代十八：使用 yii2-admin 扩展实现 RBAC   247

效果如图 12-23 所示。

```
http://localhost/advanced/backend/web/index.php?r=admin
```

图 12-23　yii2-admin 运行效果图之路由列表

单击可用输入框后面的刷新图标后，列出当前应用项目中所有可用的路由列表，把"/admin/user/index（用户列表）""/admin/user/signup（用户注册）""/article-manager/admin（文章列表）"和"/article-manager/create（文章添加）"从左侧添加至右侧列表中，如图 12-23 所示。

这时查看数据库的"auth_item"表，会发现刚才添加的路由已经插入到该表中，如图 12-24 所示。

	name	type	description	rule_name	data	created_at	updated_at
□ ∂编辑 ¾ 复制 ⊖ 删除	/admin/user/index	2	NULL	NULL	NULL	1520995052	1520995052
□ ∂编辑 ¾ 复制 ⊖ 删除	/admin/user/signup	2	NULL	NULL	NULL	1520995045	1520995045
□ ∂编辑 ¾ 复制 ⊖ 删除	/article-manager/admin	2	NULL	NULL	NULL	1520995079	1520995079
□ ∂编辑 ¾ 复制 ⊖ 删除	/article-manager/create	2	NULL	NULL	NULL	1520995076	1520995076

图 12-24　操作路由列表后数据插入到 auth_item 表

从表中数据可以看出来，这些路由其实都是权限。不过请注意，如果需要添加路由，务必且必须以"/"开始，原因需要分析代码，查看 advanced\vendor\mdmsoft\yii2-admin\models\searchs\AuthItem.php 文件中代码，如下所示。

```php
class AuthItem extends Model
{
    ……
    /**
     * Search authitem
     * @param array $params
     * @return \yii\data\ActiveDataProvider|\yii\data\ArrayDataProvider
     */
    public function search($params)
    {
        /* @var \yii\rbac\Manager $authManager */
        $authManager = Configs::authManager();
        if ($this->type == Item::TYPE_ROLE) {
            $items = $authManager->getRoles();
        } else {
            $items = array_filter($authManager->getPermissions(), function ($item) {
                return $this->type == Item::TYPE_PERMISSION xor **strncmp($item->name, '/', 1) === 0**;
            });
        }
        $this->load($params);
        if ($this->validate()) {

            $search = mb_strtolower(trim($this->name));
            $desc = mb_strtolower(trim($this->description));
            $ruleName = $this->ruleName;
            foreach ($items as $name => $item) {
                $f = (empty($search) || mb_strpos(mb_strtolower($item->name), $search) !== false) &&
                    (empty($desc) || mb_strpos(mb_strtolower($item->description), $desc) !== false) &&
                    (empty($ruleName) || $item->ruleName == $ruleName);
                if (!$f) {
                    unset($items[$name]);
                }
            }
        }

        return new ArrayDataProvider([
            'allModels' => $items,
        ]);
    }
}
```

该方法搜索出所有权限列表，然后筛选出名字中第一个字符是"/"的权限显示在路由列表中，第一个字符不是"/"的权限显示在权限列表，请注意加粗部分的代码。

12.6.4 角色列表

点击"角色列表"其中的"新增角色",添加"sysmanager(系统管理员)"和"webmanager(网站管理员)",并且分配权限,如图12-25~图12-27所示。

图 12-25　角色列表页

图 12-26　创建角色页

图 12-27　给角色分配权限页面

12.6.5　用户列表

用户列表页面效果如图 12-28 所示。

图 12-28　用户列表页面

其中的"创建用户"按钮，需要修改 advanced\vendor\mdmsoft\yii2-admin\views\user\index.php 文件中的代码。

```
<h1><?= Html::encode($this->title) ?></h1>
<p>
    <!--添加创建用户按钮-->
    <?= Html::a("创建用户", ['signup'], ['class' => 'btn btn-success']) ?>
</p>
```

上面代码中加粗部分就是添加的内容，其中的"signup"对应 mdm\admin\controllers\UserController 类的 actionSignup()方法。

创建用户页面如图 12-29 所示。

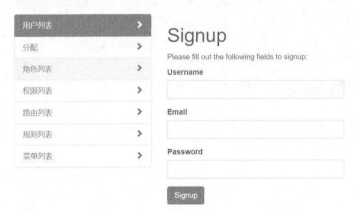

图 12-29　创建用户页面

最后，需要给用户分配角色，比如，给"administrator"用户分配"sysmanager"角色，如图 12-30 所示。

给"user"用户分配"webmanager"角色，如图 12-31 所示。

※12.6 项目实现迭代十八：使用 yii2-admin 扩展实现 RBAC 251

图 12-30　administrator 用户分配角色页面

图 12-31　user 用户分配角色页面

12.6.6　菜单列表

菜单列表页面用于设置需要展示的菜单，新增菜单页面如图 12-32 所示。

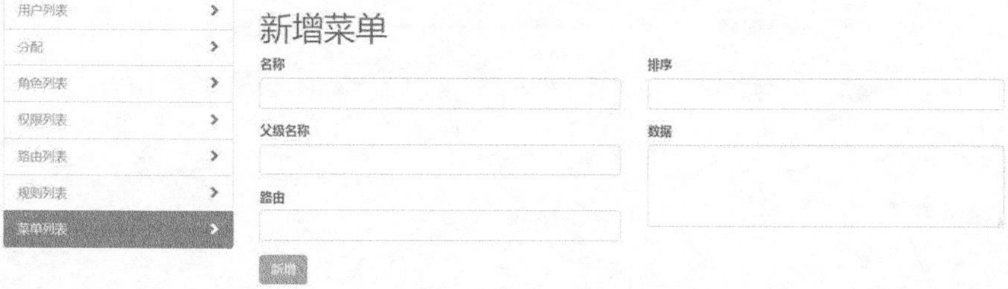

图 12-32　新增菜单页面

例如，添加一级菜单"文章管理"。

- 名称："文章管理"
- 父级名称：不填
- 路由：不填
- 排序：1
- 数据：不填

添加二级菜单"文章列表"。

- 名称：文章列表
- 父级名称：文章管理
- 路由：/article-manager/admin
- 排序：101
- 数据：暂不填写

然后依次写入：文章添加、用户权限管理、用户列表、用户注册等，菜单列表页面如图 12-33 所示。

图 12-33　菜单列表页面

为了能够正确添加父级菜单，需要修改 advanced\vendor\mdmsoft\yii2-admin\controllers\MenuController.php 文件中的代码。

```php
class MenuController extends Controller
{
    ......
    public function actionCreate()
    {
        $model = new Menu;
        //修改如下代码，目的是成功添加父级菜单
        if(!empty($_POST))
        {
            $parent = $model::find()->select('id')
->where("name='".$_POST['Menu']['parent_name']."'")
                                ->one();
            $model->load(Yii::$app->request->post());
            //当添加的字段有父级菜单时，需要保存父级 ID
            if($parent != null)
            {
                $model->parent = $parent->id;//parent 字段是整数类型，保存的是父级 ID
            }

            if($model->save())
            {
                Helper::invalidate();
                return $this->redirect(['view', 'id' => $model->id]);
            }

        }
        else {
            return $this->render('create', [
                'model' => $model,
            ]);
        }
    }
}
```

12.6.7　集成 AdminLTE 后台主题及菜单展示

请参照附录中的"安装扩展组件 yii2-adminlte-asset"，安装相关内容，安装完之后复制 vendor/dmstr/yii2-adminlte-asset/example-views/yiisoft/yii2-app 目录下的 layouts 和 site 目录，然后粘贴并覆盖 backend/views/目录下的 lauouts 和 site 对应的文件。

为了使用"yii2-adminlte-asset"中的 left.php 文件，需要注释 advanced\backend\config\

main.php 配置文件中的 "'layout' => 'left-menu'",并且添加 "i18n" 相关配置信息,代码如下所示。

```php
return [
    ......
    'modules' => [
        'admin' => [
            'class' => 'mdm\admin\Module',
            'layout' => 'left-menu',//yii2-admin 的导航菜单
        ]
    ],
    'components' => [
        'i18n' => [
            'translations' => [
                '*' => [
                    'class' => 'yii\i18n\PhpMessageSource',
                    'basePath' => '@app/messages', // if advanced application, set @frontend/messages
                    'sourceLanguage' => 'en',
                    'fileMap' => [
                        'main' => 'main.php',
                    ],
                ],
            ],
        ],
    ],
```

接下来,修改 advanced\backend\views\layouts\left.php 文件,代码如下所示。

```php
<aside class="main-sidebar">
    <section class="sidebar">
    <?php
    use mdm\admin\components\MenuHelper;
    use dmstr\widgets\Menu;
    ?>
    <?=
        Menu::widget([
            'items' => MenuHelper::getAssignedMenu(Yii::$app->user->id)
        ]);
    ?>
    </section>
</aside>
```

MenuHelper::getAssignedMenu()方法根据登录用户 ID,展示不同的菜单,结合本书配套代码,分别使用 "administrator" 或 "user" 两个用户登录后显示的菜单效果如图 12-34 和图 12-35 所示。

图 12-34 使用 administrator 登录后菜单显示页面

图 12-35 使用 user 登录后菜单显示页面

12.6.8 基于存取控制过滤器（ACF）的用户登录页面

Yii2 框架提供了两种授权的方法，除了基于角色的权限控制（RBAC）之外，另外一个是存取控制过滤器（ACF）。

存取控制过滤器（ACF）是一种通过 yii\filters\AccessControl 类来实现的简单授权方法，非常适用于仅需要简单的存取控制的页面。简单来说就是当一个用户请求一个 action 时，ACF 会检查 yii\filters\AccessControl::rules 列表，判断该用户是否允许执行所请求的 action。

本节的用户登录页面对应的控制器文件是 advanced\backend\controllers\SiteController.php，该文件中代码如下所示。

```php
<?php
namespace backend\controllers;

……
class SiteController extends Controller
{
    public function behaviors()
    {
        return [
            'access' => [
                'class' => AccessControl::className(),
                'rules' => [
                    [
                        'actions' => ['login', 'error'],
                        'allow' => true,
                        'roles' => ['?'],
                    ],
                    [
                        'actions' => ['logout', 'index'],
                        'allow' => true,
                        'roles' => ['@'],
                    ],
                ],
            ],
            'verbs' => [
                'class' => VerbFilter::className(),
                'actions' => [
                    'logout' => ['post','get'],//同时支持POST和GET两种方式访问
                ],
            ],
        ];
    }

    public function actions()
    {
        return [
            'error' => [
                'class' => 'yii\web\ErrorAction',
            ],
        ];
    }

    public function actionIndex()
    {
        ……
    }

    public function actionLogin()
    {
```

```
        ……
    }

    public function actionLogout()
    {
        ……
    }
}
```

在重写的 behaviors 方法中，创建了 yii\filters\AccessControl 的实例对象，并且设定任何用户都可以访问 SiteController 控制器的"actionLogin()"和"actionError()"动作方法，登录用户可以访问"actionLogout()"和"actionIndex()"动作方法。

12.7　小结

RBAC 访问控制模型实现了用户与访问权限的逻辑分离，降低了授权管理的复杂性，降低了管理开销，而且与日常信息系统管理的架构类似，降低了管理复杂度。对于现在规模日益扩大的基于 Web 的信息管理系统来说，采用 RBAC 访问控制模型的访问控制模块将会起到越来越大的作用。

本章系统介绍了 RBAC 的基本思想，为了便于读者学习，首先以简单的方式，自己设计实现了 RBAC，接着使用 Yii2 框架提供的 yii\rbac\DbManager 及相关的数据库表实现了 RBAC，最后使用 yii2-admin 和 yii2-adminlte 扩展，并且在 Yii2 框架高级版的基础上实现了比较完善的权限管理系统。

第 13 章
Yii2 框架中的 Memcached 缓存应用

随着社会进步和信息化技术不断发展，网络用户日益增加，人们利用信息化手段来完成的工作与日俱增，这就使得一些大型的 Web 应用程序的并发访问量也急剧增加。快节奏的现代生活要求应用系统能够提供实时性、准确性和高性能的服务，因此，人们想了很多方法来提高 Web 的响应速率，常见的做法有优化数据库、提高硬件的性能和增大带宽等。当这些方法还不能完全解决问题时，内存缓存技术是一个不错的选择。随着内存成本的不断下降，这个选择变得容易让人接受。

内存缓存的出现是基于操作系统中的一个经典理论——"在 80% 的时间里用到的数据只有 20%"。因此，只要把这少部分的数据放到内存，那么应用程序就直接和内存交换数据，这不仅减少读取数据库的次数，也可以将访问速度提高数个数量级。

内存缓存原理即将从数据库读取出来的信息暂时放到一个更快的介质（内存）上存储，下次可以从这个更快的介质上读取信息。

Memcached 是杰出的内存缓存软件，它是 Danga Interactive 公司开发的一套开源、高性能、分布式内存对象缓存系统，现在已在众多大型 Web 应用程序中用于降低数据库负载，提升性能。

13.1 初识 Memcached

Memcached 是一款 C/S 架构的软件，其服务器端有 IP 和端口，一旦启动，服务就一直处于可用状态。然后，可以通过客户端发送的命令管理"内存中"的数据。

Memcached 的工作机制是在内存中开辟一块空间，然后建立一个 HashTable，Memcached 按设定的逻辑自行管理这个 HashTable。该表以键/值（key/value）进行存储，客户端通过 key 获得相应的 value。

> **提示**：HashTable 也叫散列表，是按照键值（key-value）对的形式进行访问的数据结构。例如，给定表 M，存在方法 f(key)，对任意给定的关键字 key，代入方法后若能得到包含该关键字的记录在表中的地址，则称表 M 为散列（Hash）表，方法 f(key) 为散列（Hash）方法。

安装好 Memcached 软件并成功启动以后，就可以想象成在内存中创建了一个 HashTable，如图 13-1 所示，表中可以存储各种格式的数据，包括图像、视频、文件及查询数据库后的结果等。

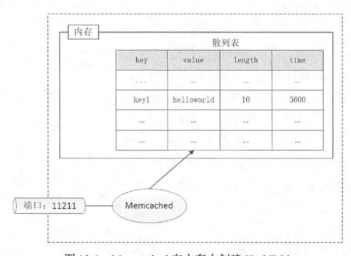

图 13-1　Memcached 在内存中创建 HashTable

Memcached 就是在内存里维护一张散列表，存储经常被读/写的一些数组和文件，从而极大地提高网站的运行效率。

13.2　Memcached 在 Web 中的应用

Memcached 缓存系统主要是为了提高 Web 应用访问速度，分担数据库查询的压力。对于大型 Web 应用，如果没有 Memcached 作为中间缓存，数据访问可能吃不消。对于一般网站，只要具备独立的服务器，完全可以自行配置 Memcached 缓存服务器。本章主要讨论 Memcached 和 MySQL 数据库的交互过程，了解 Memcached 中间缓存层的作用，从而深入了解 Memcached 的工作原理。

使用 Memcached 的 Web 应用的流量一般都比较大，为了缓解数据库的压力，可以将 Memcached 作为一个缓存区域，把部分信息保存在 Memcached 中，从而在前端能够迅速地进行存取。这里的焦点就是如何分担数据库压力和如何进行分布式部署。

13.2.1 减小数据库查询的压力

Web 应用系统中所有的数据基本上都是保存在数据库中，频繁地存取数据库会导致数据库性能急剧下降，无法同时服务更多的用户，像 MySQL 这样的数据库系统还会频繁锁表。如果需要一种改动较小并且不大规模改变前端的访问方式来改变目前的架构，就可以使用 Memcached 服务器作为一个中间缓存层，分担数据库的压力。具体的操作步骤是，Memcached 服务安装并启动成功以后，PHP 程序直接去 Memcached 服务器中查询数据，如果获取数据失败，说明还没有建立缓存。PHP 再去查询 MySQL 数据库，并且在将数据显示给用户的同时，再将数据在 Memcached 服务器中保存一份，并指定一个缓存时间，假设为 1 个小时。这样，下次在执行同样的操作时，在 1 小时之内都可以从 Memcached 中获取到缓存的数据，而不用每次都重新连接数据库去获取数据，这样就分担了 MySQL 数据库的查询压力。Memcached 的工作方式如图 13-2 所示。

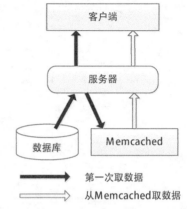

图 13-2 Memcached 工作方式流程图

13.2.2 对海量数据的处理

对于大型 Web 应用，每天会产生上千万条的数据。对于关系型数据库，如果在一个上亿条数据的数据表中查询某条记录，效率会低得难以忍受。单台主机的内存容量毕竟是有限的，因此，可以使用多台主机构建 Memcached 分布式的应用，也就是可以允许不同主机上的多个用户同时访问 Memcached 缓存系统。这种方法解决了共享内存只能是单机的弊端，提高了访问获取数据的速度，如图 13-3 所示。

Memcached 的分布式工作方式完全由其客户端程序库实现，这是 Memcached 分布式的最大特点。分布式的原理可以通过下面的例子来说明。假设有 3 台 Memcached 服务器 server1～server3，应用程序要保存键名为"key1""key2""key3"的数据，如图 13-4 所示。

首先向 Memcached 中添加"key1"。将"key1"传给客户端后，客户端实现的分布式算法就会根据这个"键"来做一个散列映射，然后来决定将数据保存在哪台 Memcached 服务器。在选定服务器后，再命令它保存"key1"及其值。如图 13-5 所示，"key1""key2""key3"都是先选择 Memcached 服务器再保存数值的。

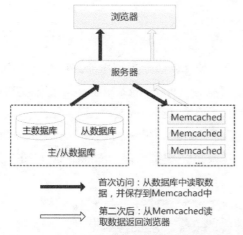

图 13-3 Memcached 分布式工作方式流程图

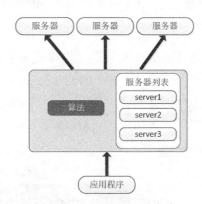

图 13-4 Memcached 分布式

接下来是数据的获取。获取数据时，通过使用与数据保存时相同的算法，根据"键"来选择 Memcached 服务器。因为使用的算法相同，所以就能选中与保存时相同的 Memcached 服务器，然后发送"get"命令来获取数据。只要数据没有因为某些原因被删除，就能通过 key 获取 value 的值，如图 13-6 所示。

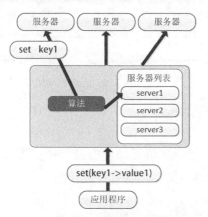

图 13-5 分布式保存数据

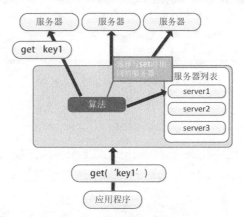

图 13-6 分布式获取数据

13.3 Memcached 的安装及管理

Memcached 支持 Linux、Windows、Mac OS 和 Solaris，本节将介绍在 Windows 操作系统下的安装过程，以及 Memcached 服务器的启动和管理过程。

13.3.1 安装 Memcached 软件

Memcached 官方网站中只提供了软件代码,没有编译好的二进制文件,我们只能从第三方下载适合 Windows 操作系统下运行的二进制可执行文件 memcached.exe。把该文件存放在某个分区下面,如 E:\wamp\memcached 目录下。因为需要在安装时指定参数,所以不能双击进行安装。需要开启一个终端(即开始→运行→cmd),并进入 E:\wamp\memcached 目录下,再执行"memcached"命令,并提供"-d install"参数安装 Memcached 软件,如图 13-7 所示。

图 13-7 安装 Memcached

> 注意:在安装的过程中,如果出现"failed to install service or service already installed"的错误,解决的办法是找到 cmd.exe 文件(c:\windows\system32\cmd.exe),右键单击 cmd.exe,选择以管理员方式运行即可。

在上面的命令执行成功以后,服务器端就已经安装完毕了,Memcached 将作为 Windows 的一个服务在每次开机时自动启动。如果需要卸载 Mamcached 软件,只需要将参数"install"换成"uninstall"即可。

在安装完 Memcached 以后还需要启动,之后才能被访问。与安装一样,可以使用"memcached"命令启动服务器,但需要使用"-d start"参数,如图 13-8 所示。

图 13-8 启动 Memcached

该命令执行完成以后,可以通过查看端口 11211 是否开启,或者查看有没有 memcached Server 进程存在,以确定 Memcached 是否开启成功。如果需要停止 Memcached 服务器的运行,将参数改为"-d stop"即可。

13.3.2 Memcached 服务器的管理

Memcached 服务器的管理是非常容易的，因为 Memcached 是一个很小的软件，和 MySQL、Apache 等软件相比，连配置文件都不需要，直接在启动时通过一些简单的选项参数就可以管理。

如图 13-9 所示，以进程的形式启动的 Memcached（- d），将为其分配 2GB 内存（-m 2048），设置端口为 11211（-p 11211），打印客户端的命令和响应信息（-vv）。可以根据需要修改这些值，但以上设置足以完成本章中的练习。其他常用的选项参数见表 13-1，可以使用 "memcached –h" 命令查看所有参数。

图 13-9 带参数启动 Memcached

表 13-1　　　　　　　　　　　　Memcached 的一些常用参数

参　数	描　　述
-d	以进程方式运行 Memcached
-m	<num>分配给 Memcached 使用的内存数量，单位是 MB，默认是 64MB
-u	<username>运行 Memcached 的用户，当前用户为 root 时，可以指定用户（不能以 root 用户权限启动）
-l	<ip_addr>设置监听的服务器 IP 地址，如果是本机，则通常不设置
-p	<num>设置 memcached 监听的端口，最好是 1024 以上的端口，默认为 11211，通常不设置
-c	<num>设置最大并发连接数，默认为 1024
-P	<file>设置保存 Memcached 的 pid 文件，与-d 参数同时使用
-vv	用 very verbose 模式启动，调试信息和错误输出到控制台

13.4 使用 Telnet 作为 Memcached 的客户端管理

在 Web 项目中应用 Memcached 之前，先了解一下 Memcached 的操作过程，为此需要连接到 Memcached 服务器。本节使用 Telnet 客户机连接到 Memcached 服务器，再使用一些简单的命令去管理内存缓存的数据。

13.4.1 Telnet 客户端连接 Memcached 服务器

Telnet 是管理员常用的远程登录和管理工具，通过在本地计算机上运行 Telnet 服务，就可以远程控制远端的 Memcached 服务器了。虽然 Windows 系统中集成了 Telnet 客户端软件，但是在默认情况下是禁用的，需要手动开启。

开启 Telnet 服务比较简单。打开"控制面板"，进入"程序和功能"，单击"启动或关闭 Windows 功能"，在弹出的"Windows 功能"页面中找到"Telnet 客户端"复选框，并将其勾选，完成后单击底部的"确定"按钮即可，如图 13-10 所示。

图 13-10　启动 Telnet

可以看到"telnet.exe"应用程序已经添加到 C:\WINDOWS\system32 目录下，在命令行输入 telnet 命令，即可成功执行。

远程登录和管理的工具非常多，如在实际工作中经常用到的 Putty，但是无论使用哪一个，其目的和起到的作用都是一样的。

13.4.2 连接 Memcached 服务器

安装了 Telnet 客户端之后，执行以下命令。

```
telnet localhost 11211//使用 Telnet 客户端连接 Memcached，本机端口 11211
```

提示：输入完"telnet 127.0.0.1 11211"时按一下 Enter 键，在黑屏状态时直接输入 stats（此时看不到字母），再按 Enter 键。

如果一切正常，那么应该得到一个 Telnet 响应，指示"new client connection"，如图 13-11 所示。如果未获得此响应，那么应该返回之前的步骤并确保 Memcached 的安装和启动成功。如果已经登录到 Memcached 服务器，则此后就可以通过一系列简单的命令来与 Memcached 通信。

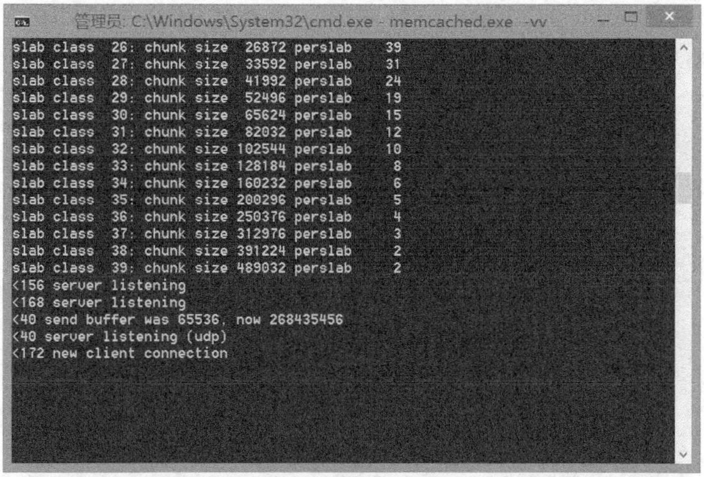

图 13-11　Telnet 客户端连接 Memcached 成功后

13.4.3　基本的 Memcached 客户端命令

利用 Telnet 与 Memcached 进行通信的客户端命令使用方法都非常简单，而且仅有 5 个常用的命令（区分大小写），如下所示。

- stats：当前与 Memcached 服务器运行相关的所有状态信息。
- add：添加一个数据到服务器。
- set：替换一个已经存在的数据，如果数据不存在，那么将数据添加到服务器。
- get：从服务器提取指定的数据。
- delete：删除指定的单个数据，如果要清除所有数据，那么可以使用 "flush all" 命令。

如果在执行以上命令时发生错误，那么 Memcached 协议会对错误部分做出提示，主要有以下 3 个错误提示指令，如下所示。

- ERROR：普通的错误信息，如命令错误之类。
- CLIENT_ERROR <错误信息>：客户端错误。
- SERVER_ERROR <错误信息>：服务器端错误。

13.4.4　查看当前 Memcached 服务器的运行状态信息

数据的存取等管理工作，通常使用客户端 API（PHP）实现，而查看 Memcached 服务器的运行状态,就需要使用命令行客户端。成功连接 Memcached 服务器以后,使用"stats"命令查看当前运行的状态,如图 13-12 所示,附加的状态说明,见表 13-2。

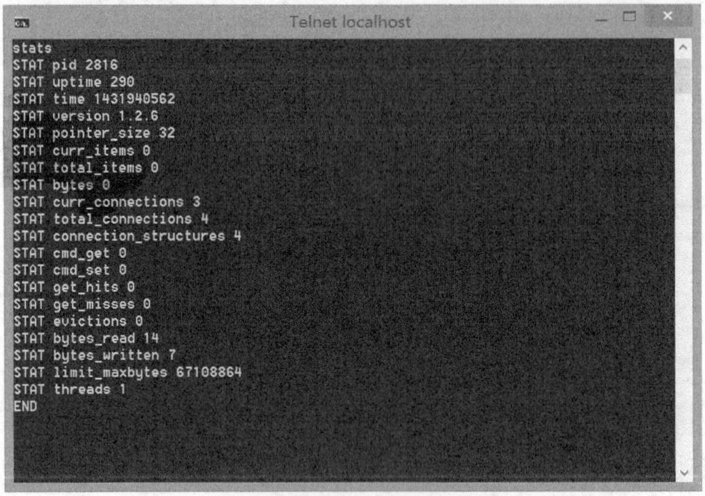

```
stats
STAT pid 2816
STAT uptime 290
STAT time 1431940562
STAT version 1.2.6
STAT pointer_size 32
STAT curr_items 0
STAT total_items 0
STAT bytes 0
STAT curr_connections 3
STAT total_connections 4
STAT connection_structures 4
STAT cmd_get 0
STAT cmd_set 0
STAT get_hits 0
STAT get_misses 0
STAT evictions 0
STAT bytes_read 14
STAT bytes_written 7
STAT limit_maxbytes 67108864
STAT threads 1
END
```

图 13-12 查看 Memcached 服务器运行状态

表 13-2　　　　　　　　　　Memcached 状态中的选项说明

选　　项	值	描　　述
pid	2816	Memcached 服务器的进程 ID
uptime	290	服务器已经运行的秒数
time	1431940562	服务器当前的 UNIX 时间戳
version	1.2.6	Memcached 版本
pointer_size	32	当前操作系统的指针大小(32 系统一般是 32bit)
curr_items	0	服务器当前存储的 items 数量
total_items	0	从服务器启动以后存储的 items 总数量
bytes	0	当前服务器存储 items 占用的字节数
curr_connections	3	当前打开的连接数
total_connections	4	从服务器启动以后曾经打开过的连接数
connection_structures	4	服务器分配的连接构造数
cmd_get	0	get 命令(获取)总请求次数

（续表）

选项	值	描述
cmd_set	0	set 命令（保存）总请求次数
get_hits	0	总命中次数
get_misses	0	总未命中次数
evictions	0	为获取空闲内存而删除的 items 数
bytes_read	14	总读取字节数（请求字节数）
bytes_written	7	总发送字节数（结果字节数）
limit_maxbytes	67108864	分配给 Memcached 的内存大小（字节）
threads	1	当前线程数

通过查看 Memcached 状态，可以了解缓存中一个重要的要素——缓存命中率。命中率指缓存返回正确结果次数和请求缓存次数的比例，其公式如下。

命中率 = 命中数 / （命中数+没有命中数），即 get_hits / (get_hits + get_misses)

比例越高，证明缓存的使用率越高。命中率通常用来衡量缓存机制的好坏，而效率正常的缓存命中率是多少呢？在不同缓存应用中，其值大相径庭。经过服务器一段时间的运行和积累，其命中率通常都能达到 98%以上。而对于另外一些缓存应用，缓存命中率能达到 85%就已经很高了，达到 98%则是理想状态。这跟缓存机制的实现有很大关系。一般越复杂的缓存机制，越难保证命中率。随着服务器的运行和积累，缓存命中率会逐渐增长直至达到稳定状态。

13.4.5 数据管理指令

Memcached 中的数据管理包括添加（add）、修改（set）、删除（delete）及获取（get）等操作。其中 add 和 set 命令是用于操作存储在 Memcached 中的键/值对的标准修改命令。它们都非常简单易用，且都使用如下所示的语法。

指令格式：<命令><键><标记><有效期><数据长度>

表 13-3 定义了 Memcached 中 add 和 set 命令的参数及其描述。

一般在<数据长度>结束以后下一行跟着录入数据内容，发送完数据以后，客户端一般等待服务器端的返回。如果数据保存成功，则返回字符串"STORED"。如果数据保存失败，则一般是因为在服务器端这个数据 key 已经存在了，此时将返回字符串"NOT_STORED"。现在，介绍这两个命令的实际使用。set 命令用于向缓存添加新的键/值对。如果键已经存在，则之前的值将被替换。图 13-13 所示为使用 set 命令的一个示例。

表 13-3　　　　　　　　　　add 和 set 命令参数及其描述

参　　数	描　　述
<键>	就是保存在服务器上唯一一个标识符，必须不能与其他的 key 冲突，否则会覆盖掉原来的数据，其目的是为了能够准确存取一个数据项目
<标记>	标记是一个 16 位无符号整型数据，用来设置服务器端与客户端的一些交互操作
<有效期>	是数据在服务器上的有效期限。如果是 0，则数据永远有效，单位是秒。Memcached 服务器端会把一个数据的有效期设置为当前 UNIX 时间+设置的有效时间
<数据长度>	数据的长度

图 13-13　set 命令使用示例

图 13-13 中的示例向缓存中添加了一个键/值对，其键为 key1，其值为 12345，并将过期时间设置为 0。

add 命令则是仅当缓存中不存在键时，才会向缓存中添加一个键/值对。如果缓存中已经存在键，则之前的值将仍然保持不变，并且返回字符串"NOT_STORED"。图 13-14 所示为使用 add 命令的一个示例。

图 13-14　add 命令使用示例

get 命令和 delete 命令也比较容易理解，它们使用了类似的语法，如下所示。

指令格式：<命令><键>

get 命令检索与之前添加的键/值对相关的值。图 13-15 所示为使用 get 命令的一个示例。

使用一个键来调用 get，如果这个键存在于缓存中，则返回相应的值。如果不存在，则不返回任何内容。

图 13-15　get 命令使用示例

delete 命令则用于删除 Memcached 中的任何现有值。使用一个键调用 delete，如果该键存在于缓存中，则删除该值。如果不存在，则返回一条 NOT_FOUND 消息。图 13-16 所示为使用 delete 命令的一个示例。

图 13-16　delete 命令使用示例

13.5　PHP 的 Memcached 客户端扩展函数库

在 Web 系统中应用 Memcached 缓存技术，必须使用 PHP 的客户端扩展函数进行访问。这样才能将用户请求的动态数据缓存到 Memcached 服务器中，从而减小对数据库的访问压力。

PHP 提供了两套 Memcached 客户端扩展函数库——php_memcache 和 php_memcached。目前大多数 PHP 环境里使用的是 php_memcache，这个版本出现的比较早，是一个原生版本，完全是 PHP 独立开发的。与之对应的 php_memcached 则是在 libmemcached 基础上建立起来的。php_memcache 同时支持面向对象和非面向对象两套接口，而 php_memcached 只支持面向对象接口。

> 提示：本节之所以介绍 php_memcache 扩展函数库，首先是因为这两套函数库中的函数使用方法基本一致，其次 Yii 框架中默认使用的是 php_memcache 扩展函数库。

13.5.1　安装 php_memcache.dll 扩展函数库

在 Windows 系统下安装 Memcached 的扩展时，不用通过源代码包进行编译，直接下载扩展库即可。通常，官网提供的下载包如下所示。

```
php_memcache-2.2.6-5.3-nts-vc9-x86.zip
php_memcache-2.2.6-5.3-vc9-x86.zip
```

- "2.2.6"代表 php_memcache 扩展函数库版本号。

- "5.3"代表 PHP 的版本号，要和 PHP 版本对应。

- "nts"是 None Thread Safe 的缩写，代表非线性安全。没有"nts"的压缩包中的扩展文件即"ts"代表线程安全。Windows 版的 PHP 从版本 5.2.1 开始有 Thread Safe 和 None Thread Safe 之分。从字面意思上理解，线程安全的文件在执行时会进行线程安全检查，以防止有新要求就启动新线程的 CGI 执行方式耗尽系统资源。而非线程安全在执行时不进行线程安全检查。

- "vc9"代表是使用 Visual Studio 2008 编译器编译的。

- "x86"代表处理器架构。

这些都要和 PHP 保持一致，通过查看 phpinfo()可以得到 PHP 的相关信息，如图 13-17 所示。

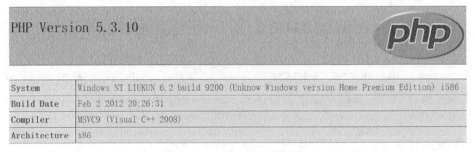

图 13-17 PHP 的相关信息

在 PHP 官网找到与自己的 PHP 版本相对应的 PHP 应用程序扩展 php_memcache.dll 文件，然后执行下列步骤。

- 将下载的 php_memcache.dll 文件保存到 PHP 的应用程序扩展 ext 目录中。

- 在 php.ini 文件添加扩展的位置，加入一行"extension=php_memcache.dll"。

- 重新启动 Apache 服务器。

最后，通过查看 phpinfo()方法确认是否安装成功。如果有 memcache，就说明安装成功，如图 13-18 所示。

提示：Active persistent connections 代表当前进程已建立长连接的个数。

memcache

memcache support	enabled
Active persistent connections	0
Version	2.2.6
Revision	$Revision: 296899 $

Directive	Local Value	Master Value
memcache.allow_failover	1	1
memcache.chunk_size	8192	8192
memcache.default_port	11211	11211
memcache.default_timeout_ms	1000	1000
memcache.hash_function	crc32	crc32
memcache.hash_strategy	standard	standard
memcache.max_failover_attempts	20	20

图 13-18 通过 phpinfo() 查看 memcache 扩展是否安装成功

除了可以查看 php_memcache 扩展是否安装成功以外，还可以看到一些 php_memcache 在 php.ini 中的配置项。表 13-4 所示为配置项的简要说明。

表 13-4　　　　　　　　php.ini 中 Memcached 配置选项及说明

参　　数	描　　述
memcache.allow_failover	在错误时是否将透明的故障转移到其他服务器上处理
memcache.chunk_size	数据将会被分成指定大小（chunk_size）的块来传输，这个值（chunk_size）越小，写操作的请求就越多
memcache.default_port	当连接 Memcached 服务器时，如果没有指定端口，将使用这个默认的 TCP 端口
memcache.hash_function	设置算法，默认值"crc32"使用 CRC32 算法，而"fnv"则表示使用 FNV-1a 算法
memcache.hash_strategy	设置在映射 key 到服务器时使用哪种策略
memcache.max_failover_attempts	设置服务器的数量和获取数据

php.ini 中配置示例如下。

```
;在遇到错误时透明地向其他服务器进行故障转移。
memcache.allow_failover = On
;接受和发送数据时最多尝试多少个服务器；只在打开 memcache.allow_failover 时有效。
memcache.max_failover_attempts = 20
```

;数据将按照此值设定的块大小进行转移。此值越小,所需的额外网络传输越多。
memcache.chunk_size = 8192

;连接到 memcached 服务器时使用的默认 TCP 端口。
memcache.default_port = 11211

;控制将 key 映射到服务器的策略。默认值"standard"表示使用先前版本的老散列策略。
;设为"consistent"可以允许在连接池中添加/删除服务器时,不必重新计算 key 与服务器之间的映射关系。
;memcache.hash_strategy = "standard"; 控制将 key 映射到服务器的散列方法。默认值"crc32"表示使用 CRC32 算法,而"fnv"则表示使用 FNV-1a 算法。
; FNV-1a 比 CRC32 速度稍慢,但是散列效果更好。
;memcache.hash_function = "crc32"

13.5.2　相关扩展方法

PHP 的 Memcache 客户端应用程序扩展库中包含两组接口,一组是面向过程的接口,另一组是面向对象的接口。本节主要介绍面向对象接口的应用,常用接口见表 13-5。

表 13-5　　　　　　　　　　　　Memcache 面向对象的常用接口

方　　法	描　　述
connect()	打开一个到 Memcached 的连接
pconnect()	打开一个到 Memcached 的持久化连接
addserver()	以分布的方式添加一个服务器
close()	关闭一个 Memcached 的连接
getStats()	获取当前 Memcached 服务器运行的状态
add()	添加一个值,如果已经存在,则返回 false
set()	添加一个值,如果已经存在,则覆盖
replace()	替换一个已经存在的项目(类似 set 方法)
get()	提取一个保存在 Memcached 服务器上的数据
delete()	从 Memcached 服务器上删除一个保存的项目
flush()	刷新所有 Memcached 服务器上保存的项目(类似于删除所有的保存项目)

1. 连接和关闭 Memcached 服务器

可以使用 connect()方法连接到一个 Memcached 服务器,如果连接成功,则返回 true,

否则返回 false。打开的连接在脚本执行结束后会自动关闭；当然，也可以使用方法 close() 来主动关闭。Connect()方法的格式如下所示。

```
bool Memcache::connect ( string $host [, int $port [, int $timeout ]] )
```

该方法有 3 个可用参数。

- $host 参数是必选的，表示服务器端监听的主机地址，需要提供 Memcached 服务器的域名或 IP。
- $port 参数是可选的，表示提供给 Memcached 服务器的监听端口号，默认是 11211。
- $timeout 参数也是可选的，是连接 Memcached 进程的持续时间，单位为秒，但在修改它的默认值"1"时要三思，过长的连接持续时间可能会导致连接变得很慢，失去缓存优势。

该方法的应用示例如下所示。

```php
<?php
//实例化 Memcache 类的对象
$memcache = new Memcache;

//连接"memcache_host"和 11211 对应的 Memcached 服务器
$memcache->connect('localhost', 11211);

//关闭对象，连接不起作用
$memcache->close()
?>
```

使用 connect()连接到 Memcached 服务器并完成操作以后，可以使用 close()方法关闭连接，完成一些会话过程。如果需要以长连接方式连接 Memcached 服务器，可以使用 pconnect()方法实现。该方法的调用方法和 connect()完全相同，但不能使用 close()方法关闭。

2．向 Memcached 服务器中添加和重置数据

成功连接 Memcached 服务器以后，就可以添加一个要缓存的数据，或设置一个指定 key 的缓存变量内容，以及可以替换一个已存在 key 的缓存变量内容。这可以通过 add()、set()、replace()这 3 个方法来完成，如下所示。

```
//添加一个要缓存的数据
bool Memcache::add ( string $key , mixed $var [, int $flag [, int $expire ]] )
//设置一个指定 key 的缓存变量内容
bool Memcache::set ( string $key , mixed $var [, int $flag [, int $expire ]] )
//替换一个已存在 key 的缓存变量内容
bool Memcache::replace ( string $key , mixed $var [, int $flag [, int $expire ]] )
```

这 3 个方法的语法格式相同，都需要 4 个参数。

- $key 参数是必选项，用于设置缓存数据的键，其长度不能超过 250 个字符。
- $var 参数也是必选项，作为缓存设置的值，整型数据将直接存储，其他类型的数据将被序列化存储，其值最大为 1MB。
- $flag 参数是可选项，即是否使用 zlib 压缩。当使用 MEMCACHE_COMPRESSED 时，数据很小的时候不会采用 zlib 压缩，只有数据达到一定大小才对数据进行 zlib 压缩。
- $expire 参数也是可选项，设置缓存数据的过期时间，0 为永不过期。可使用 UNIX 时间戳格式或距离当前时间的秒数来设置，设为秒数时，其值不能大于 2592000（30 天）。

如果这 3 个方法成功，则返回 true，失败则返回 false。应用示例如下所示。

```php
<?php
    //实例化 Memcache 类的对象
    $memcache = new Memcache;
    //连接本机的 Memcached 服务器
    $memcache -> connect('localhost',11211);

    //向本地的 Memcache 服务器中添加一组数据
    $is_add1 = $memcache -> add('key1', 12345);
    //数组将被序列化
    $is_add2 = $memcache -> add('key2', array('liukun','231113585'));
    //如果添加的 key2 已经存在，则添加失败，MEMCACHE_COMPRESSED 使用 zlib 压缩，0
//表示不过期
    $is_add3 = $memcache -> add('key2', 'liukun', MEMCACHE_COMPRESSED, 0);

    //如果 key3 不存在，则进行添加，如果存在，则修改
    $is_set1 = $memcache -> set('key3', '渡手教育');
    //指定的 key1 已经存在，修改其内容，且缓存一周
    $is_set2 = $memcache -> set('key1', 'dushou.org', MEMCACHE_COMPRESSED, 7*24*60*60);
    //替换已存在 key1 的缓存变量值，是 set()方法的别名，设置大于 30 天的缓存
    $is_replace=$memcache->replace('key1','67890',MEMCACHE_COMPRESSED, time()+31*24*60*60);

    //关闭 Memcached 服务器连接
    $memcache -> close();
?>
```

上例中分别使用了 3 种方法添加和修改数据，add()方法只能添加新的缓存内容，set()和 replace()两个方法可以看做是别名的关系，功能基本相同。

通过客户端管理工具 MemAdmin 可以查看当前 Memcached 中的数据存储情况，如图 13-19 所示。

图 13-19　通过 MemAdmin 查看 Memcached 缓存服务器中数据存储情况

3. 从 Memcached 服务器中获取和删除数据

可以添加和修改缓存数据，当然也可以获取和删除 Memcached 服务器中存在的缓存数据。要获取某个 key 的变量缓存值，可以使用 get() 方法，格式如下所示。

```
//获取一个 key 的变量缓存值
string Memcache::get ( string $key [, int &$flags ] )
//获取多个 key 的变量缓存的多个值
array Memcache::get ( array $keys [, array &$flags ] )
```

该方法有两种用法。一种是通过第一个必选参数，并使用一个字符串的 key，从 Memcached 服务器中返回缓存的指定 key 的变量内存；如果获取失败或该变量的值不存在，则返回 false。另一种是在第一个必选参数中使用一个数组，在数组中使用多个 key，就可以获得每个 key 对应的多个值。如果传入的 key 的数组中的 key 都不存在，则返回的结果是一个空数组，反之则返回 key 与缓存值相关联的关联数组，关联数组的下标为每个 key 名。该方法的应用示例如下所示。

```
<?php
    //实例化 Memcache 类的对象
    $memcache = new Memcache;
    //连接本机的 Memcached 服务器
    $memcache -> connect('localhost', 11211);
```

```
        //返回缓存中"key1"的值
        $var1 = $memcache -> get('key1');
        //如果键 key2、key3 不存在,$var2 = array();
        //如果 key2、key3 存在,$var2 = array('key2'=>'liukun', 'key3'=>'渡手教育')
        $var2 = $memcache -> get(array('key2', 'key3'));

        //关闭 Memcached 服务器连接
        $memcache -> close();
    ?>
```

如果需要删除某一个变量的缓存,可以使用 delete()方法,格式如下所示。

```
bool Memcache::delete ( string $key [, int $timeout = 0 ] )
```

该方法有两个参数：第一个参数$key 是必选项,缓存的键值不能为空,否则会有警告错误；第二个参数$timeout 是可选项,表示删除该项的时间,如果它等于 0,则该项将被立刻删除,如果它等于 30 秒,那么该项在 30 秒内被删除。如果成功,则返回 true,失败则返回 false。该方法的应用示例如下所示。

```
<?php
    //实例化 Memcache 类的对象
    $memcache = new Memcache;
    //连接本地的 Memcached 服务器
    $memcache -> connect('localhost', 11211);

    $memcache -> delete('key1');//立即删除 key1
    $memcache -> delete('key2', 0);//立即删除 key2
    $memcache -> delete('key3', 30);//在 30 秒内删除 key3

    //关闭 Memcached 服务器连接
    $memcache -> close();
?>
```

要清空所有缓存内容,可以使用 flush()方法,但该方法不是真的删除缓存的内容,只是使所有变量的缓存过期。该方法在成功返回时为 true,失败则返回 false。

4．以分布方式添加多个 Memcached 服务器

如果有多台 Memcached 服务器,最好使用 addServer()来连接服务器前端,而不是用 connect()来连接 Memcached 服务器,因为 addServer()是利用服务器池,并使用"crc32(key)%current_server_num"散列算法将 key 存储到不同的服务器中。addServer()方法的格式如下所示。

```
bool Memcache::addServer ( string $host [, int $port = 11211 [, bool $persistent [, int $weight [, int $timeout [, int $retry_interval [, bool $status [, callback $failure_callback [, int $timeoutms ]]]]]]]] )
```

该方法有 9 个参数，除了第一个参数外，其他都是可选的。

- $host 参数表示服务器的地址。
- $port 参数表示端口。
- $persistent 参数表示是否是一个持久连接。
- $weight 参数表示这台服务器在所有服务器中所占的权重。
- $timeout 参数表示连接的持续时间。
- $retry_interval 参数表示连接重试的间隔时间，默认为 15，设置为–1 表示不进行重试。
- $status 参数用来控制服务器的在线状态。
- $failure_callback 参数允许设置一个回调方法来处理错误信息。
- $timeoutms 参数表示连接的持续时间（单位为毫秒）。

若该方法成功，则返回 true，失败则返回 false。但要注意，addServer()方法没有连接到服务器的动作，因此，在没有启动 Memcached 进程的时候，执行 addServer()方法也会返回 true。该方法的应用示例如下所示。

```
<?php
    //实例化 Memcache 类的对象
    $memcache = new Memcache;
    /*
        $memcache -> addServer('localhost', 11211);//添加第一个 Memcached 服务器
        $memcache -> addServer('localhost', 11212);//添加第二个 Memcached 服务器
        $memcache -> addServer('localhost', 11213);//添加第三个 Memcached 服务器
    */
    //通过配置文件可以动态设置多台 Memcached 服务器的参数
    $mem_conf = array(
        array('host'=>'localhost', 'port'=>'11211'),
        array('host'=>'localhost', 'port'=>'11212'),
        array('host'=>'localhost', 'port'=>'11213')
    );
    //通过循环按$mem_conf 数组中的内容设置多台 Memcached 服务器
    foreach( $mem_conf as $v)
    {
        $memcache -> addServer($v['host'], $v['port']);
    }
    //通过循环向 3 台 Memcached 服务器中添加 100 条数据
    for($i=0; $i<10; $i++)
    {
```

```
        $memcache -> set('key'.$i, 'key'.$i.' in this Memcached server!', 0, 3600);
    }
?>
```

通过 MemAdmin 之类的客户端工具可以看到，上面的数据被平均分布存储在这 3 台 Memcached 服务器上了（根据算法自动计算），如图 13-20～图 13-22 所示。

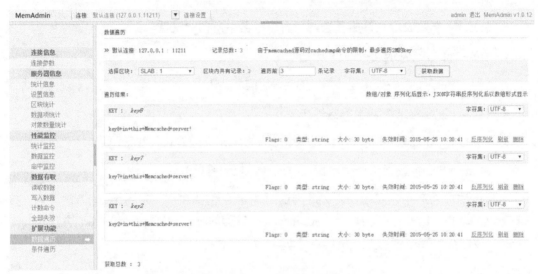

图 13-20　分布式测试端口 11211 缓存服务器中数据存储情况

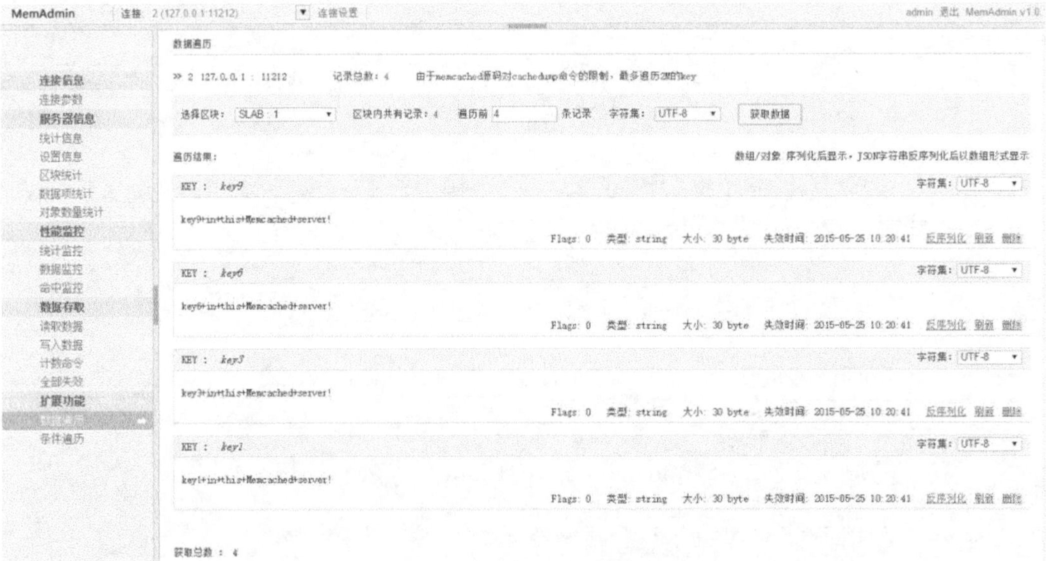

图 13-21　分布式测试端口 11212 缓存服务器中数据存储情况

图 13-22　分布式测试端口 11213 缓存服务器中数据存储情况

5. 获取服务器的状态信息

如果需要获取当前 Memcached 服务器运行的状态，可以使用 getStats()方法，格式如下所示。

```
array Memcache::getStats ([ string $type [, int $slabid [, int $limit = 100 ]]] )
```

该方法有 3 个可选参数。

- $type 参数表示要求返回的类型，有效值包括 reset、malloc、maps、cachedump、slabs、items 或 sizes，依照一定的规则协议，这个参数可以方便开发人员查看不同类别的信息。
- $slabid 参数和$limit 参数是在第一个参数设置为"cachedump"时使用的，返回一个服务器静态信息数组。

13.5.3　实例应用

本节主要介绍如何使用 Memcached 服务器来缓存从数据库查询出来的结果，以减少频繁的数据库连接及减轻因为大量的查询对象对数据库而造成的压力。只要缓存中有保存的之前查询过的结果，就不需要重新连接数据库并反复执行重复的查询语句，而是直接从缓存服务器中获取结果，实例应用如下所示。

```php
<?php
    /**该方法用于执行有结果集的 SQL 语句,并将结果缓存到 Memcached 服务器中
        @param    string    $sql            有结果集的查询语句 SQL
        @param    object    $memcache       Memcache 类的对象
        @param    $data                     返回结果集的数据
    */
    function select($sql, Memcache $memcache)
    {
        //用 md5 算法加密 Sql 语句后得到的值作为 Memcached 服务器中的唯一标识符
        $key = md5($sql);
        //先从 Memcached 服务器中获取数据
        $data = $memcache -> get($key);
        //如果$data 为 false,则要么是没有数据,要么是需要从数据库中获取
        if(!$data)
        {
            try{
                $pdo = new PDO("mysql:host = localhost;dbname = dscms", "root", "");
            }catch(PDOException $e)
            {
                die("连接失败: ".$e->getMessage());
            }
            $stmp = $pdo -> prepare($sql);
            $stmp = execute();
            //从数据库中获取数据,返回数组
            $data = $stmt -> fetchAll(PDO::FETCH_ASSOC);
            //向 Memcached 服务器写入从数据库中获取的数据
            $memcache -> add($key, $data, MEMCACHE_COMPRESSED, 0);
        }
        return $data;
    }
    //实例化 Memcached 类的对象
    $memcache = new Memcache;
    //连接本机的 Memcached 服务器,也可以使用 addServer()添加多台服务器
    $memcache -> connect('localhost',11211);
    //第一次运行时还没有缓存数据,因此会读取一次数据库;当再次访问时,就直接从
    //Memcached 获取
    $data = select("select * from user", $memcache);
    var_dump($data);//输出数据
?>
```

上例的代码只是项目开发中的一个片段,实现了一个 select()函数。调用 select()函数时,第一个参数是一个有结果集的查询语句,第二个参数是 Memcache 类的对象。在项目中,如果都使用这个方法获取数据库中记录的查询结果,则只有第一次调用时连接了一次数据库并从数据库中查询出结果,以后同样的查询语句都会从 Memcached 服务器中获取数据,而不再查询数据库,这样可以在很大程度上减轻数据库的负担。

13.6 Yii2 框架 MemCache 缓存组件

Yii2 框架把 PHP 的 Memcached 客户端扩展函数库封装成 MemCache 组件，使用前需要在配置文件中配置。

13.6.1 配置使用 MemCache 缓存组件

例如，下面的应用配置文件 advanced\common\config\main.php 设定使用 Memcached 缓存服务器。

```php
<?php
return [
    ……
    'components' => [
      'cache' => [
         'class' => 'yii\caching\MemCache',
         'servers'=>[
            ['host'=>'localhost', 'port'=>11211]
         ],
      ],
    ],
];
```

除了可以配置服务器地址（host）和端口（port）之外，还可以配置服务器的每个属性，包括是否是一个持久连接（persistent）、权重（weight）、连接的持续时间（timeout）、连接重试的间隔时间（retryInterval）及服务器的在线状态（status）。

当运行 Yii2 应用时，MemCache 类的 init()方法通过调用 getServers()方法会读取配置文件中的服务器信息，并且默认创建 MemCache（php_memcache）实例对象。可以参照 advanced\vendor\yiisoft\yii2\caching\MemCache.php 文件中的代码。

```php
<?php
class MemCache extends Cache
{
    /**
     * @var bool whether to use memcached or memcache as the underlying caching extension.
     * If true, [memcached] will be used.
     * If false, [memcache] will be used.
     * Defaults to false.
     */
```

```
        public $useMemcached = false;
        ......
        public function init()
        {
            parent::init();
            $this->addServers($this->getMemcache(), $this->getServers());
        }
        protected function addServers($cache, $servers)
        {
            if (empty($servers)) {
                $servers = [new MemCacheServer([
                    'host' => '127.0.0.1',
                    'port' => 11211,
                ])];
            } else {
                foreach ($servers as $server) {
                    if ($server->host === null) {
                        throw new InvalidConfigException("The 'host' property must be specified for every memcache server.");
                    }
                }
            }
            if ($this->useMemcached) {
                $this->addMemcachedServers($cache, $servers);
            } else {
                $this->addMemcacheServers($cache, $servers);
            }
        }
        ......
    }
```

如代码所示，Yii2 框架默认使用 php_memcache 扩展函数库，useMemcached 设置为 true 时使用 php_memcached 扩展函数库。

在下一小节中，我们将具体介绍 MemCache 类的常用方法。

13.6.2 缓存 API

MemCache 缓存组件的父类是 yii\caching\Cache，这个类也是其他缓存组件的父类，因此这些缓存组件有用如下共同的 API（应用程序编程接口）。

- set()方法

根据一个用以识别的键名，向缓存中存储一个值。若缓存中已经包含该键名，则之前的缓存值和过期时间会被新的替换，见表 13-6。

表 13-6　　　　　　　　　　yii\caching\Cache 的成员方法 set ()

public boolean set ($key, $value, $duration = null, $dependency = null)		
$key	mixed	用以识别缓存值的键名
$value	mixed	要缓存的值
$duration	integer	以秒为单位的数值，表示缓存的过期时间，为 0 则永不过期
$dependency	yii\caching\Dependency	缓存项的依赖项。若依赖项改变，缓存项会被标识为无效
{return}	boolean	成功存储到缓存中则返回 true，否则返回 false

代码示例：

```
//值$value 在缓存中最多保留 30 秒
Yii::$app->cache->set($id, $value, 30);
```

- get()方法

从缓存中检索一个匹配指定键名的值。如果返回的是 false，表示此值在缓存中不可用，应该重新生成它，见表 13-7。

表 13-7　　　　　　　　　　yii\caching\Cache 的成员方法 get ()

public mixed get ($key)		
$key	mixed	用以辨别缓存值的键名
{return}	mixed	缓存中存储的值，若该值不在缓存中、已过期或依赖项改变时，则返回 false

代码示例：

```
$value=Yii::$app->cache->get($id);
if($value===false)
{
    // 因为在缓存中没找到 $value ，重新生成它，
    // 并将它存入缓存以备以后使用:
    // Yii::$app->cache->set($id,$value);
}
```

- delete()方法

从缓存中删除指定键名对应的值，见表 13-8。

表 13-8　　　　　　　　yii\caching\Cache 的成员方法 delete ()

public boolean delete ($key)		
$key	mixed	要删除值的键名
{return}	boolean	如果删除期间没有发生错误,返回 true,否则返回 false

代码示例:

```
Yii::$app->cache->delete("key1");
```

- flush ()方法

删除所有缓存值。若缓存被多个应用程序共享,务必小心执行此操作,见表 13-9。

表 13-9　　　　　　　　yii\caching\Cache 的成员方法 flush ()

public boolean flush()		
{return}	boolean	如果清空操作成功执行返回 true,否则返回 false

代码示例:

```
Yii::$app->cache->flush();
```

> 提示:缓存组件也可以像一个数组一样使用。下面是几个例子:
> ```
> $cache=Yii::$app->cache;
> $cache['var1']=$value1;    //相当于: $cache->set('var1',$value1);
> $value2=$cache['var2'];    //相当于: $value2=$cache->get('var2');
> ```

13.6.3　MemCache 实例

在项目中经常需要通过用户 ID 查询数据库,查找用户名等信息。如果把从数据库中查询出来的结果使用 Memcached 服务器进行缓存,相同的查询结果会从缓存服务器中获取,这样就会减少查询数据库的次数。在 Yii2 框架中,把这部分的代码放到 User 模型中,代码如下所示。

```
class User extends ActiveRecord implements IdentityInterface
{
    ……
    public static function getByUsername( $username )
    {
        $data = Yii::$app->cache->get($username);//先从 Memcached 服务器中获取数据
        //如果$data 为 false,那么就是没有数据,需要从数据库中获取
        if(!$data)
```

```
        {
            //从数据库中获取数据，返回 User 模型实例对象
            $data = static::findOne(['username' => $username, 'status' => self::STATUS_ACTIVE]);
            //向 Memcached 服务器中写入从数据库中获取的数据
            Yii::$app->cache->set($username, $data);
        }
        return $data;
    }
}
```

在项目中，如果都是用这个方法获取用户名，则只有第一次调用时连接了一次数据库并从数据库中查询出结果，以后同样的查询语句都会从 Memcached 服务器中获取数据，而不再进行数据库查询操作。下面的代码演示了如何在 advanced\frontend\controllers\MemController.php 控制器中调用 User 模型的方法。

```
<?php
namespace frontend\controllers;
use yii\web\Controller;
use common\models\User;
class MemController extends Controller
{
    //测试 MemCache 缓存
    public function actionGetbyusername($username)
    {
        $username = User::getByUsername($username);
    }
}
```

测试一下缓存中是否有查询出来的用户信息，如在浏览器中输入以下链接。

```
http://localhost/advanced/frontend/web/index.php?r=mem/getbyusername&username=administrator
```

然后打开 MemAdmin，看到的数据如图 13-23 所示。

图 13-23　分布式测试端口 11211 缓存服务器中数据存储情况

缓存中保存的是 User 模型的实例对象。

13.7 缓存依赖

实现缓存依赖就是要在被依赖对象与缓存对象之间建立一个有效关联，当被依赖对象发生变化时，缓存对象将变得不可用，并被自动从缓存中移除，然后再重新读取数据，创建新的缓存对象。

※项目实现迭代十九：产品中心内容页中应用缓存依赖

创建 advanced\frontend\controllers\ProductController.php 文件，并在其中添加如下代码。

```php
<?php
namespace frontend\controllers;
use yii\web\Controller;
use app\models\Product;
use yii\data\Pagination;
use yii\caching\DbDependency;
/**
 * 产品控制器
 *
 * @author Administrator
 */
class ProductController extends Controller{
    public $layout='article';
    ……
    public function actionContent($id)
    {
        $data = \Yii::$app->cache->get($id);//先从 Memcached 服务器中获取数据
        //如果$data 为 false，那么就是没有数据，需要从数据库中获取
        if(!$data)
        {
            //从数据库中获取数据，返回 User 模型实例对象
            $data = Product::find()->where(['id'=>$id])->one();
            //向 Memcached 服务器中写入从数据库中获取的数据
            \Yii::$app->cache->set($id,
                $data,
                0,
                new DbDependency(['sql'=>"select update_time from ds_product where id = $id"])
            );
        }
        //从缓存中取出数据
        $products_model = $data;

        return $this->render("content",["products_model"=>$products_model]);
    }
}
```

如 ProductController 类的加粗部分代码所示，设置持续时间为 0，即不会基于时间判断是否过期，同时传入基于特定 SQL 语句的依赖条件，当某一个产品的 "update_time" 发生改变时，将使用 DbDependency 来检验缓存合法性。

> **提示**：yii\caching\Cache 类的 set()方法第 4 个参数 "$dependency" 可以设置成因为某依赖条件发生变化，来决定存储在缓存中的数据是否需要重新创建，set()方法如下所示。
> public boolean set ($key, $value, $duration = null, $dependency = null)

当上面步骤都完成后，缓存只会在查询语句 "select update_time from ds_product where id = $id" 返回结果改变时进行更新。

最后请注意，通过调用 get()方法从缓存中获取数据，依赖关系将被检查（下面代码加粗部分），如果不发生改变，将会得到一个 false 值，表示数据需要被重新生成，代码如下所示。

```
abstract class Cache extends Component implements CacheInterface
{
    ……
    public function get($key)
    {
        $key = $this->buildKey($key);
        $value = $this->getValue($key);
        if ($value === false || $this->serializer === false) {
            return $value;
        } elseif ($this->serializer === null) {
            $value = unserialize($value);
        } else {
            $value = call_user_func($this->serializer[1], $value);
        }
        if (is_array($value) && !($value[1] instanceof Dependency && $value[1]->isChanged($this))) {
            return $value[0];
        }

        return false;
    }
}
```

这个例子有一点奇怪，因为最初使用缓存就是为了减少数据库查询次数。然而，现在却设置其在每次读取缓存数据前都查询一次数据库。之所以这样，是因为如果缓存的数据足够复杂，这样一个简单的 SQL 语句做缓存刷新判断就有一定价值了。使用什么样的缓存刷新规则，完全基于应用程序的需要。Yii2 提供了多种选择来帮助我们实现各种需求，其允许下面的缓存依赖。

- yii\caching\FileDependency：如果文件的最后修改时间发生改变，则依赖改变。

- yii\caching\DbDependency：如果指定 SQL 语句的查询结果发生改变，则依赖改变。
- yii\caching\ChainedDependency：该项允许将多个缓存依赖链接起来。当链上的任一缓存依赖发生改变时，此依赖改变。
- yii\caching\ExpressionDependency：如果指定的 PHP 表达式的结果发生改变，则依赖改变。

这些缓存依赖类都是 yii\caching\Dependency 的子类，通常在调用 Cache 类的 set()方法时，连同要缓存的数据一同传入。

13.8　片段缓存

一般情况下，页面上会分为很多部分，而不同的部分更新的频率是不一样的。例如，以本书提供的内容管理系统为例，在前台的"产品中心"页面中，如图 13-24 所示，假设产品中心列表页内容的更新频率远远小于右侧"行业百科"和"行业新闻"两部分。此时，如果对整个页面采用统一的缓存策略，则不太合适。对页面的不同部分（片段）施加不同的缓存策略，这就是片段缓存。

图 13-24　产品中心效果图

13.8.1 片段缓存的起始和结束

要使用片段缓存，需要在视图中调用 yii\base\View 类的 beginCache()和 endCache()。这两个方法分别代表开始和结束，两者之间包括的页面内容将被缓存。它们的参数和返回值分别见表 13-10 和表 13-11。

表 13-10　　　　　　　yii\base\View 类的成员方法 beginCache ()

public boolean beginCache ($id, $properties = [])		
$id	string	用于识别片段缓存的唯一 ID
$properties	array	初始化小物件 yii\widgets\FragmentCache 的属性
{return}	boolean	缓存是否需要重新获取数据

表 13-11　　　　　　　yii\base\View 类的成员方法 endCache ()

public void endCache ()		
{return}	void	调用 FragmentCache::end()方法

beginCache()方法为片段缓存起始判断方法，如果缓存中存在数据，则直接显示，否则会执行与 endCache()方法之间的程序，并把程序输出的内容保存到缓存中，典型用法如下所示。

```
if($this->beginCache($id,['property1'=>'value1',...])
{
    ……//需要片段缓存的数据
    $this->endCache();
}
```

如表 13-10 所示，beginCache()方法的第二个参数为数组，作用是"初始化小物件 yii\widgets\FragmentCache 的属性"。分析一下代码就能明白 beginCache()方法是如何设计的了，在 vendor\yiisoft\yii2\base\View.php 文件中代码如下。

```
class View extends Component implements DynamicContentAwareInterface
{
    ……
    public function beginCache($id, $properties = [])
    {
        $properties['id'] = $id;
        $properties['view'] = $this;
        /* @var $cache FragmentCache */
        $cache = FragmentCache::begin($properties);
        if ($cache->getCachedContent() !== false) {
```

```
            $this->endCache();

            return false;
        }

        return true;
    }
}
```

结束片段缓存 endCache()方法代码如下所示。

```
public function endCache()
{
    FragmentCache::end();
}
```

从上述代码可以看出，beginCache()和 endCache()方法是小物件 FragmentCache 的封装。因此，小物件 FragmentCache 的所有属性都可以在缓存选项中初始化。下文将详细分析缓存选项配置类 FragmentCache 的部分成员属性的用法，以便于灵活配置片段缓存。

13.8.2 小部件 FragmentCache 类部分构成

如果视图中存在复杂且独立性强的代码，通常会把这些代码独立出来，保存为小物件。小物件 FragmentCache 的作用就是在视图中生成缓存输出。FragmentCache 部分成员属性见表 13-12。

表 13-12   FragmentCache 部分成员属性

属性	类型	描述
duration	integer	数据在缓存中保存的时间，默认值是 60 秒。 如果设置为 0，表示缓存的数据永远不会过期

dependency	array	缓存内容依赖项。这个值可以是一个指定了依赖项对象的配置数组。例如：
		`'dependency' =>[`
		`    'class'=>'\yii\caching\DbDependency',`
		`    'sql'=>'select count(*) from ds_product',`
		`]`
		将使缓存输出依赖于产品表的记录数

variations	string	通过判断不同参数值，输出不同的缓存数据，例如： `'variations' => [Yii::$app->request->get('page')]` 设置缓存根据当前页数而变化

下面详细介绍各个成员属性的含义及用法。

1. 有效期（duration）

duration 属性指定了内容在缓存中的有效期。在小物件 FragmentCache 中，这个选项的值会作为参数传入 Cache::set()方法中，用来设置缓存的有效期时间。下面的代码缓存内容片段的有效期为 1h。

```
…其他 HTML 内容…
<?php if($this->beginCache($id, array('duration'=>3600))) { ?>
…被缓存的内容…
<?php $this->endCache(); } ?>
…其他 HTML 内容…
```

和 Cache::set()方法中设定缓存过期时间不同的是，在 FragmentCache 中，如果 duration 不设定值，它将默认为 60，这意味着 60s 后缓存内容将过期；如果设置为 0，表示缓存的数据永远不会过期。

2. 缓存依赖（dependency）

像数据缓存一样，内容片段被缓存也可以有依赖。要指定一个依赖，需要配置 dependency 选项，该配置项实现可用于生成依赖对象的配置数组。下面的代码指定片段内容取决于产品表中记录数量的变化。

```
…其他 HTML 内容…
<?php
    if($this->beginCache('productList',[
        ……
        'dependency' =>[
            'class'=>'\yii\caching\DbDependency',
            'sql'=>'select count(*) from ds_product',
        ]
        ……
    ])){
?>
…被缓存的内容…
<?php $this->endCache(); } ?>
…其他 HTML 内容…
```

3. 变化（variations）

片段缓存的内容可根据一些参数变化。例如，产品中心列表分两页，每页显示不同的产品，分页根据 GET 参数"page"变化，这意味着，当调用 yii\base\View::beginCache()方法时，将用不同的 ID 缓存内容。FragmentCache 内置"variations"成员变量，可以根据参数值的变化而改变缓存的内容。下面的代码指定片段缓存内容根据参数"page"变化而变化。

```
...其他 HTML 内容...
<?php
    if($this->beginCache('productList',[
        ......
        'variations' => [Yii::$app->request->get('page')],
        ......
    ])){
?>
...被缓存的内容...
<?php $this->endCache(); } ?>
...其他 HTML 内容...
```

※13.8.3　项目实现迭代二十：产品中心栏目实现片段缓存

以本书提供的内容管理系统为例，在前台的"产品中心"页面中，假设产品列表的更新频率远远小于右侧的"行业百科"和"行业新闻"两部分，因此，在实现产品列表部分需要使用片段缓存来优化代码。实现步骤如下所示。

步骤 1：在视图文件 advanced\frontend\views\product\list.php 中添加如下代码。

```
<?php
    /*if($this->beginCache('缓存名称')){
    * duration 设置过期时间
    * variations 缓存变化
    * dependency 缓存依赖
    */
    if($this->beginCache('productList',[
        'duration'=>3600,
        'variations' => [Yii::$app->request->get('page')],
        'dependency' =>[
            'class'=>'\yii\caching\DbDependency',
            'sql'=>'select count(*) from ds_product',
        ]
    ])){
?>
<?php
foreach($products_model as $vo){
?>
    <div class="listItem">......</div>
<?php };?>
<?php $this -> endCache();} ?>
```

添加代码的作用是片段缓存 ID 为"productList"，有效期为 3600s，根据 GET 参数的值变化而改变缓存的内容，并且当数据库中产品数量发生变化时，重新创建新的缓存对象。

步骤 2：在 advanced\frontend\controllers\ProductController.php 控制器文件中代码如下。

```php
<?php
/**
 * 产品控制器
 *
 * @author Administrator
 */
class ProductController extends Controller{
    public $layout='article';
    public function actionList(){
        $query=Product::find()->select(['id','title','description','imgurl']);
        //分页
        $total = $query->count();
        $pages=new Pagination(['totalCount' => $total]);
        $pages->pageSize=3;
        $products_model = $query -> offset($pages->offset)//为查询条件设置偏移量
                                -> limit($pages->limit)//为查询条件增加LIMIT限制
                                -> all();
        
        return $this->render("list",array(
            "products_model"=>$products_model,
            "pages"=>$pages,
            )
        );
    }
    ……
}
```

步骤 3：测试有效期是否生效。

测试缓存有效期可以通过改变系统时间实现，把系统时间调整到 1h 后，缓存数据重新生成。

步骤 4：测试缓存变化是否生效。测试缓存变化可以通过单击"下一页"来实现。当单击"下一页"时，程序访问的 URL 如下。

```
http://hostname/index.php?r=product/list&page=2
```

如果页面内容发生变化，说明缓存变化设置正确。然后打开 MemAdmin，看到的数据如图 13-25 所示。

由图 13-25 可知，产品列表的每一页数据在缓存中保存成一条记录，产品列表一共有两页，因此缓存中有两条记录。

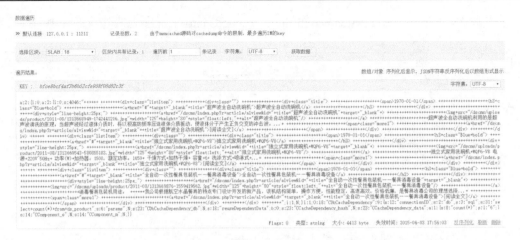

图 13-25 产品列表在缓存中的效果图

步骤 5：测试缓存依赖是否生效。测试缓存依赖可以通过在产品表中增加一条记录实现。当我们在数据库产品表中增加一条记录后，重新刷新产品中心栏目页面，就会看到新增加的页面显示出来，这就说明缓存已经更新了。

注意：如果在数据库产品表中增加一条记录，假如恰好增加了一个分页，那么依据缓存变化，缓存中的记录会增加，如果没有增加分页，那么缓存只会依据缓存依赖更新而不会增加记录数。

13.9　页面缓存

页面缓存指的是缓存整个页面的内容。主要用于对 Web 应用中的某些动态页面进行缓存，如在 Web 页面中生成 PDF 文件、报表或者图片文件。使用页面缓存不但减少了数据库的交互、降低了数据库服务器的压力，而且对于减少 Web 服务器的性能消耗有很显著的效果。

页面缓存可以看成是片段缓存的一个特殊情况，那么 Yii2 框架中如何实现页面缓存？是否在控制器视图脚本中调用 beginCache() 和 endCache() 就能实现页面缓存呢？

经过实际测试，如果控制器渲染的视图页面不使用布局文件，那么在视图文件的开始和结束位置调用 beginCache() 和 endCache() 是可以实现页面缓存的。

但是往往视图页面中都会使用布局文件来减少代码量和提高工作效率。由 3.3 节"Controller 类的 render() 方法执行流程"可知，控制器是分别渲染视图文件和布局文件的。因此，把 beginCache() 和 endCache() 放到视图文件或者布局文件都会无法完成缓存整个页面内容的任务。

由上面的叙述可知,如果想要完成页面缓存,应该在控制器渲染视图的动作方法之前,也就是在 behaviors()方法中实现。

※项目实现迭代二十一:"关于我们"内容页中应用页面缓存

在 advanced\frontend\controllers\ArticleController.php 文件中添加如下代码。

```php
<?php
class ArticleController extends Controller{
    ……
    /*
     * 通过附加行为实现页面缓存
     */
    public function behaviors()
    {
        return [
            [
                'class' => 'yii\filters\PageCache',
                'only' => ['about'],
                'duration' => 1800,
                /*
                'variations' => [
                    ……
                ],
                'dependency' => [
                    ……
                ],
                */
            ],
        ];
    }
    //关于我们
    public function actionAbout(){
        //查找 ID=8 的栏目中的文章标题,文章内容
        $article_model = Article::find()
                        ->select(["cid","title","content"])
                        ->where(["cid"=>8])
                        ->one();
        return
$this->render("about",array("article_model"=>$article_model));
    }
    ……
}
```

在 behaviors()方法中,使用 yii\filters\PageCache 作为过滤器,并且只对 actionAbout()动作方法进行页面缓存,且有效期为 1800s。

在 views/about.php 视图文件中添加如下代码。

```
<div class="indexLeft">
    <div class="location marginbtm10">
        <h1><?php echo "关于我们";?></h1>
    </div>
    <div class="listPanle marginbtm15">
        <h1 class="articleTitle"><?php echo $article_model->title;?></h1>
        <div style="text-align:right;font-weight:bold;"><?php //$this->renderDynamic("getDate"); ?></div>
        <div></div>
        <?php echo $article_model->content;?>
    </div>
</div>
```

在浏览器中执行下面的 URL。

http://hostname/index.php?r=article/about

在浏览器中访问 ArticleController 控制器的 actionAbout()，然后打开 MemAdmin，看到的数据如图 13-26 所示，说明成功进行了页面缓存。

图 13-26　页面缓存在 MemAdmin 中的效果图

如上所述，页面缓存和片段缓存极其相似，都支持 duration、dependency 和 variations 配置选项。主要区别是页面缓存是由过滤器 yii\filters\PageCache 实现，而片段缓存则由 yii\widgets\FragmentCache 小部件实现。

13.10 局部无缓存

为了提高性能，需要片段缓存或页面缓存，但是大多数页面中常常包含实时性较强的数据，如日期时间实时显示、股市行情和实时天气等。通常的做法是页面中几乎不变化的内容使用缓存，实时性强的信息不设缓存，这种做法就称为局部无缓存。

Yii2 框架除了提供了完善的片段缓存和页面缓存，还实现了局部无缓存的支持，即允许在页面中指定一块包含动态数据的代码段，每次这些动态内容进行实时更新，然后和其余的缓存内容合成最终页面。

在已经进行了片段缓存或者页面缓存的视图中，调用 yii\base\View 的成员方法 renderDynamic()方法，就可以实现局部无缓存，该方法说明见表 13-13。

表 13-13　　　　　　yii\base\View 的成员方法 renderDynamic ()

public string renderDynamic($statements)		
$statements	string	用于生成动态内容的 PHP 语句
return	string	动态内容

假如在页面缓存的视图页面 views/article/about.php 中实时输出当前日期和时间，可以添加如下代码：

```php
<?php
   echo $this->renderDynamic("return date('Y-m-d H:i:s');");
?>
```

"return date('Y-m-d H:i:s');" 返回实时更新的内容，在这里就是当前的日期和时间。

注意：如果一个动态网页中占主要开销的数据计算置于无缓存状态，那么这时缓存就失去了意义，可以考虑使用其他的缓存方式或页面组织结构。

13.11　Yii2 框架其他缓存组件介绍

缓存是提升 Web 应用性能的简便有效的方式。通过将相对静态的数据存储到缓存并在收到请求时取回缓存，便节省了生成这些数据所需的时间。

在 Yii2 中使用缓存主要包括配置并访问一个应用组件。例如，在 13.6.1 节中配置设定了

Memcached 缓存服务器的缓存组件"cache",当应用运行时,缓存组件可通过"Yii::$app->cache"访问。在主配置文件 common\config\main.php 中配置代码如下所示。

```
<?php
return [
    ……
    'components' => [
        'cache' => [
            'class' => 'yii\caching\MemCache',
            'servers'=>[
                ['host'=>'localhost', 'port'=>11211]
            ],

        ],
    ],
];
```

缓存数据除了存储在 Memcached 服务器中之外,还可以存储在别的媒介中,为此 Yii2 提供了不同的缓存组件。例如,已经介绍过的 MemCache 组件封装了 PHP 的 memcache 扩展并使用内存作为缓存存储媒介,ApcCache 组件封装了 PHP APC 扩展,而 DbCache 组件会将缓存的数据存入数据库。下面介绍一些常用的可用缓存组件。

- MemCache:使用 PHP memcache 扩展。

- ApcCache :使用 PHP APC 扩展。

- XCache:使用 PHP XCache 扩展。

- EAcceleratorCache:使用 PHP EAccelerator 扩展。

- DbCache:使用数据库表存储缓存数据。默认的,它将在 runtime 文件夹下建立一个 SQLite3 数据库。可以通过 connectionID 属性指定数据库。

- ZendDataCache:使用 Zend Data Cache 作为优先的缓存媒介。

- FileCache:使用文件来存储缓存数据。特别适合存储类似页面的大块数据。

- DummyCache:这里实现一般的缓存接口,但不做任何实际缓存。这一实现的原因是页面需要执行缓存,但是实际开发环境不支持缓存。这允许在实现真正缓存之前持续编码。项目不需要为缓存环境而改变编码。

注意:所有的这些组件都扩展自 yii\caching\Cache,并且提供相同的接口。也就是说,项目可以改变不同的缓存策略而不需要改变代码。

13.12 小结

本章主要介绍了 Yii2 框架中如何应用 Memcached 缓存，系统、详细介绍了内存缓存软件 Memcached 的安装及管理，以及 PHP 的 Memcached 客户端扩展方法库。这些都是理解 Yii2 框架 MemCache 缓存组件的基础。当然，Yii2 框架为了更好地使用缓存，还提供了缓存依赖、片段缓存和页面缓存的使用方法。

第 14 章
日志

在开发时，通常需要记录一些日志方便后期排错和优化。无论是 Apache 还是 PHP，都提供记录日志功能，在适当的时候打开日志记录功能，有助于我们发现代码中的各种问题。

本章首先介绍 Apache 服务器是如何记录访问日志和错误日志的，然后介绍 PHP 语言如何通过修改配置项或在程序中调用日志方法来生成日志文件，最后，在了解了 Apache 和 PHP 的日志功能之后，读者就会更好地理解 Yii 框架日志功能的设计思路及相关方法是如何使用的。

14.1 Apache 服务器的日志

在 Web 应用系统的运行过程中，往往会被来自各个不同地方的用户访问。在访问过程中，服务器会将用户的访问及在访问过程中发生的错误记录下来用于分析。这些用于记录的文件就称为日志，如图 14-1 所示。本节将介绍如何查看 Apache 服务器的日志。

图 14-1　Web 日志

在 Apache 服务器的运行过程中，Apache 服务器会自动将服务器的访问记录和错误记录保存到日志中。在 Apache 服务器第一次运行时，这两个用于保存日志的文件就会生成。

这两个文件位于 Apache 的安装目录下的 logs 文件夹中。其中，access.log 用于记录访问日志，error.log 用于记录错误日志。

14.1.1 访问日志的格式

打开 access.log 可以看到服务器的访问日志，下面是一段访问日志。

```
127.0.0.1 - - [16/Jun/2015:10:48:04 +0800] "GET /dscms/assets/556e0306/pager.css HTTP/1.1" 304 -
127.0.0.1 - - [16/Jun/2015:10:48:05 +0800] "GET /dscms/index.php?r=article/baike HTTP/1.1" 200 11885
127.0.0.1 - - [16/Jun/2015:10:48:05 +0800] "GET /dscms/index.php?r=article/anli HTTP/1.1" 200 12715
127.0.0.1 - - [16/Jun/2015:10:48:05 +0800] "GET /dscms/ HTTP/1.1" 200 2311
127.0.0.1 - - [16/Jun/2015:10:48:06 +0800] "GET /dscms/index.php?r=article/contact HTTP/1.1" 200 10033
127.0.0.1 - - [16/Jun/2015:10:48:07 +0800] "GET /dscms/index.php?r=article/blog HTTP/1.1" 200 10198
```

其中，每一行表示对服务器的一次访问请求。每个访问日志行都分为 7 个部分，下面以第一行为例对这 7 个部分的意义进行说明。

（1）"127.0.0.1"

第一部分为 IP 地址。用于表示访问服务器的用户的 IP 来源，也就是用户访问网站时的 IP 地址。

（2）"-"

第二部分为浏览器标识。浏览器标识往往是登录用户的名称或 Email 地址，该标识由访问者使用的浏览器通过网络传递给服务器。但是，由于现在几乎所有的浏览器都去掉了这个功能，因此日志中的第二部分往往为空，即在日志文件中使用短线"-"来表示。

（3）"-"（第 2 个）

第三部分为登录用户标识。登录用户标识是登录到服务器上的用户名称。当网站需要用户登录访问时才会将访问用户记录下来，否则为空。需要注意的是，这里登录的含义是登录到服务器上，而不是通过不同的页面登录。以下代码演示了如何在 PHP 中进行服务器登录。

```
<?php
if(!isset($_SERVER['PHP_AUTH_USER']))
{
    header("WWW-Authenticate:Basic realm=\"Login\"");
    header("HTTP/1.0 401 Unauthorized");
}
```

此时，如果用户在弹出的登录对话框上输入相应的用户名和密码，如图 14-2 所示，输入的用户名就会被记录到访问日志文件中，如下所示。

```
127.0.0.1 - admin [16/Jun/2015:11:10:17 +0800] "GET /dscms/testlog.php HTTP/1.1" 200 -
```

（4）"[16/Jun/2015:10:48:04 +0800]"

第四部分为用户访问请求发生的时间。这里的时间使用标准时间的记录方式。例如"16/Jun/2015:11:10:17 +0800"，表示请求发生在 2015 年 6 月 16 日 11 时 10 分 17 秒，时区信息为+8 区。

图 14-2　登录服务器

（5）"GET /dscms/assets/556e0306/pager.css HTTP/1.1"

第五部分标识服务器收到的请求。这部分使用"请求方法/请求资源/请求协议"的格式输出。这一部分也是日志中最重要的部分。

（6）"304"

第六部分标识请求状态的代码。这部分通过一个代码表示用户的请求是否成功。表 14-1 简单地描述了错误的状态码。

表 14-1　　　　　　　　　　　　HTTP 状态码

代　　码	描　　述
Informational 1XX	
100	Continue
101	Switching protocols
Successful 2XX	
200	OK
201	Created
202	Accepted
203	Nonauthoritative information
204	No content
205	Reset content
206	Partial content

（续表）

代　码	描　述
Redirection 3XX	
300	Multiple choices
301	Moved permanently
302	Found
303	See other
304	Not modified
305	User proxy
306	Unuserd
307	Temporary redirect
Client error 4XX	
400	Bad request
401	Unauthorized
402	Payment required
403	Forbidden
404	Not found
405	Method not allowed
406	Not acceptable
407	Proxy authentication required
408	Request timeout
409	Conflict
410	Gone
411	Length required
412	Precondition failed
413	Request entity too large
414	Request-URI too long
415	Unsupported media type
416	Requested range not satisfiable
417	Expectation failed

(续表)

代 码	描 述
Server error 5XX	
500	Internal server error
501	Not implemented
502	Bad gateway
503	Service unavailable
504	Gateway timeout
505	HTTP version not supported

如果该值为 200,则表示用户的访问成功,否则可能标识存在问题。一般来说,以 2 开头的代码均可以表示用户的访问成功,以 3 开头的代码表示用户的请求被重新定向到了其他位置,以 4 开头的代码标识客户端遇到了错误,以 5 开头的代码标识服务器遇到了错误。有些时候,这些代码也被作为返回代码输出到浏览器上供用户参考,如图 14-3 所示。

图 14-3　IE 浏览器上的返回码

在图 14-3 中,404 作为页面无法找到的返回码被输出到了浏览器上供访问用户参考。同时,在访问日志中生成了如下日志记录。

```
127.0.0.1 - - [16/Jun/2015:11:25:44 +0800] "GET /daa HTTP/1.1" 404 201
```

(7)"-"(第3个)

第七部分标识表示发送到客户端的总字节数。一般来说,对于一个正确访问的请求,服务器将向客户端发送与资源大小相等的字节数。

> **注意**:对于日志记录来说,每条日志记录并不是对页面的一次访问,而是对服务器资源的一次访问。如果在一个页面上包含多个资源,那么一次对页面的访问将会在访问日志中生成多条记录。

14.1.2 错误日志的格式

错误日志是 Apache 服务器用于记录服务器出错信息的日志文件。例如,访问服务器上不存在的文件时,Apache 就为其生成一条错误日志记录,如下所示。

```
[Tue Jun 16 11:25:44 2015] [error] [client 127.0.0.1] File does not exist: E:/wamp/www/daa
```

错误日志由以下 4 个部分组成。

(1)"[Tue Jun 16 11:25:44 2015]"

第一部分表示错误发生的具体时间。需要注意的是,这里的时间并不包含时区的信息,但是其时区与相应的访问日志相同。

(2)"[error]"

第二部分表示错误的级别。这里的错误级别表示错误的严重程度,具体信息见表 14-2。

表 14-2　　　　　　　　　　错误级别降序排列

错误级别	含义	描述
emerg	紧急错误	错误导致整个系统不可用
alert	警报	很危险的错误,可能导致服务器运行错误
crit	严重错误	很严重的错误
error	错误	出现错误,但是没有影响服务器的运行
warn	警告	出现错误,但是可能不影响页面的正常显示
notice	通知	没有发生错误,一些系统操作的通知
info	信息	没有发生错误,一些操作信息
debug	调试信息	没有发生错误,调试信息

（3）"[client 127.0.0.1]"

第三部分是导致错误的 IP 地址。

（4）"File does not exist: E:/wamp/www/daa"

第四部分是错误的具体信息。管理员可以通过这部分的内容来查看具体发生的错误。例如，上面的错误是由于无法找到"E:/wamp/www/daa"文件造成的。

14.1.3 日志的定制

Apache 服务器除了支持记录访问日志和错误日志以外，还支持定制日志的保存位置及日志的格式等操作。进行这种设置是通过修改 Apache 安装目录下的 conf 文件夹中的 httpd.conf 文件来实现的。

1．定制访问日志

如果需要定制访问日志，就必须载入 log_config_module 模块。首先在 Apache 的配置文件 httpd.conf 中找到 log_config_module 模块所在的行，确保该行可用，如下所示。

```
LoadModel  log_config_module  modules/mod_log_config.so
```

在这个模块中，包含"LogFormat"和"CustomLog"两个指令。"LogFormat"用来指定日志的格式，"CustomLog"用来指定日志保存路径和使用哪一个"LogFormat"规定的格式。

（1）指令 LogFormat

在<IfModule log_config_module>标签中，找到以下代码。

```
LogFormat "%h %l %u %t \"%r\" %>s %b" common
```

"%h %l %u %t \"%r\" %>s %b"表示日志的格式。用户可以自行修改日志的格式来记录访问日志，一些常用格式串的含义见表 14-3。

表 14-3　　　　　　　　　　　　访问日志的格式

符　号	含　义
%a	远程 IP 地址
%A	本地 IP 地址
%b	发送的字节数
%f	访问请求的文件名

符号	含义
%h	远程主机名或主机地址
%l	远程用户的用户名或 E-mail 地址
%p	服务器响应请求时使用的端口
%r	请求的具体内容
%s	请求的状态,也就是返回码
%t	请求发生的时间
%u	登录到服务器的用户
%U	用户请求的 URL 地址

和 14.1.1 节中的日志对比就容易理解了,下面的日志和 LogFormat 指令定义的日志格式是一一对应的。

```
127.0.0.1 - - [16/Jun/2015:10:48:04 +0800] "GET /dscms/assets/556e0306/pager.css HTTP/1.1" 304 -
```

另一种常用的记录格式是组合日志格式,形式如下。

```
LogFormat "%h %l %u %t \"%r\" %>s %b \"%{Referer}i\" \"%{User-Agent}i\"" combined
```

这种格式与通用日志格式类似,但是多了两个 %{header}i 项,其中的 header 可以是任何请求头,日志记录形式如下。

```
127.0.0.1 - - [25/Jun/2015:14:54:49 +0800] "GET /icons/blank.gif HTTP/1.1" 404 213 "http://www.democode.com/" "Mozilla/5.0 (Windows NT 6.3; WOW64) AppleWebKit/537.36 (KHTML, like Gecko) Chrome/38.0.2125.122 Safari/537.36"
    127.0.0.1 - - [25/Jun/2015:14:54:49 +0800] "GET /icons/folder.gif HTTP/1.1" 404 214 "http://www.democode.com/" "Mozilla/5.0 (Windows NT 6.3; WOW64) AppleWebKit/537.36 (KHTML, like Gecko) Chrome/38.0.2125.122 Safari/537.36"
    127.0.0.1 - - [25/Jun/2015:14:54:49 +0800] "GET /icons/text.gif HTTP/1.1" 404 212 "http://www.democode.com/" "Mozilla/5.0 (Windows NT 6.3; WOW64) AppleWebKit/537.36 (KHTML, like Gecko) Chrome/38.0.2125.122 Safari/537.36"
```

其中,多出来的项是:

```
"http://www.democode.com/" (\"%{Referer}i\")
```

"Referer" 请求头指明了该请求是被从哪个网页提交过来的,这个网页应该包含有 /apache_pb.gif 或者其链接。

```
    "Mozilla/5.0 (Windows NT 6.3; WOW64) AppleWebKit/537.36 (KHTML, like Gecko) Chrome/38.0.2125.122 Safari/537.36" (\"%{User-agent}i\")
```

"User-agent"请求头是客户端提供的浏览器识别信息。

> **注意：** 使指令 LogFormat 规定的日志格式生效，还需要使用下文提到的指令 CustomLog。

（2）指令 CustomLog

指令 CustomLog 可以定制访问日志的存储位置和使用哪一个"LogFormat"规定的格式，例如：

```
CustomLog "e:/wamp/logs/access.log" common
```

这里"e:/wamp/logs/access.log"表示访问日志的当前存储位置。用户可以自行修改，将访问日志保存到其他位置。

第二个参数指定使用哪一个"LogFormat"规定的格式。它既可以是由前面的 LogFormat 指令定义的名字，也可以是直接按日志格式中所描述的规则定义的 format 字符串。

例如，以下两组指令的结果是完全一样的。

```
# 使用 nickname
LogFormat "%h %l %u %t \"%r\" %>s %b \"%{Referer}i\" \"%{User-Agent}i\"" combined
CustomLog "e:/wamp/logs/access.log" combined

# 明确使用格式字符串
CustomLog "e:/wamp/logs/access.log" "%h %l %u %t \"%r\" %>s %b \"%{Referer}i\" \"%{User-Agent}i\""
```

2. 定制错误日志

与定制访问日志类似，错误日志也可以进行定制。错误日志的定制包括修改日志的存储位置和存储的错误级别。

（1）指令 ErrorLog

修改日志的存储位置是通过修改 ErrorLog 的值来实现的，如下所示。

```
ErrorLog "e:/wamp/logs/apache_error.log"
```

这里 logs/ apache_error.log 表示错误日志的当前存储位置。用户可以自行修改，将访问日志保存到其他位置。

（2）指令 LogLevel

修改错误日志的存储错误级别是通过修改 LogLevel 的值来实现的，可以选择表 14-2 所示的错误日志的级别。当指定了某个级别后，所有高于这个级别的信息也会被同时记录。例如：

```
LogLevel warn
```

此时，所有 error、crit、alert 和 emerg 级别的信息也会被记录。

14.2 PHP 日志

对于 PHP 开发人员来说，在产品投入使用后，难免会有错误出现，为了帮助开发人员或者管理人员查看系统是否存在问题，通常的做法是把对开发人员有用的错误报告记录到日志文件中。

如果需要将系统中的错误报告写入错误日志中，可以在 PHP 的配置文件（php.ini）中，将相关配置指令开启。

14.2.1 PHP 配置文件 "php.ini"

PHP 官方是这样描述 php.ini 文件的：

```
PHP's initialization file, generally called php.ini, is responsible for
configuring many of the aspects of PHP's behavior.
```

翻译过来就是 PHP 的初始化文件，通常必须称为"php.ini"，使用这个文件可以配置 PHP 很多方面的行为。

php.ini 文件中的格式通常是"参数=值"，使用分号作为注释，并且修改 php.ini 文件后，需要重新启动服务器。

在 php.ini 文件中，错误和日志记录配置选项见表 14-4。

表 14-4　　　　　　　　　　　错误和日志记录配置选项

名　称	描　　述
error_reporting	设置错误报告的级别
display_errors	该选项设置是否将错误信息作为输出的一部分显示到屏幕，或者对用户隐藏而不显示
log_errors	设置是否将程序运行的错误信息记录到服务器错误日志或者 error_log 指定的日志文件中
log_errors_max_len	设置 log_errors 的最大字节数
error_log	设置程序错误将被记录到的文件。该文件必须是 Web 服务器用户可写的

如何通过修改配置文件中的错误和日志记录配置选项来生成相关的日志呢？在下一小节中将给读者详细介绍。

14.2.2 通过配置文件生成日志

假设在 Windows 操作系统中，将存放在网站根目录之外的"e:/wamp/logs/"目录下的 php_error.log 文件作为错误日志文件（错误日志文件存放在根目录之外可以降低遭到攻击的可能性），并设置 Web 服务器进程用户具有写的权限。然后，在 PHP 的配置文件中，将 error_log 指令的值设置为这个错误日志文件的绝对路径。需要将 php.ini 中的配置指令进行如下修改：

```
error_reporting = E_ALL                          ;将会向 PHP 报告发生的所有错误。
display_errors = Off                             ;不在浏览器显示所有错误报告。
log_errors = On                                  ;设置将程序运行的错误信息记录到日志。
log_errors_max_len = 1024                        ;设置每个日志项的最大长度 1024 字节。
error_log = "e:/wamp/logs/php_error.log"         ;指定产生的错误报告写入的日志文件位置。
```

> 提示：将 display_errors 选项关闭，以免因为这些错误透露路径、数据库连接、数据表等信息而遭到黑客攻击。

PHP 的配置文件按上面的方式设置完成以后，重新启动 Web 服务器。这样，在执行 PHP 的任何程序文件时，所产生的所有错误报告都不会在浏览器中显示，而只会记录在自己指定的错误日志文件 e:/wamp/logs/php_error.log 中。

例如，执行下面一段 PHP 代码，其中包括了被除数为 0 的"Warning"错误和输出的数据未定义的"Notice"错误。

```
<?php
    $a=0;
    $b=1;
    $c=$b/$a;//被除数为 0;

    echo $_POST["ds"];//输出的数据未定义
?>
```

在"e:/wamp/logs/php_error.log"中生成的错误日志格式为：时间+错误级别+错误信息+发生错误的文件+错误所在代码行，内容如下。

```
   [29-Jun-2015 03:20:38 UTC] PHP Warning:  Division by zero in E:\wamp\www\og.php on line 4
   [29-Jun-2015 03:20:38 UTC] PHP Notice:  Undefined index: ds in E:\wamp\www\og.php on line 6
```

> **注意**：日志文件的体积可能很大，特别是在循环语句中出现错误时，因此，需要定期检查日志文件，并定期清理。

14.2.3 通过方法记录日志到指定文件

PHP 中的 error_log()方法功能是发送用户自定义的错误信息到需要的地方。该方法的原型如下所示。

```
bool error_log ( string message [, int message_type [, string destination [, string extra_headers]]] )
```

调用此方法时会发送错误信息到 Web 服务器的错误日志文件、某个 TCP 服务器或指定文件中。该方法执行成功则返回 true，失败则返回 false。第一个参数 message 是必选项，即为要送出的错误信息。如果仅使用这一个参数，会按配置文件 php.ini 中所设置的位置发送消息。第二个参数 message_type 为整数值。

```
0: 表示送到操作系统的日志中；
1: 则使用 PHP 的 Mail()方法，发送信息到某 E-mail 处，第四个参数 extra_headers 亦会用到；
2: 则将错误信息送到 TCP 服务器中，此时第三个参数 destination 表示目的地 IP 及 Port；
3: 则将信息存到第三个参数指定的文件中。
```

如果以登录 MySQL 数据库出现问题的处理为例，该方法的使用如下所示。

```php
<?php
    if(!MySQL_Login($username, $password)){
        error_log("MySQL 数据库不可用！", 0);  //将错误消息写入到操作系统日志中
    }
    if(!($foo=allocate_new_foo())){
        error_log("出现大麻烦了！", 1, "liukun@dushou.com");
        //发送到管理员邮箱中
    }
    error_log("出错了！",2,"localhost:81");  //发送到本机对应 81 端口的服务器中
    error_log("出错了！",3," e:/wamp/logs/php_error.log ");
    //发送到指定的文件中
?>
```

14.2.4 错误信息记录到操作系统的日志里

如果希望将错误报告写到操作系统的日志里，可以在配置文件中将 error_log 指令的值设置为 syslog，具体需要在 php.ini 中修改的配置指令如下所示。

```
error_reporting = E_ALL        ;将会向 PHP 报告发生的每个错误
display_errors = Off           ;不显示满足上条指令所定义规则的所有错误报告
```

```
log_errors = On                    ;决定日志语句记录的位置
log_errors_max_len = 1024          ;设置每个日志项的最大长度
error_log = syslog                 ;指定产生的错误报告写入操作系统的日志里
```

除了一般的错误输出之外，PHP 还允许向系统 syslog 中发送定制的消息。虽然通过前面介绍的 error_log()方法，也可以向 syslog 中发送定制的消息，但在 PHP 中为这个特性提供了需要一起使用的 4 个专用方法，分别介绍如下。

（1）define_syslog_variables()

在使用 openlog()、syslog()及 closelog() 3 个方法之前必须先调用该方法。因为在调用该方法时，它会根据现在的系统环境为下面 3 个方法初始化一些必需的常量。

（2）openlog()

打开一个和当前系统中日志器的连接，为向系统插入日志消息做好准备。并将提供的第一个字符串参数插入到每个日志消息中，该方法还需要指定两个将在日志上下文使用的参数，可以参考官方文档使用。

（3）syslog()

该方法向系统日志中发送一个定制消息。需要两个必选参数，第一个参数通过指定一个常量定制消息的优先级。例如，LOG_WARNING 表示一般的警告，LOG_EMERG 表示严重的可以预示着系统崩溃的问题，其他一些表示严重程度的常量可以参考官方文档使用。第二个参数则是向系统日志中发送的定制消息，需要提供一个消息字符串，也可以是 PHP 引擎在运行时提供的错误字符串。

（4）closelog()

该方法在向系统日志中发送完成定制消息以后调用，关闭由 openlog()方法打开的日志连接。

如果在配置文件中，已经开启向 syslog 发送定制消息的指令，就可以使用前面介绍的 4 个方法发送一个警告消息到系统日志中，并通过系统中的 syslog 解析工具，查看和分析由 PHP 程序发送的定制消息，如下所示。

```
define_syslog_variables();
openlog("PHP5", LOG_PID , LOG_USER);
syslog(LOG_WARNING, "警告报告向 syslog 中发送的演示, 警告时间:".date("Y/m/d H:i:s"));
closelog();
```

以 Windows 系统为例，通过右击"我的电脑"选择"管理"选项，然后到"系统工具"菜单中，选择"事件查看器"，再找到"应用程序"选项，就可以看到我们自己定制的警告消息了。上面这段代码将在系统的 syslog 文件中生成类似下面的一条信息，是事件的一部分。

PHP5[3084],警告报告向syslog中发送的演示,警告时间: 2015/06/17 04:09:11.

使用指定的文件还是使用syslog记录错误日志,取决于用户所在的Web服务器环境。如果用户可以控制Web服务器,使用syslog是最理想的,因为用户能利用syslog的解析工具来查看和分析日志。但如果用户的网站在共享服务器的虚拟主机中运行,就只有使用单独的文本文件记录错误日志了。

14.3　Yii2框架的日志记录

Yii2提供了一个强大的日志框架,这个框架具有高度的可定制性和可扩展性。使用这个框架,可以轻松地记录各种类型的消息,并且将消息收集到不同的目标,诸如文件、数据库和邮件。使用Yii2日志框架涉及下面的两个步骤——先记录后导出,如图14-4所示。

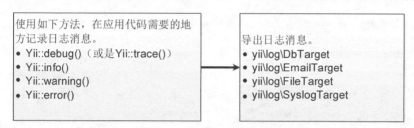

图14-4　Yii2日志框架执行流程

14.3.1　记录日志消息

为了记录日志消息,需要创建yii\log\Logger类的实例对象,然后调用该类的日志记录方法log(),如下代码所示。

```
Yii::getLogger()->log($msg, $level, $category)
```

在yii\Base中,getLogger()方法的代码如下所示。

```
class BaseYii
{
    ……
    public static function getLogger()
    {
        if (self::$_logger !== null) {
            return self::$_logger;
        }

        return self::$_logger = static::createObject('yii\log\Logger');
    }
}
```

如以上代码所示，其中采用单一实例设计模式，创建 yii\log\Logger 类的实例对象，然后调用 log() 方法即可，实例如下。

```
//默认 category 为 application 即应用程序级别
Yii::getLogger()->log("数据库连接失败", Logger::LEVEL_ERROR)
```

此外 Yii2 框架还提供了一些快捷方法，如下所示。

- Yii::debug()（别名是 Yii::trace()）：用于开发调试时记录日志，需要把 YII_DEBUG 设置为 true。

- Yii::info()：记录系统行为，如管理员操作提示。

- Yii::warning()：记录警告消息，用来指示一些已经发生的意外。

- Yii::error()：记录致命的错误，这个错误应该尽快被检查。

在 advanced\vendor\yiisoft\yii2\BaseYii.php 中保存以上方法的代码。

```php
class BaseYii
{
    ……
    public static function debug($message, $category = 'application')
    {
        if (YII_DEBUG) {
            static::getLogger()->log($message, Logger::LEVEL_TRACE, $category);
        }
    }

    /**
     * Alias of [[debug()]].
     * @deprecated since 2.0.14. Use [[debug()]] instead.
     */
    public static function trace($message, $category = 'application')
    {
        static::debug($message, $category);
    }

    public static function error($message, $category = 'application')
    {
        static::getLogger()->log($message, Logger::LEVEL_ERROR, $category);
    }

    public static function warning($message, $category = 'application')
    {
        static::getLogger()->log($message, Logger::LEVEL_WARNING, $category);
    }

    public static function info($message, $category = 'application')
    {
```

```
        static::getLogger()->log($message, Logger::LEVEL_INFO, $category);
    }
}
```

从 debug()方法代码中可以看出，其只在当应用程序运行在"调试模式"时才会记录日志信息，并且 trace()可以看作是 debug ()方法的别名，并且从 2.0.14 版本后不再使用。

> 提示：根目录的入口文件"index.php"文件中的如下代码决定了应用程序是否处于"调试模式"：
> "defined('YII_DEBUG') or define('YII_DEBUG',true);"。

14.3.2 在配置文件中设置日志保存路径目标

使用 Yii2 框架开发 Web 应用程序时，在开发阶段通常会把日志信息显示到浏览器窗口中，以便于发现代码中的各种问题。而在产品上线之后，就会把日志信息转而存储到文件中或者发送 Email 告知管理员，甚至为了便于管理，也可以存储到数据库中。

其实在最初使用 composer 安装的应用中，就已经预先设置好了日志部分的配置信息。下面是定义在 advanced\frontend\config\main.php 中的内容。

```
<?php
return [
    ……
    'components' => [
        ……
        //日志配置
        'log' => [
            'targets' => [
                [
                    //使用文件存储日志
                    'class' => 'yii\log\FileTarget',
                    //只有在这个数组的数据才能会使用当前方式存储起来
                    'levels' => ['error', 'warning'],
                    //按类别分类，默认为空，即所有。yii\* 指所有以 yii\ 开头的类别
                    'categories' => ['yii\*'],
                ],
            ],
        ],
    ];
```

使用上边的设置就可以在文件中记录日志。日志文件的默认位置是 runtime/log/app.log，并且只有"error"或"warning"等级的日志信息才被保存到该文件。比如，访问一个不存在的路径"http://hostname/index.php?r=default/index"，则"error"等级日志示例如下。

```
2018-03-23 14:33:50
[::1]
[-]
[6adps6g9mr8dkkbiqs41qhg126]
[error]
[yii\web\HttpException:404]
exception 'yii\base\InvalidRouteException' with message 'Unable to resolve
the request "default/index".' in D:\xampp\htdocs\chap14-log\advanced\vendor\
yiisoft\yii2\base\Module.php:537
```

可知日志格式如下。

```
Timestamp [IP address][User ID][Session ID][Severity Level][Category]
Message Text
```

除了把日志保存在文件中之外，Yii2 框架还实现了可以把日志信息存储在其他不同路径目标的功能，使用起来也很方便，只需要在应用主配置文件（config/main.php）中设置以下类的相关属性即可。

- yii\log\DbTarget：在数据库表里存储日志消息。

- yii\log\EmailTarget：发送日志消息到预先指定的邮箱地址。

- yii\log\SyslogTarget：通过调用 PHP 函数 syslog() 将日志消息保存到系统日志里。

除了以上内容之外，Yii2 框架也把上下文信息写到每组日志消息中，默认情况下，包括$_GET、$_POST、$_FILES、$_COOKIE、$_SESSION 和$_SERVER，比如，刚才访问的不存在的路径"http://hostname/index.php?r=default/index"，生成日志如下所示。

```
$_POST = []

$_FILES = []

$_COOKIE = [
    ……
]

$_SESSION = [
    '__flash' => []
]

$_SERVER = [
    'MIBDIRS' => 'D:/xampp/php/extras/mibs'
    ……
]
```

也可以通过设置 yii\log\Target::$logVars 属性的值，重新定义日志中包含哪些全局预定义数组，例如在配置文件 advanced\frontend\config\main.php 中修改代码如下。

```
'log' => [
    'targets' => [
        [
            //使用文件存储日志
            'class' => 'yii\log\FileTarget',
            ……
            //只有$_SERVER的值将被追加到日志消息中
            'logVars' => ['_SERVER'],
        ],
    ],
],
```

上面的配置指明了只有$_SERVER 的值将被追加到日志消息中。

14.4 小结

本章主要介绍了 Yii2 框架中的日志记录系统。首先介绍 Apache 服务器是如何记录访问日志和错误日志的，然后介绍 PHP 语言如何通过修改配置项或在程序中调用日志方法，来生成日志文件，最后，在了解了 Apache 和 PHP 的日志功能之后，读者就会更好地理解 Yii2 框架的日志功能的设计思路以及相关方法的使用方式。

第 15 章 URL 重写

随着互联网的飞速发展，越来越多的企业选择建立网站进行企业宣传和网络办公。网站建成后比较重要的是进行推广，目前大多数企业选择利用搜索引擎进行网站推广，因此要增强网站 URL 地址的可读性并让搜索引擎快速收录网站，这需要用 URL 重写技术优化网页的 URL 地址。

本章首先介绍 URL 的格式及良好 URL 的设计原则。

15.1 关于 URL

URL（Uniform Resource Locator，统一资源定位符）是用于完整地描述 Internet 上网页和其他各种资源地址的一种标识方法。本节介绍关于 URL 的基本内容，包括 URL 的语法格式和各部分的意义，以及常用 URL 协议的类型等。

15.1.1 URL 组成

URL 的语法格式如下。

```
protocol :// hostname[:port] / path / [;parameters][?query]#fragment
```

上述语法格式代表了 URL 中 7 个组成部分，格式各部分的说明如下。

1. protocol（协议）

指定使用的传输协议，下面列出 protocol 属性的有效方案名称。最常用的是 HTTP 协议，它也是目前万维网（WWW）中应用最广的协议。

- file 资源是本地计算机上的文件。

- ftp 通过 FTP 访问资源。
- gopher 通过 Gopher 协议访问该资源。
- http 通过 HTTP 访问该资源。
- https 通过安全的 HTTPS 访问该资源。
- mailto 资源为电子邮件地址，通过 SMTP 访问。
- MMS 通过支持 MMS（流媒体）协议播放该资源。

2．hostname（主机名）

hostname 是指存放资源的服务器的域名系统（DNS）主机名或 IP 地址。有的时候，在主机名前也可以包含连接到服务器所需的用户名和密码（格式：username:password@hostname）。

3．port（端口号）

范围为整数 1～65535，可选，各种传输协议都有默认的端口号，如 HTTP 的默认端口为 80，如果输入时省略，则使用默认端口号。有时，出于安全或其他方面的考虑，可以在服务器上对端口进行重新定义，即采用非标准端口号。此时，URL 中就不能省略端口号这一项。

4．path（路径）

由零或多个"/"符号隔开的字符串，一般用来表示主机上的一个目录或文件地址。

5．parameters（参数）

这是用于指定特殊参数的可选项。

6．query（查询）

可选，用于给动态网页传递参数，可有多个参数，用"&"符号隔开，每个参数名和值用"="符号隔开。

7．fragment（信息片断）

字符串，用于指定网络资源中的片断。例如，一个网页中有多个名词解释，可使用 fragment 直接定位到某一名词解释。

15.1.2　良好的 URL 设计原则

URL 是统一资源定位，即每个网页的网址、路径。网站文件的目录结构直接体现于

URL。清晰简短的目录结构和规范的命名能给网站带来的好处简述如下。

- 有利于搜索引擎的抓取。因为现在大部分搜索引擎更喜欢抓取一些静态页面，而现在页面大部分数据都是动态显示的，这就需要把动态页面变成静态页面，这样才有利于搜索引擎抓取。
- 用户更容易记忆。虽然很少有用户关心网站页面地址，但对于大中型网站来说，使用用户容易记住的网址还是必要的。
- 隐藏实现技术。避免暴露采用的技术，给攻击网站增加难度。特别是前面讲的攻击方式，把参数隐藏起来，在一定程度上增加了攻击的难度。

结合实际应用，整理出 URL 的设计原则如下。

- 简单易记。
- 由主到次的分层体现，给用户很好的认识。
- 使用小写加下划线的形式。例如，把"/sjzcj/jsj"重写成"/sjzcj_jsj"形式，其目的是有利于搜索引擎优化，一般搜索引擎会把有无斜杠保存成不同的路径。
- 提前设计好整站的 URL 格式。在网站建设时全面做好 URL 重写设计方案，为以后节省工作量，全面提高网站质量。
- URL 和真实文件路径保持一致。这样的优点是可以快速找到相关的文件。
- 对于专题或者专门的软件下载页面可以使用简短路径。例如，"/sjzcj/files/zhaosheng.doc"可以映射为"/zhaosheng.doc"。缩短访问路径会便于搜索引擎优化，另外便于告知用户下载文件，只是指向一个 Word 文件而已。

了解了良好 URL 地址的设计原则，接下来就需要使用重写技术来优化网站的 URL。

URL 重写是把用户对页面的访问请求重新定向到另外格式的 URL 的操作。例如，把用户访问"/sjzcj/jsj/1"重新定向到"sjzcj.php?jsj=1"。

下面先介绍利用 Apache 服务器重写模块实现重写的方法。

15.2 初步认识 Apache 重写模块

Apache 重写模块能够改变传入 URL 请求，并直接把客户引导到新的、被修改后的 URL 地址。源文件为"mod_rewrite.c"，编译后生成文件"mod_rewrite.so"，模块名为"rewrite_module"，包含指令有 RewriteEngine、RewriteRule 等。

15.2 初步认识 Apache 重写模块

首先介绍一个典型 URL 重写例子。例如，URL 显示访问 test.html，实际访问的是 test.php 文件，步骤如下（假设 Apache 服务器根目录是 E:/wamp/www/rewrite）。

首先配置 Apache。使用 LoadModule 指令加载编译后的模块文件"mod_rewrite.so"，目的是使用该模块中的指令。

> 提示：LoadModule 指令作用是加载目标文件，添加到活动模块列表。使用方法为：
> LoadModule 模块名 文件路径及文件名

在 httpd.conf 里把以下所示的这一行代码前面的注释符号#去掉，使该行代码生效。

```
LoadModule  rewrite_module  modules/mod_rewrite.so
```

在对应的<Directory "E:/wamp/www/rewrite">配置项下设置 AllowOverride All，目的是确定在"E:/wamp/www/rewrite"目录下".htaccess 文件"生效，并允许调用存在于.htaccess 文件中的指令。

> 提示：.htaccess 文件是 Apache 服务器目录级的配置文件，其中包含的指令作用于此目录及其所有子目录。

至此，主配置文件 httpd.conf 文件配置完毕。下面我们来创建测试文件。在服务器根目录下创建"rewrite"文件夹，并分别创建 test.html、test.php 和.htaccess 文件。

在 test.html 文件中输入：

```
<h1>This is the HTML file.</h1>
```

在 test.php 文件中输入：

```
<h1>This is the PHP file.</h1>
```

在.htaccess 文件中输入：

```
RewriteEngine on
RewriteRule  test.html  test.php
```

重启 Apache 后，访问 http://hostname/rewrite/test.html，输出内容如下：

```
This is the PHP file.
```

由此可以说明，Apache 重写模块按照定义的重写规则，把访问 test.html 的请求重定向访问 test.php。

以下是对.htaccess 中每一行代码的解释。

（1）RewriteEngine on

RewriteEngine 指令的详细说明见表 15-1。

表 15-1　　　　　　　　　　　RewriteEngine 指令

说明	打开或关闭运行时的重写引擎
语法	RewriteEngine on|off
默认值	RewriteEngine off（默认是关闭）

RewriteEngine 指令作用是打开或关闭运行时的重写引擎。如果设置为 off，则此模块在运行时不执行任何重写操作，也就是说，不需要注释其他的重写模块的指令，如 RewriteRule 指令等。

（2）RewriteRule　test.html　test.php

该规则的作用是建立一条重写规则，把"test.html"重写为"test.php"。"test.html"代表一个作用于当前 URL 的正则表达式。"当前 URL"是指该规则生效时刻的 URL 的值。"test.php"代表当已经匹配成功时，被完全替换的内容。RewriteRule 指令的详细说明见表 15-2。

表 15-2　　　　　　　　　　　RewriteRule 指令

说明	定义重写的规则
语法	RewriteRule Pattern rewritePattern [flags]

"pattern"（模板）是一个正则表达式，用以匹配当前的 URL。

正则表达式的一些用法示例见表 15-3。

表 15-3　　　　　　　　　　　正则表达式示例

字　符	说　明
.	换行符以外的所有字符
\w	匹配字母、数字、下画线或汉字
\s	匹配任意的空白符
\d	匹配数字
\b	匹配单词的开始或结束
^	匹配字符串的开始
$	匹配字符串的结束

（续表）

字　　符	说　　明
*	重复零次或更多次
+	重复一次或更多次
?	重复零次或一次
{n}	重复 n 次
{n,}	重复 n 次或更多次
{n,m}	重复 n～m 次
[0-9]	匹配单个数字

"rewritePattern"（重写模板），其作用是当原始 URL 与"pattern"相匹配时，用来替换的字符串。举例说明 RewriteRule 的用法。

```
RewriteRule  index.html  index.php
```
该规则的作用是把访问"http://hostname/index.html"重写到访问"http://hostname/index.php"。

```
RewriteRule  ^test([0-9]*).html$  test.php?id=$1
```
该规则的作用是把访问"http://hostname/test8.html"重写到访问"http://hostname /test.php?id=8"。

```
RewriteRule  ^cat-([0-9]+)-([0-9]+)\.html$  cat.php?id1=$1&id2=$2
```
该规则的作用是把访问"http://hostname/cat-1-3.html"重写到访问"http://hostname t/cat.php?id1=1&id2=3"。

```
RewriteRule  ^cat-([a-zA-Z0-9\-]*)-([0-9]+)-([0-9]+)\.html$  cat.php?id0=$1&id1=$2&id2=$3
```
该规则的作用是把访问"http://hostname/cat-zbc2ac-3-5.html"重写到访问"http://hostname/cat.php?id0=zbc2ac&id1=3&id2=5"。

```
RewriteRule  ^cat1-([0-9]+)-([0-9]+)-([0-9]+)\.html$  cat1.php?id1=$1&id2=$2&id3=$3
```
该规则的作用是把访问"http://hostname/cat1-4-3-8.html"重写到访问"http:// hostname/cat1.php?id1=4&id2=3&id3=8"。

```
RewriteRule  ^cat([0-9]*)/$  cat.php?id1=$1
```
该规则的作用是把访问"http://hostname /cat5/"重写到访问"http:// hostname/cat. php?id1=5"。

```
RewriteRule  ^catm([0-9]*)/([0-9]*)/$  catm.php?id1=$1&id2=$2
```

该规则的作用是把访问"http://hostname/catm6/3/"重写到访问"http://hostname/catm.php?id1=6&id2=3"。

> **注意**：应用替换时，前面 pattern 第一个"( )"中匹配的内容，在后面 rewritePattern 中用$1 引用，第二个"( )"中匹配的内容，用$2 引用，以此类推。

实现 URL 的重写除了可以使用 Apache 的重写模块，在没有权限配置服务器的情况下，还可以使用代码实现 URL 重写，Yii 框架就提供了完善的 URL 重写功能。下面一节中将介绍 Yii 框架的 URL 管理部分是如何实现的。

15.3　Yii2 框架的 URL 管理

Web 应用程序完整的 URL 管理包括两个方面。首先，当用户请求约定的 URL，应用程序需要解析它变成可以理解的参数。其次，应用程序需求提供一种创造 URL 的方法，以便创建的 URL，应用程序可以理解。

下面先来介绍 Yii2 框架如何创建 URL。

15.3.1　创建 URL

通常视图文件中的链接会包含一个 URL，虽然 URL 可以被完整地写在视图文件中，但往往需要灵活、动态地创建它们。在视图文件中，可以使用 yii\helpers\BaseUrl 中的 toRoute()方法创建 URL，该方法说明见表 15-4。

表 15-4　　　　　　　　yii\helpers\BaseUrl 的 toRoute()方法

public static string toRoute ($route, $scheme = false)		
$route	string|array	以字符串或者数组的形式指定请求的路由
$scheme	boolean|string	默认是 false，生成相对路径，否则生成绝对路径。当该值是"https"时，则 URL 的协议为 https
{return}	string	返回创建的 URL

通过下面的例子，进一步学习如何使用上述方法创建 URL。首先在 advanced\frontend\controllers\TestController.php 文件中创建 actionTestUrl()。

```php
<?php
namespace frontend\controllers;
use yii\web\Controller;

class TestController extends Controller{

    public function actionTestUrl(){
        return $this->renderPartial("testUrl");
    }
}
```

该方法只需要渲染一个视图文件即可，然后在 views/test 目录下创建 testUrl.php 视图文件：

```php
<?php
use yii\helpers\Url;
?>
<a href="<?php echo Url::toRoute(['test/getId','id'=>100]);?>">
    执行 TestController 中的 actionGetId()
</a>
```

该视图文件中包含一个链接标签"<a>"，链接的地址是由 Url::toRoute()创建的 URL。数组参数中第一个元素"test/getId"表示指定请求的路由是 TestController 控制器中的 actionGetId()方法，第二个元素"'id'=>100"表示附加在 URL 中的 GET 参数是"id=100"，接下来我们在 frontend\controllers\TestController.php 中创建 actionGetId()：

```php
class TestController extends CController{
    ……
    public function actionGetId($id){
        return '获得$_GET["id"]='.$id;
    }
}
```

最后进行验证，在浏览器中输入如下 URL。

```
http://hostname/index.php?r=test/test-url
```

调用 TestController 控制器中的 actionGetId()方法，正常执行后，会在浏览器中显示链接"执行 TestController 中的 actionGetId()"，单击该链接后，跳转到如下 URL。

```
http://hostname/index.php?r=test/get-id&id=100
```

该地址就是"Url::toRoute(['test/getId','id'=>100])"返回的 URL，执行后页面显示内容如下，流程如图 15-1 所示。

```
获得$_GET["id"]=100
```

为了深入了解 Yii2 框架，分析一下 yii\helpers\BaseUrl 的 toRoute()方法的代码。

图 15-1　创建 URL 流程图

```
    class BaseUrl
    {
        ……
        /**
         * Creates a URL for the given route.
         *
         * This method will use [[\yii\web\UrlManager]] to create a URL.
         *
         * You may specify the route as a string, e.g., `site/index`. You may also use an array
         * if you want to specify additional query parameters for the URL being created. The
         * array format must be:
         *
         * ```php
         * // generates: /index.php?r=site/index&param1=value1&param2=value2
         * ['site/index', 'param1' => 'value1', 'param2' => 'value2']
         * ```
         *
         * If you want to create a URL with an anchor, you can use the array format with a `#` parameter.
         * For example,
         *
         * ```php
         * // generates: /index.php?r=site/index&param1=value1#name
         * ['site/index', 'param1' => 'value1', '#' => 'name']
         * ```
         *
         * A route may be either absolute or relative. An absolute route has a leading slash (e.g. `/site/index`),
         * while a relative route has none (e.g. `site/index` or `index`). A relative route will be converted
         * into an absolute one by the following rules:
         *
         * - If the route is an empty string, the current [[\yii\web\Controller::route|route]] will be used;
         * - If the route contains no slashes at all (e.g. `index`), it is considered to be an action ID
         *   of the current controller and will be prepended with [[\yii\web\Controller::uniqueId]];
```

     * - If the route has no leading slash (e.g. `site/index`), it is considered to be a route relative
     *   to the current module and will be prepended with the module's [[\yii\base\Module::uniqueId|uniqueId]].
     *
     * Starting from version 2.0.2, a route can also be specified as an alias. In this case, the alias
     * will be converted into the actual route first before conducting the above transformation steps.
     *
     * Below are some examples of using this method:
     *
     * ```php
     * // /index.php?r=site%2Findex
     * echo Url::toRoute('site/index');
     *
     * // /index.php?r=site%2Findex&src=ref1#name
     * echo Url::toRoute(['site/index', 'src' => 'ref1', '#' => 'name']);
     *
     * // http://www.example.com/index.php?r=site%2Findex
     * echo Url::toRoute('site/index', true);
     *
     * // https://www.example.com/index.php?r=site%2Findex
     * echo Url::toRoute('site/index', 'https');
     *
     * // /index.php?r=post%2Findex   assume the alias "@posts" is defined as "post/index"
     * echo Url::toRoute('@posts');
     * ```
     *
     * @param string|array $route use a string to represent a route (e.g. `index`, `site/index`),
     *   or an array to represent a route with query parameters (e.g. `['site/index', 'param1' => 'value1']`).
     * @param bool|string $scheme the URI scheme to use in the generated URL:
     *
     * - `false` (default): generating a relative URL.
     * - `true`: returning an absolute base URL whose scheme is the same as that in [[\yii\web\UrlManager::$hostInfo]].
     * - string: generating an absolute URL with the specified scheme (either `http`, `https` or empty string
     *   for protocol-relative URL).
     *
     * @return string the generated URL
     * @throws InvalidArgumentException a relative route is given while there is no active controller
     */

```
    public static function toRoute($route, $scheme = false)
    {
        $route = (array) $route;
        $route[0] = static::normalizeRoute($route[0]);

        if ($scheme !== false) {
            return static::getUrlManager()->createAbsoluteUrl($route, is_string($scheme) ? $scheme : null);
        }

        return static::getUrlManager()->createUrl($route);
    }
    ......
}
```

在 Url::toRoute()方法中调用了 yii\web\UrlManager 实例对象的 createAbsoluteUrl()方法或 createUrl ()方法。

终于找到了 Yii2 框架中管理 URL 的组件"urlManager",即 vendor\yiisoft\yii2\web\UrlManager.php 文件中的 UrlManager 类。

在下面的内容中,一起分析 UrlManager 是如何解析 URL 的。

15.3.2　解析 URL

当用户请求约定的 URL,应用程序在"urlManager"应用组件的帮助下,分析出请求的控制器和动作方法,并且把附加在 URL 中的 GET 参数赋值给"actionXxx()"方法中的参数。例如,15.3.1 节中的 URL。

```
http://hostname/index.php?r=test/get-id&id=100
```

应用程序解析后就会执行 TestController 控制器中的 actionGetId()方法,并且把"100"赋值给 actionGetId()的参数$id,因此,页面显示内容如下。

```
获得$_GET["id"]=100
```

该程序执行流程如图 15-2 所示。

图 15-2　解析 URL 流程图

这里不过多地介绍 Yii2 框架整体的执行流程，读者只需要知道解析用户请求的 URL 是由 UrlManager 的 parseRequest()方法完成，该方法代码如下。

```
class UrlManager extends Component
{
    ......
    /**
     * Parses the user request.
     * @param Request $request the request component
     * @return array|bool the route and the associated parameters. The latter is always empty
     * if [[enablePrettyUrl]] is `false`. `false` is returned if the current request cannot be successfully parsed.
     */
    public function parseRequest($request)
    {
        if ($this->enablePrettyUrl) {
            /* @var $rule UrlRule */
            foreach ($this->rules as $rule) {
                $result = $rule->parseRequest($this, $request);
                if (YII_DEBUG) {
                    Yii::debug([
                        'rule' => method_exists($rule, '__toString') ? $rule->__toString() : get_class($rule),
                        'match' => $result !== false,
                        'parent' => null,
                    ], __METHOD__);
                }
                if ($result !== false) {
                    return $result;
                }
            }

            if ($this->enableStrictParsing) {
                return false;
            }

            Yii::debug('No matching URL rules. Using default URL parsing logic.', __METHOD__);

            $suffix = (string) $this->suffix;
            $pathInfo = $request->getPathInfo();
            $normalized = false;
            if ($this->normalizer !== false) {
                $pathInfo = $this->normalizer->normalizePathInfo($pathInfo, $suffix, $normalized);
            }
            if ($suffix !== '' && $pathInfo !== '') {
                $n = strlen($this->suffix);
```

```
            if (substr_compare($pathInfo, $this->suffix, -$n, $n) === 0) {
                $pathInfo = substr($pathInfo, 0, -$n);
                if ($pathInfo === '') {
                    // suffix alone is not allowed
                    return false;
                }
            } else {
                // suffix doesn't match
                return false;
            }
        }

        if ($normalized) {
            // pathInfo was changed by normalizer - we need also normalize route
            return $this->normalizer->normalizeRoute([$pathInfo, []]);
        }

        return [$pathInfo, []];
    }

    Yii::debug('Pretty URL not enabled. Using default URL parsing logic.',
__METHOD__);
    $route = $request->getQueryParam($this->routeParam, '');
    if (is_array($route)) {
        $route = '';
    }

    return [(string) $route, []];
    }
}
```

在 Yii2 框架创建应用的时候，会把 UrlManager 作为核心组件进行初始化，如果设置的 URL 模式是 "path" 模式（默认是 "get" 模式），则通过配置 "rules" 数组创建路由规则对象，然后根据路由规则获取内部路由，当路由全部都不匹配的时候，会根据设置的 "enableStrictParsing" 属性决定抛出一个 404 错误，并返回$pathinfo（路径信息）。如果不是 "path" 模式的话，会通过$_GET 或者$_POST 返回 r 后面的参数作为路由。为了更好地理解 URL 是如何解析的，可参考下一小节的内容。

15.3.3 URL 模式

Yii2 框架进行访问的方式是基于控制器和动作，由于 Yii2 框架的应用采用单一入口文件来执行，因此网站的所有的控制器和动作都通过 URL 的参数来访问和执行。这样一来，传统方式的文件入口访问会变成由 URL 的参数来统一解析和调度。

Yii2 支持两种 URL 模式，可以通过设置 urlFormat 参数来定义，包括 "get" 模式和 "path"

模式。默认情况下，Yii2 的 URL 模式是"get"模式。例如，提供"test/getId"和"['id'=>100]"两个参数使用 yii\helpers\BaseUrl 中的 toRoute()创建 URL 时，得到如下 URL。

```
http://hostname/index.php?r=test/get-id&id=100
```

该 URL 中入口文件 index.php 后面的参数是以一系列"name=value"格式串联起来的字符串，这种 URL 格式用户友好性不是很好，因为它需要一些特殊字符。如果需要使上述网址看起来更简洁，可以采用"path"模式，省去了"?r=""&"和"="，改为用"/"作为分隔符。上面的 URL 改为用"path"模式表示后格式如下。

```
http://hostname/index.php/test/getId?id=100
```

由前面两小节可知，Yii2 框架管理 URL 的组件是"yii\web\UrlManager"，该组件在应用创建时就被加载了，如果需要 Yii2 框架能够正确地创建和解析"path"模式的 URL，就需要在应用配置文件中配置 urlManager 组件。打开 advanced\frontend\config\main.php，把"urlManager"组件中的"urlFormat"设置成"path"，代码如下所示。

```
array(
    ......
    'components'=>array(
        ......
        'urlManager'=>array(
            'enablePrettyUrl' => true,
        ),
    ),
);
```

配置文件修改完后，如果再想调用 TestController 控制器的 actionTestUrl()方法，在浏览器中输入的 URL 就需要使用"path"模式，URL 如下。

```
http://hostname/index.php/test/test-url
```

浏览器访问该地址后，查看生成的代码如下。

```
<a href="/advanced/frontend/web/index.php/test/get-id?id=100">
    执行 TestController 中的 actionGetId()
</a>
```

由此可知，"Url::toRoute(['test/get-id','id'=>100])"生成的 URL 也会变成"path"模式。

15.3.4 实现伪静态

网站静态化是最近一个比较受关注的话题，通常为了更好地缓解服务器压力和增强搜索引擎的友好性，可将文章内容生成静态页面，但是为了实时地显示一些信息，或者还想运用动态脚本解决一些问题，不能用静态的方式来展示内容，这样就损失了对搜索引擎的友好性。怎样在两者之间找个中间方法呢？这就产生了伪静态技术，就是展示出来的是".html"一类的静态页面形式，而实际上是用 PHP 动态脚本来处理的。这是当前利用动态技术进行网站开发中，实现网站静态化的关键手段。

Yii2 应用实现伪静态，首先需要配置成"path"模式，然后在应用配置文件中给"urlManager"组件的配置数组添加"suffix"元素，并给其赋值为".html"，代码如下所示。

```
return [
    ……
    'components'=>[
        ……
        'urlManager'=>array(
            'enablePrettyUrl' => true,
            'suffix'=>'.html',
        ],
    ),
];
```

在配置文件中配置完后，就能够解析带有".html"后缀的 URL。例如，访问如下 URL。

```
http://hostname/index.php/test/test-url.html
```

浏览器访问该地址后，查看生成的代码如下。

```
<a href="/advanced/frontend/web/index.php/test/get-id.html?id=100">
    执行 TestController 中的 actionGetId()
</a>
```

由此可见，创建 URL 时也会自动添加".html"后缀。

15.3.5 带有正则表达式的 URL 规则

上面几节的内容都是在把 URL 变得越来越友好，本小节内容是希望把如下格式的 URL 进行扁平化处理，使得 URL 的用户体验更加友好。

```
http://hostname/index.php/控制器/方法?参数/值&参数/值&参数/值
```

例如，可以产生一个简短的 index.php/test/100.html，而不是冗长的 index.php/test/get-id.html?id=100。

在创建和解析时，如何实现把冗长的 URL 替换成简短的 URL 呢？通常的做法是使用带有正则表达式的 URL 规则。因为 URL 的创建和解析都要按照 UrlManager 的属性 rules 指定的 URL 规则进行变化处理。例如，设置 URL 规则如下。

```
return [
    ……
    'components'=>[
        ……
```

```
            'urlManager'=>[
                'enablePrettyUrl' => true,
                'suffix'=>'.html',
                'rules'=>[
                    'test/<id:\d+>'=>'test/get-id',
                ],
            ],
        ],
];
```

URL 规则 "'test/<id:\d+>'=>'test/get-id',"由两部分组成。

- "test/<id:\d+>"是有效的正则表达式,是我们看到的路径。尖括号 "<>" 代表正则表达式的开始和结束,"id"为要匹配的字符串,"\d"匹配一个数字字符,"+"表示匹配前面的子表达式一次或多次。

- "test/get-id"后面是真正存在的控制器和方法,是真正经过的路由,表示访问的是控制器 TestController 中的 actionGetId()方法。

设置完 URL 规则后,调用创建 URL 的 Url::toRoute()方法测试规则是否生效。

```
echo Url::toRoute(['test/get-id','id'=>100]);
```

该方法的数组参数决定哪个 URL 规则适用,第一个元素 "test/get-id" 指定请求路由,和规则中指定的路由一致;第二个元素 "'id'=>100" 附加网址中的 GET 参数,其中的 "id" 也能在规则中找到,因此,就会生成如下 URL。

```
/index.php/test/100.html
```

为了更好地理解 urlManager 的属性 rules 指定的 URL 规则,来看一个复杂一些的例子。首先在 TestController 中创建一个带有 3 个参数的方法,代码如下所示。

```
class TestController extends Controller{
    ......
    public function actionTestLongUrl($a,$b,$c){
        echo "a=".$a." b=".$b." c=".$c;
    }
}
```

如果在调用这个方法时的参数分别为 100、200、300,那么调用该方法的 URL 如下。

```
http://hostname/index.php/test/test-long-url.html?a=100&b=200&c=300
```

当然,用户不希望 URL 过于冗长,那么能否使用如下简短格式的 URL 替换呢?

```
http://hostname/index.php/test/100-200-300.html
```

到了 UrlManager 的属性 rules 发挥作用的时候了,添加如下 URL 规则。

```
return [
    ……
    'components'=>[
        ……
        'urlManager'=>[
            'enablePrettyUrl' => true,
            'suffix'=>'.html',
            'rules'=>[
                'test/<id:\d+>'=>'test/get-id',
                'test/<a:\d+>-<b:\d+>-<c:\d+>'=>'test/test-long-url',
            ],
        ],
    ],
];
```

最后我们使用如下代码进行验证，验证结果达到了之前希望优化 URL 的目的。

```
echo Url::toRoute(['test/test-long-url','a'=>100,'b'=>101,'c'=>102]);
```

总之，在 URL 创建和解析时，都会使用路由和 GET 参数匹配 URL 规则进行变化处理，当然，如果没有找到适合的网址规则，则不进行 URL 变化。

15.3.6　一个规则匹配多个路由

在 15.3.5 节中设置的 URL 规则，只能匹配一条路由。为了减少应用程序所需规则的数量，提高整体性能，本小节介绍如何允许一个规则匹配多个路由。

为了便于理解，我们举一个例子，如本书中我们一直在开发的内容管理系统，其中包含文章管理和产品管理，假如这两部分中都有"删除"的动作。文章管理和产品管理分别用两个控制器表示，创建动作用 actionDelete() 方法表示，代码如下。

```
namespace frontend\controllers;
//文章管理
class ArticleController extends Controller{
    public function actionDelete($id){
        echo "删除一篇文章，其id为".$id;
    }
    ……
}
//产品管理
class ProductController extends Controller{
    public function actionDelete($id){
        echo "删除一个产品，其id为".$id;
    }
    ……
}
```

假如我们希望访问 "index.php/article/100.html" 时，URL 解析为路由 article/delete，GET 参数为 "id=100"；访问 "index.php/product/200.html" 时，URL 解析为路由 product/delete，GET 参数为 "id=200"，则需要添加如下 URL 规则。

```
return [
    ……
    'components'=>[
        ……
        'urlManager'=>[
            'enablePrettyUrl' => true,
            'suffix'=>'.html',
            'rules'=>[
                ……
                '<controllers:(article|product)>/<id:\d+>'
                => '<controllers>/delete',
            ],
        ],
    ],
];
```

其中 <controllers> 称为路由参数，由 controllers:(article|product) 可知，它包含两个值 article 和 product。

接下来我们验证设置的规则是否能够正确地创建和解析 URL。首先，在视图文件 /views/test/testUrl.php 中添加如下代码。

```
<a href="<?php echo Url::toRoute(['article/delete','id'=>100]);?>">
    执行 ArticleManagerController 中的 actionDelete()
</a>
</br>
<a href="<?php echo Url::toRoute(['product/delete','id'=>200]);?>">
    执行 ProductController 中的 actionDelete()
</a>
```

渲染该视图文件后，得到的代码如下。

```
<a href="/index.php/article/100.html">
    执行 ArticleManagerController 中的 actionDelete()
</a>
</br>
<a href="/index.php/product/200.html">
    执行 ProductController 中的 actionDelete()
</a>
```

分别单击两个链接后，分别执行 ArticleController 控制器中的 actionDelete() 方法和 ProductController 控制器中的 actionDelete() 方法。输出内容如下。

```
删除一篇文章，其 id 为 100
删除一个产品，其 id 为 200
```

验证结果说明设置的规则可以匹配两个路由。假如用户希望设置的规则匹配所有控制器中的"actionDelete()"方法，则可以把路由参数的值设置为正则表达式"\w+"（表示 1个或多个字符），规则如下所示。

```
'<controllers:\w+>/<id:\d+>' => '<controllers>/delete',
```

15.4 隐藏入口文件 index.php

为了进一步使 URL 清晰简短，可以把 URL 中的入口文件"index.php"隐藏。实现隐藏入口文件，需要使用 Apache 重写模块。

15.4.1 再次使用 Apache 重写模块

在 Apache 服务器根目录下创建".htaccess"文件，在该文件能够正常生效并且 Apache 服务器已经加载重写模块的情况下，配置重写规则如下。

```
RewriteEngine on
RewriteRule . index.php
```

该规则的意思是把访问当前目录下的所有请求，都重写成访问入口文件"index.php"，即 URL 中没有指明是"index.php"也会认为访问的是该文件。上述规则生效后，假如网站根目录下面包括"admin"目录或者"log.txt"文件，就不能正常访问了。

显然这不是应用程序所希望的，这时就需要使用 Apache 重写模块的另外一个指令"RewriteCond"来定义重写发生的条件。RewriteCond 指令定义一条规则条件。在一条 RewriteRule 指令前面可能会有一条或多条 RewriteCond 指令，只有当 RewriteCond 的条件匹配成功时，RewriteRule 的重写规则才被应用于当前 URL 处理。

这里指定"RewriteRule . index.php"重写规则发生时的条件：URL 中不包括文件名和路径名。添加如下所示的"RewriteCond"条件。

```
RewriteCond %{REQUEST_FILENAME} !-f
RewriteCond %{REQUEST_FILENAME} !-d
```

- "%{REQUEST_FILENAME}"表示服务器变量，与请求相匹配的完整的本地文件系统的文件路径名。
- "!-f"表示判断是否不是一个文件。
- "!-d"表示判断是否不是一个目录（文件夹）。

综上所述，为了完整地实现隐藏入口文件"index.php"功能，需要在.htaccess文件中添加如下代码。

```
RewriteEngine on

# if a directory or a file exists, use it directly
RewriteCond  %{REQUEST_FILENAME}  !-f
RewriteCond  %{REQUEST_FILENAME}  !-d

# otherwise forward it to index.php
RewriteRule  .  index.php
```

关于指令 RewriteCond，将在下面的内容中详细介绍。

15.4.2　RewriteCond 指令详解

RewriteCond 指令说明见表 15-5。

表 15-5　　　　　　　　　　RewriteCond 指令

说明	定义重写发生的条件
语法	RewriteCond　TestString　CondPattern [flags]

"TestString"是一个纯文本的字符串，"CondPattern"是条件模式，即一个应用于当前"TestString"实例的正则表达式。"TestString"将被首先计算，然后与"CondPattern"匹配。当"TestString"能够与"CondPattern"匹配时，RewriteCond 之后的 RewriteRule 才会起作用。

1. TestString 说明

在实现隐藏入口文件中设定的 RewriteCond 为：

```
RewriteCond  %{REQUEST_FILENAME}  !-f
RewriteCond  %{REQUEST_FILENAME}  !-d
```

其中的 TestString 是服务器变量，引用方法是：

```
%{NAME_OF_VARIABLE}
```

NAME_OF_VARIABLE 可以是表 15-6 列出的字符串之一。

这些变量都对应于类似命名的 HTTP MIME 头、Apache 服务器的 C 变量、UNIX 系统中 struct tm 字段，其中的大多数在其他的手册或者 CGI 规范中都有说明。其中为 mod_rewrite 所特有的变量如下。

表 15-6　　　　　　　　　　　　　服务器变量列表

HTTP 头	连接与请求	服务器自身	日期和时间	其　他
HTTP_USER_AGENT	REMOTE_ADDR	DOCUMENT_ROOT	TIME_YEAR	API_VERSION
HTTP_REFERER	REMOTE_HOST	SERVER_ADMIN	TIME_MON	THE_REQUEST
HTTP_COOKIE	REMOTE_PORT	SERVER_NAME	TIME_DAY	REQUEST_URI
HTTP_FORWARDED	REMOTE_USER	SERVER_ADDR	TIME_HOUR	REQUEST_FILENAME
HTTP_HOST	REMOTE_IDENT	SERVER_PORT	TIME_MIN	IS_SUBREQ
HTTP_PROXY_CONNECTION	REQUEST_METHOD	SERVER_PROTOCOL	TIME_SEC	HTTPS
	SCRIPT_FILENAME	SERVER_SOFTWARE	TIME_WDAY	
HTTP_ACCEPT	PATH_INFO		TIME	
	QUERY_STRING			
	AUTH_TYPE			

IS_SUBREQ
如果正在处理的请求是一个子请求,它将包含字符串"true",否则就是"false"。模块为了解析 URI 中的附加文件,可能会产生子请求。

API_VERSION
这是正在使用中的Apache模块API(服务器和模块之间内部接口)的版本,其定义位于include/ap_mmn.h 中。此模块 API 版本对应于正在使用的 Apache 的版本(如在 Apache 1.3.14 的发行版中,这个值是 19990320:10)。通常,对它感兴趣的是模块的开发者。

THE_REQUEST
这是由浏览器发送的完整的 HTTP 请求行(如"GET /index.html HTTP/1.1")。它不包含任何浏览器发送的其他头信息。

REQUEST_URI
这是在 HTTP 请求行中所请求的资源(如上述例子中的"/index.html")。

REQUEST_FILENAME
这是与请求相匹配的完整的本地文件系统的文件路径名。

HTTPS
如果连接使用了 SSL/TLS,它将包含字符串"on",否则就是"off"(无论 mod_ssl 是否已经加载,该变量都可以安全使用)。

其他注意事项如下。

- SCRIPT_FILENAME 和 REQUEST_FILENAME 包含的值是相同的,即 Apache 服务器内部的 request_rec 结构中的 filename 字段。第一个就是读者都知道的 CGI 变量名,而第二个则是 REQUEST_URI(request_rec 结构中的 uri 字段)的一个副本。

- 特殊形式:%{ENV:variable},其中的 variable 可以是任意环境变量。它是通过查找 Apache 内部结构或者(如果没找到的话)由 Apache 服务器进程通过 getenv()

- 得到的。

- 特殊形式：%{SSL:variable}，其中的 variable 可以是一个 SSL 环境变量的名字，无论 mod_ssl 模块是否已经加载，都可以使用（未加载时为空字符串）。例如，%{SSL:SSL_CIPHER_USEKEYSIZE}将会被替换为 128。

- 特殊形式：%{HTTP:header}，其中的 header 可以是任意 HTTP MIME 头的名称。它总是可以通过查找 HTTP 请求而得到。例如，%{HTTP:Proxy-Connection}将被替换为 Proxy-Connection:HTTP 头的值。

- 预设形式：%{LA-U:variable}，variable 的最终值在执行一个内部子请求后确定。例如，需要在服务器级配置文件（httpd.conf）中根据 REMOTE_USER 变量进行重写，就必须使用%{LA-U:REMOTE_USER}。因为此变量是由 URL 重写（mod_rewrite）步骤之后的认证步骤设置的。但是，因为 mod_rewrite 是通过 API 修正步骤来实现目录级配置文件（.htaccess）配置的，而认证步骤先于 API 修正步骤，所以可以用%{REMOTE_USER}。

- 预设形式：%{LA-F:variable}，variable 的最终值在执行一个内部（基于文件名的）子请求后确定。大多数情况下和上述的 LA-U 是相同的。

2. "CondPattern"说明

CondPattern 是一个 Perl 兼容的正则表达式，但是还有若干增补。

1）可以在 CondPattern 串的开头使用"!"来指定不匹配。

2）CondPattern 有若干特殊的变种。除了正则表达式的标准用法，还有下列用法。

- "<CondPattern"（词典顺序的小于）

将"CondPattern"视为纯字符串，与"TestString"按词典顺序进行比较。如果"TestString"小于"CondPattern"，则为真。

- ">CondPattern"（词典顺序的大于）

将"CondPattern"视为纯字符串，与"TestString"按词典顺序进行比较。如果"TestString"大于"CondPattern"，则为真。

- "=CondPattern"（词典顺序的等于）

将"CondPattern"视为纯字符串，与"TestString"按词典顺序进行比较。如果"TestString"等于"CondPattern"（两个字符串逐个字符比较，完全相等），则为真。如果"CondPattern"

是""（双引号），则"TestString"将与空字符串进行比较。

- "-d"（目录）

将"TestString"视为一个路径名并测试它是否为一个存在的目录。

- "-f"（常规文件）

将"TestString"视为一个路径名并测试它是否为一个存在的常规文件。

- "-s"（非空的常规文件）

将"TestString"视为一个路径名并测试它是否为一个存在的、尺寸大于 0 的常规文件。

- "-l"（符号连接）

将"TestString"视为一个路径名并测试它是否为一个存在的符号连接。

- "-x"（可执行）

将"TestString"视为一个路径名并测试它是否为一个存在的、具有可执行权限的文件。该权限由操作系统检测。

- "-F"（对子请求存在的文件）

检查"TestString"是否为一个有效的文件，而且可以在服务器当前的访问控制配置下被访问。它使用一个内部子请求来做检查，因为会降低服务器的性能，所以需谨慎使用。

- "-U"（对子请求存在的 URL）

检查"TestString"是否为一个有效的 URL，而且可以在服务器当前的访问控制配置下被访问。它使用一个内部子请求来做检查，因为会降低服务器的性能，所以需谨慎使用。

3．标记[flags]

在"CondPattern"之后追加特殊的标记[flags]作为 RewriteCond 指令的第 3 个参数。flags 是一个以逗号分隔的以下标记的列表：

- "nocase|NC"（忽略大小写）

它使测试忽略大小写，扩展后的"TestString"和"CondPattern"中"A-Z"和"a-z"是没有区别的。此标记仅用于"TestString"和"CondPattern"的比较，而对文件系统和子请求的检查不起作用。

- "ornext|OR"（或下一条件）

它以 OR 方式组合若干规则的条件，而不是隐含的 AND。

- "redirect|R [=code]"（强制重定向 redirect）

在使用这个标记时，必须确保该替换字段是一个有效的 URL。否则，它会指向一个无效的位置。

- "forbidden|F"（强制禁止当前 URL）

反馈一个 HTTP 响应代码 403（被禁止的）。使用这个标记，可以链接若干 RewriteCond 以有条件地阻塞某些 URL。

- "gone|G"（强制废弃 URL）

反馈一个 HTTP 响应代码 410（已废弃的）。使用这个标记，可以标明页面已经被废弃而不存在了。

- "proxy|P"（强制为代理 proxy）

重写规则处理立即中断，且把处理移交给代理模块。

注意：要使用这个功能，代理模块必须编译在 Apache 服务器中。如果用户不能确定，那么可以检查"httpd -l"的输出中是否有 mod_proxy.c。如果有，则 mod_rewrite 可以使用这个功能；如果没有，则必须启用 mod_proxy 并重新编译"httpd"程序。

- "last|L"（最后一个规则 last）

立即停止重写操作，并不再应用其他重写规则。这个标记可以阻止当前已被重写的 URL 为其后继的规则所重写。

- "next|N"（重新执行 next round）

重新执行重写操作（从第一个规则重新开始）。这时，再次进行处理的 URL 已经不是原始的 URL 了，而是经最后一个重写规则处理的 URL。

- "chain|C"（与下一个规则相链接 chained）

此标记使当前规则与下一个规则相链接。如果一个规则被匹配，通常会继续处理其后继规则；如果规则不能被匹配，则其后继的链接的规则会被忽略。

- "type|T=MIME-type"（强制 MIME 类型 type）

强制目标文件的 MIME 类型为 MIME-type。

- "nosubreq|NS"（仅用于不对内部子请求进行处理 no internal sub-request）

在当前请求是一个内部子请求时，此标记强制重写引擎跳过该重写规则。例如，在 mod_include 试图搜索可能的目录默认文件时，Apache 会内部产生子请求。对于子请求，它不一定是有用的，而且如果整个规则集都起作用，它甚至可能会引发错误。因此，可以用这个标记来排除某些规则。

如果使用了有 CGI 脚本的 URL 前缀，以强制它们由 CGI 脚本处理，而对子请求处理的出错率（或者开销）很高，在这种情况下，可以使用这个标记。

- "qsappend|QSA"（追加请求串 query string append）

此标记强制重写引擎在已有的替换串中追加一个请求串，而不是简单替换。如果需要通过重写规则在请求串中增加信息，就可以使用这个标记。

- "noescape|NE"（在输出中不对 URI 进行转义 no URI escaping）

此标记阻止 mod_rewrite 对重写结果应用常规的 URI 转义规则。一般情况下，特殊字符（如 "%" "$" ";" 等）会被转义为等值的十六进制编码。此标记可以阻止这样的转义，以允许百分号等符号出现在输出中。

- "passthrough|PT"（移交给下一个处理器 pass through）

此标记强制重写引擎将内部结构 request_rec 中的 uri 字段设置为 filename 字段的值，它只是一个小修改，使之能对来自其他 URI 到文件名翻译器的 Alias、ScriptAlias、Redirect 等指令的输出进行后续处理。举一个能说明其含义的例子，如果要通过 mod_rewrite 的重写引擎重写/abc 为/def，然后通过 mod_alias 使/def 转变为/ghi，可以按照如下方式操作。

```
RewriteRule  ^/abc(.*)  /def$1  [PT]Alias  /def  /ghi
```

如果省略了 PT 标记，虽然 mod_rewrite 运作正常，可以重写 "uri=/abc/…" 为 "filename=/def/…"，但是后续的 mod_alias 在试图进行 URI 到文件名的翻译时，则会失效。

> 注意：如果需要混合使用不同的包含 URI 到文件名翻译器的模块，就必须使用这个标记。混合使用 mod_alias 和 mod_rewrite 就是典型的例子。

- "skip|S=num"（跳过后继的规则 skip）

此标记强制重写引擎跳过当前匹配规则后继的 num 个规则。

- "env|E=VAR:VAL"（设置环境变量 environment variable）

此标记使环境变量 VAR 的值为 VAL，VAL 可以包含可扩展的反向引用的正则表达式

$N 和%N。此标记可以多次使用以设置多个变量。这些变量可以在其后许多情况下被间接引用，但通常是在 XSSI 或 CGI 中，也可以在后续的 RewriteCond 指令的 pattern 中通过%{ENV:VAR}进行引用。使用它可以从 URL 中剥离并记住一些信息。

- "cookie|CO=NAME:VAL:domain[:lifetime[:path]]"（设置 Cookie）

它在客户端浏览器上设置一个 Cookie。Cookie 的名称是 NAME，其值是 VAL。domain 字段是该 Cookie 的域。

15.4.3 Yii2 框架创建 URL 时隐藏入口文件

Yii2 创建 URL 时去掉入口文件 index.php，除了需要把".htaccess"文件保存在"advanced\frontend\web"目录下，还需要在配置文件 frontend\config\main.php 中设定 urlManager 应用组件的 showScriptName 属性为 false。相应代码如下所示。

```
return [
    ……
    'components'=>[
        ……
        'urlManager'=>[
            ……
            'showScriptName'=>false, //注意，false 不要用引号括上
        ],
    ],
];
```

现在，如果调用"Url::toRoute(['article/delete','id'=>100]);"，将获取网址"test/100.htm"。当然，这个 URL 也可以被 Web 应用程序正确解析。

至此，Yii2 框架创建 URL 时去掉了入口文件"index.php"，为了深入了解 Yii 框架，我们分析一下 UrlManager 的$showScriptName 成员属性定义及调用的代码。

UrlManager 的$showScriptName 成员属性初始化为 true，当在配置文件中设置值的话，初始值将被覆盖。然后在 yii\web\UrlManager 的 createUrl()方法中被调用，用来判断生成 URL 的条件，代码如下所示。

```
class UrlManager extends Component
{
    /**
     * @var bool whether to show entry script name in the constructed URL.
Defaults to `true`.
     * This property is used only if [[enablePrettyUrl]] is `true`.
     */
    public $showScriptName = true;
```

```
……
        public function createUrl($params)
        {
            $params = (array) $params;
            $anchor = isset($params['#']) ? '#' . $params['#'] : '';
            unset($params['#'], $params[$this->routeParam]);

            $route = trim($params[0], '/');
            unset($params[0]);

            $baseUrl = $this->showScriptName || !$this->enablePrettyUrl ? $this->getScriptUrl() : $this->getBaseUrl();

            if ($this->enablePrettyUrl) {
                $cacheKey = $route . '?';
                foreach ($params as $key => $value) {
                    if ($value !== null) {
                        $cacheKey .= $key . '&';
                    }
                }

                $url = $this->getUrlFromCache($cacheKey, $route, $params);
                if ($url === false) {
                    /* @var $rule UrlRule */
                    foreach ($this->rules as $rule) {
                        if (in_array($rule, $this->_ruleCache[$cacheKey], true)) {
                            // avoid redundant calls of `UrlRule::createUrl()` for rules checked in `getUrlFromCache()`

                        }
                        $url = $rule->createUrl($this, $route, $params);
                        if ($this->canBeCached($rule)) {
                            $this->setRuleToCache($cacheKey, $rule);
                        }
                        if ($url !== false) {
                            break;
                        }
                    }
                }

                if ($url !== false) {
                    if (strpos($url, '://') !== false) {
                        if ($baseUrl !== '' && ($pos = strpos($url, '/', 8)) !== false) {
                            return substr($url, 0, $pos) . $baseUrl . substr($url, $pos) . $anchor;
                        }

                        return $url . $baseUrl . $anchor;
```

```
            } elseif (strpos($url, '//') === 0) {
                if ($baseUrl !== '' && ($pos = strpos($url, '/', 2)) !==
false) {
                    return substr($url, 0, $pos) . $baseUrl . substr($url,
$pos) . $anchor;
                }
                return $url . $baseUrl . $anchor;
            }
            $url = ltrim($url, '/');
            return "$baseUrl/{$url}{$anchor}";
        }

        if ($this->suffix !== null) {
            $route .= $this->suffix;
        }
        if (!empty($params) && ($query = http_build_query($params)) !== '') {
            $route .= '?' . $query;
        }

        $route = ltrim($route, '/');
        return "$baseUrl/{$route}{$anchor}";
    }

    $url = "$baseUrl?{$this->routeParam}=" . urlencode($route);
    if (!empty($params) && ($query = http_build_query($params)) !== '') {
        $url .= '&' . $query;
    }

    return $url . $anchor;
}
……
}
```

15.5 小结

本章主要介绍了 Yii2 框架的 URL 管理组件。为了使用 Yii2 框架的 URL 管理组件，需要充分了解 URL 的模式和良好 URL 的格式，并且也需要借助 Apache 服务器的重写模块。

附录 A
HTTP 状态消息

当浏览器从 Web 服务器请求服务时,可能会发生错误,从而有可能会返回下面的一系列状态消息。

1xx:信息

消息	描述
100 Continue	服务器仅接收到部分请求,但是一旦服务器并没有拒绝该请求,客户端应该继续发送其余的请求
101 Switching Protocols	服务器转换协议:服务器将遵从客户的请求转换到另外一种协议

2xx:成功

消息	描述
200 OK	请求成功(其后是对 GET 和 POST 请求的应答文档)
201 Created	请求被创建完成,同时新的资源被创建
202 Accepted	供处理的请求已被接受,但是处理未完成
203 Non-authoritative Information	文档已经正常地返回,但一些应答头可能不正确,因为使用的是文档的副本
204 No Content	没有新文档。浏览器应该继续显示原来的文档。如果用户定期地刷新页面,而 Servlet 可以确定用户文档足够新,这个状态代码是很有用的
205 Reset Content	没有新文档。但浏览器应该重置它所显示的内容。用来强制浏览器清除表单输入内容
206 Partial Content	服务器成功处理了客户发送的一个带有 Range 头的 GET 请求

3xx：重定向

消息	描述
300 Multiple Choices	多重选择。链接列表。用户可以选择某链接到达目的地。最多允许五个地址
301 Moved Permanently	所请求的页面已经转移至新的 url
302 Found	所请求的页面已经临时转移至新的 url
303 See Other	所请求的页面可在别的 url 下被找到
304 Not Modified	未按预期修改文档。客户端有缓冲的文档并发出了一个条件性的请求（一般是提供 If-Modified-Since 头表示客户只想比指定日期更新的文档）。服务器告诉客户，原来缓冲的文档还可以继续使用
305 Use Proxy	客户请求的文档应该通过 Location 头所指明的代理服务器提取
306 Unused	此代码被用于前一版本。目前已不再使用,但是代码依然被保留
307 Temporary Redirect	被请求的页面已经临时移至新的 url

4xx：客户端错误

消息	描述
400 Bad Request	服务器未能理解请求
401 Unauthorized	被请求的页面需要用户名和密码
402 Payment Required	此代码尚无法使用
403 Forbidden	对被请求页面的访问被禁止
404 Not Found	服务器无法找到被请求的页面
405 Method Not Allowed	请求中指定的方法不被允许
406 Not Acceptable	服务器生成的响应无法被客户端所接受
407 Proxy Authentication Required	用户必须首先使用代理服务器进行验证，这样请求才会被处理
408 Request Timeout	请求超出了服务器的等待时间
409 Conflict	由于冲突，请求无法完成
410 Gone	被请求的页面不可用
411 Length Required	"Content-Length"未被定义。如果无此内容，服务器不会接受请求

（续表）

消息	描述
412 Precondition Failed	请求中的前提条件被服务器评估为失败
413 Request Entity Too Large	由于所请求的实体太大，服务器不会接受请求
414 Request-url Too Long	由于 url 太长，服务器不会接受请求。当 post 请求被转换为带有很长的查询信息的 get 请求时，就会发生这种情况
415 Unsupported Media Type	由于媒介类型不被支持，服务器不会接受请求
416	服务器不能满足客户在请求中指定的 Range 头
417 Expectation Failed	预期结果失败

5xx：服务器错误

消息	描述
500 Internal Server Error	请求未完成。服务器遇到不可预知的情况
501 Not Implemented	请求未完成。服务器不支持所请求的功能
502 Bad Gateway	请求未完成。服务器从上游服务器收到一个无效的响应
503 Service Unavailable	请求未完成。服务器临时过载或当机
504 Gateway Timeout	网关超时
505 HTTP Version Not Supported	服务器不支持请求中指明的 HTTP 协议版本

附录 B
Yii2 相关 PHP 语法介绍

Yii 当前有两个主要版本：1.1 和 2.0。1.1 版是上代的老版本，现在处于维护状态。2.0 版是一个完全重写的版本，采用了最新的技术和协议，包括依赖包管理器 Composer、PHP 代码规范 PSR、命名空间、Traits（特质）等。2.0 版代表新一代框架，是未来几年中主要开发版本。Yii2 需要 PHP 5.4 或更高版本，该版本相对于 Yii1.1 而言有巨大的改进，因此在语言层面上有很多值得注意的不同之处，如 PHP 5.3 版本新增的命名空间。

B.1 命名空间

PHP 中声明的函数名、类名和常量名称，在同一次运行中是不能重复的，否则会产生一个致命的错误，常见的解决办法是约定一个前缀。例如，在项目开发时，用户（User）模块中的控制器和数据模型都声明同名的 User 类是不行的，需要在类名前面加上各自的功能前缀。可以将在控制器中的 User 类命名为 ActionUser 类，在数据模型中的 User 类命名为 ModelUser 类。虽然通过增加前缀可以解决这个问题，但名字变得很长，就意味着开发时会编写更多的代码。从 PHP 5.3 版本开始，增加了很多其他高级语言（如 Java、C#）使用的很成熟的功能——命名空间，它的一个最明确的目的就是解决重名问题。命名空间将代码划分出不同的区域，每个区域的常量、函数和类的名字互不影响。

> 提示：本章提到的常量从 PHP 5.4 开始有了新的变化，可以使用 const 关键字在类的外部声明常量。虽然 const 和 define 都是用来声明常量的，但是在命名空间里，define 的作用是全局的，而 const 则作用于当前空间。本书提到的常量是指使用 const 声明的常量。

命名空间的作用和功能都很强大，在写插件或者写通用库的时候再也不用担心重名问题。不过如果项目进行到一定程度，要通过增加命名空间去解决重名问题，工作量不会比重构名字少。因此，从项目一开始的时候就应该很好地规划它，并制定一个命名规范。

B.1.1　命名空间的基本应用

默认情况下，所有 PHP 中的常量、类和函数的声明都放在全局空间下。PHP 5.3 以后的版本有了独自的空间声明，不同空间中的相同命名是不会冲突的。独立的命名空间使用 namespace 关键字声明，如下所示。

```
<?php
    //声明这段代码的命名空间"MyApplication"
    namespace MyApplication;
    // … code …
```

提示：namespace 需要写在 PHP 脚本的顶部，必须是第一个 PHP 指令（declare 除外）。不要在 namespace 前面出现非 PHP 代码、HTML 或空格。

从代码 namespace MyApplication 开始，到下一个 namespace 出现之前或脚本运行结束，是一个独立空间，将这个空间命名为 MyApplication。如果有多个 namespace 一起使用，则只有最后一个命名空间才能被识别，但可以在同一个文件中定义不同的命名空间代码，示例代码如下所示。

```
<?php
    namespace MyApplication1;
    //以下是命名空间 MyApplication1 区域下使用的 PHP 代码
    class User{///此 User 属于 MyApplication1 空间的类
        //类中成员
    }

    namespace MyApplication2;
    //这里是命名空间 MyApplication2 区域下使用的 PHP 代码
    class User{///此 User 属于 MyApplication2 空间的类
        //类中成员
    }
```

上面的代码虽然可行，不同命名空间下使用各自的 User 类，但建议为每个独立文件只定义一个命名空间，这样的代码可读性才是最好的。在相同的空间可以直接调用自己空间下的任何元素，而在不同空间之间是不可以直接调用其他空间元素的，需要使用命名空间的语法。示例代码如下。

```
<?php
    namespace MyApplication1;//定义命名空间 MyApplication1
    const TEST="this is a const<br/>";//在 MyApplication1 中声明一个常量 TEST
    function demo(){///在 MyProject1 中声明一个函数
```

```
            echo "this is a function<br/>";
        }
        class User{//此User属于MyApplication1空间的类
            function fun(){
                    echo "this is User's fun()<br/>";
            }
        }
        echo TEST;//在自己的命名空间中直接使用常量
        demo();//在自己的命名空间中直接使用本空间函数

        //命名空间MyApplication2
        namespace MyApplication2;//定义命名空间MyApplication2
        const TEST2="this is MyApplication2 const<br/>";
        //在MyApplication2中声明一个常量TEST2
        echo TEST2;         //在自己的命名空间中直接使用常量
        //调用MyApplication1空间的demo()函数
        \ MyApplication1\demo();
        $user = new \ MyApplication1\User();//使用MyApplication1空间的类实例化对象
        $user->fun();
```

上例中声明了两个空间 MyApplication1 和 MyApplication2，在自己的空间中可以直接调用本空间中声明的元素，而在 MyApplication2 中调用 MyApplication1 中的元素时，使用了一种类似文件路径的语法 "\空间名\元素名"。

B.1.2 命名空间的子空间和公共空间

命名空间和文件系统的结构很像，文件夹可以有子文件夹，命名空间也可以定义子空间来描述各个空间之间的所属关系。例如，cart 和 order 这两个模块都处于同一个 dscms 项目内，通过命名空间子空间表达关系的代码如下所示。

```
<?php
    namespace dscms\cart;      //使用命名空间表示处于dscms项目下的cart模块
    class Test{}               //声明Test类
    namespace dscms\order;     //使用命名空间表示处于dscms项目下的order模块
    class Test{}               //声明和上面空间相同的类
    $test = new Test();        //调用当前空间的类
    $cart_test = new \dscms\cart\Test(); //调用dscms\cart空间的类
```

命名空间的子空间还可以定义很多层次，如 "org\dushou\www\dscms"。多层子空间的声明通常使用公司域名的倒置，再加上项目名称组合而成。这样做的好处是域名在互联网上是不重复的，不会出现和网上同名的命名空间，还可以辨别出是哪家公司的具体项目，有很强的的广告效应。

命名空间的公共空间很容易理解，其实没有定义命名空间的方法、类库和常量都默认归属于公共空间，这样就解释了为什么在以前版本上编写的代码大部分都可以在 PHP 5.3 以后的版本中运行。另外，公共空间中的代码段被引入到某个命名空间以后，该公共空间中的代码段不属于任何命名空间。例如，声明一个脚本文件 common.inc.php，在文件中声明的函数和类如下所示。

```php
<?php
    //文件 common.inc.php 中声明一个可用的函数 func
    function func(){
        //… …
    }
    //文件 common.inc.php 中声明一个可用的类 Demo
    class Demo{
        //… …
    }
```

再创建一个 PHP 文件，并在一个命名空间里引入这个脚本文件 common.inc.php，但是脚本里的类和函数并不会归属到这个命名空间。如果这个脚本里没有定义其他命名空间，它的元素就始终处于公共空间中，代码如下所示。

```php
<?php
    //声明命名空间 cn\dushou
    namespace cn;
    //引入当前目录下的脚本文件 common.inc.php
    include "./common.inc.php";
    //出现致命错误：找不到 cn\dushou\Demo 类，默认会在本空间中查找
    $demo = new Demo();
    $demo = new \Demo(); //正确，调用公共空间的方式是直接在元素名称前加\就可以了
```

调用公共空间的方式是直接在元素名称前加上"\"就可以了，否则 PHP 解析器会认为用户想调用当前空间下的元素。除了自定义的元素，还包括 PHP 自带的元素，都属于公共空间。其实公共空间的函数和常量不用加"\"也可以正常调用，但是为了正确区分元素所在区域，还是建议调用函数的时候加上"\"。

B.1.3 命名空间中的名称和术语

非限定名称、限定名称和完全限定名称是使用命名空间的 3 个术语，了解它们对学习后面的内容很有帮助。既要理解概念，又要掌握 PHP 是如何解析的。3 个名称和术语见表 B-1。

表 B-1　　　　　　　　　　　命名空间中的名称和术语

名称和术语	描述	PHP 的解析
非限定名称	不包含前缀的类名称，如\$u = new User();	如果当前命名空间是 cn\dushou，User 将解析为 cn\dushou\User。如果使用 User 的代码在公共空间中，则 User 会解析为 User
限定名称	包含前缀的名称，如\$u=new dushou\User();	如果当前命名空间是 cn，User 将解析为 cn\dushou\User。如果使用 User 的代码在公共空间中，则 User 会解析为 User
完全限定名称	包含了全局前缀操作符的名称，如\$u= new \dushou\User();	在这种情况下，User 总是解析为 dushou\User

其实可以把这 3 种名称类别为文件名（如 user.php）、相对路径名（如./dushou/user.php）和绝对路径名（如/cn/dushou/user.php），这样可能会更容易理解，示例代码如下所示。

```php
<?php
    //创建空间 cn
    namespace cn;
    //在当前空间下声明一个测试类 User
    class User{}
    //非限定名称，表示当前 cn 空间将被解析成 cn\User()
    $cn_User = new User();
    //限定名称，表示相对于 cn 空间，没有反斜杠\，将被解析成 cn\dushou\User()
    $dushou_User = new dushou\User();
    //完全限定名称，表示绝对于 cn 空间，有反斜杠\，将被解析成 cn\User()
    $dushou_User = new \cn\User();
    //完全限定名称，表示绝对于 cn 空间，有反斜杠\，将被解析成 cn\dushou\User()
    $dushou_User = new \cn\dushou\User();
    //创建 cn 的子空间 dushou
    namespace cn\dushou;
    class User{}
```

B.1.4　别名和导入

别名和导入可以看作调用命名空间元素的一种快捷方式。允许通过别名引用或导入外部的完全限定名称，是命名空间的一个重要特征。PHP 命名空间支持两种使用别名或导入的方式：为类名使用别名，或为命名空间名称使用别名。注意，PHP 不支持导入函数或常量。在 PHP 中，别名是通过操作符 use 来实现的。下面是一个使用所有可能的导入方式的例子。

```php
<?php
    //声明命名空间 cn\dushou
    namespace cn\dushou;
    //当前空间下声明一个类 User
    class User{}

    //再创建一个 dscms 空间
    namespace dscms;
    use cn\dushou;//导入一个命名空间 cn\dushou
    $dushou_User = new dushou\User();//导入命名空间后可使用限定名称调用元素

    //为命名空间使用别名
    use cn\dushou as u;
    $dushou_User = new u\User();//使用别名代替空间名

    use cn\dushou\User;//导入一个类
    $dushou_User = new User();//导入类后可使用非限定名称调用元素

    use cn\dushou\User as CUser;//为类使用别名
    $dushou_User = new CUser();//使用别名代替空间名
```

需要注意一点，如果在用 use 进行导入的时候，当前空间有相同的名字元素，将会发生致命错误，示例如下所示。

```php
<?php
    namespace cn\dushou;//在 cn\dushou 空间中声明一个类 User
    class User{}

    namespace dscms;//在 dscms 空间中声明 User 和 CUser 类
    class User{}
    class CUser{}

    use cn\dushou\User;//导入一个类
    $dushou_User = new User();//与当前空间的 User 发生冲突，程序产生致命错误

    use cn\dushou\User as CUser;//为类使用别名
    $dushou_User = new CUser();//与当前空间的 CUser 发生冲突，程序产生致命错误
```

除了使用别名和导入，还可以通过"namespace"关键字和"__NAMESPACE__"魔法常量动态地访问元素。其中 namespace 关键字表示当前空间，而魔法常量__NAMESPACE__的值是当前空间名称，__NAMESPACE__可以通过组合字符串的形式来动态调用，示例应用如下所示。

```php
<?php
    namespace cn\dushou;
```

```
const PATH = '/cn/dushou';
class User{}

//namespace 关键字表示当前空间/cn/dushou
echo namespace \PATH;
$User = new namespace \User();//使用 namespace 代替\cn\dushou

//魔法常量__NAMESPACE__的值是当前空间名称 cn\dushou
echo __NAMESPACE__;
$User_class_name = __NAMESPACE__.'\User';//可以组合成字符串并调用
$User = new $User_class_name();
```

在上面的动态调用的例子中，字符串形式的动态调用方式，需要注意使用双引号的时候特殊字符可能被转义。例如，在"__NAMESPACE__.'\User'"中，"\U"在双引号字符串中会被转义。另外，PHP 在编译脚本的时候就确定了元素所在的空间，以及导入的情况。而在解析脚本时，字符串形式的调用只能认为是非限定名称和完全限定名称，而永远不可能是限定名称。

B.2　PHP 的输出缓冲控制

对于大多数刚刚入门的 PHP 程序员来说，缓冲区是几乎透明的。在他们心目中，只要调用 echo 或 print_r()函数，数据便会立刻在浏览器上显示出来。其实，输出的数据并没有立即传给客户端浏览器显示，而是写入到 PHP 的缓冲区（buffer）中。当缓冲区写满之后或者脚本执行完毕之后，输出的数据才会传到浏览器显示。

缓冲区是一个内存地址空间，Linux 系统默认大小一般为 4096（4kb）字节，即一个内存页，主要用于存储速度不同步的设备或者优先级不同的设备之间传输的数据。这也是需要使用缓冲区的原因，简单来说，高速的 CPU 早早处理完数据，想通过 I/O（输入输出）设备传递给用户，但是 I/O 设备太窄了，一下输送不过去。引入缓冲区后，CPU 可以将生成的数据放入缓冲区，然后处理其他的进程。缓冲区再根据指令适时将数据输出。这样就合理解决了高速 CPU 与低速 I/O 设备的矛盾了。打个比方，煤矿上挖煤，挖煤比运送煤的速度要快很多，挖了立马就运送出去这样效率并不高，所以在煤矿里设置一个临时仓库，挖出煤先放在仓库，运煤的去仓库里取，至于要多少，什么时候要，运煤的可以自己决定。这个仓库对于挖煤的来说，并不能提高执行效率，但是对于整个工作流程来说效率会提高很多。缓冲区就好比建立了这么一个仓库。

> 注意：上面介绍的是缓冲，不是缓存。缓存解决的是如何快速查找数据，节省 CPU 消耗；缓冲解决的是高速 CPU 与低速 I/O 设备不匹配的问题。

在 php.ini 里有 3 个配置项是关于缓冲区的配置，详细内容如表 B-2 所示。

表 B-2　　　　　　　　　　　输出控制配置选项

名字	默认	可修改范围	更新日志
output_buffering	Off	PHP_INI_PERDIR	
output_handler	NULL	PHP_INI_PERDIR	自 PHP4.0.4 起可用
implicit_flush	Off	PHP_INI_ALL	在 PHP<= 4.2.3 版本中是 PHP_INI_PERDIR

> 提示：PHP_INI_PERDIR 表示该配置项不能用 ini_set() 函数设定，只能在配置文件（php.ini、.htaccess 或 httpd.conf）中设定。PHP_INI_ALL 表示该配置项可以在任何地方设定，包括使用 ini_ser() 函数。

- output_buffering 选项默认为"Off"，当设置为"On"时，表示所有脚本自动打开输出缓冲区。也可以设置为一个整型的数字，代表缓冲区可以存储的最大字节数。
- output_handler 选项默认为"Null"，其值只能设置为一个内置的函数名，作用就是将脚本的所有输出，用所定义的函数进行处理。
- implicit_flush 选项默认为"Off"，当设置为"On"时，PHP 将在输出后，自动送出缓冲区内容。

本书 8.2.3 节输出缓冲区的数据中提到的 yii\base\View 类的 beginPage() 方法和 endPage() 方法中，使用的 PHP 输出缓冲控制函数详细介绍如下所示。

- ob_start()：打开一个输出缓冲区，所有的输出信息不再直接发送到浏览器，而是保存在输出缓冲区里面。
- ob_implicit_flush(false)：打开或关闭绝对刷新，默认为关闭，打开后（ob_implicit_flush(true)），就是所谓的绝对刷新，即当有输出语句（例如: echo）被执行时，便把输出直接发送到浏览器，而不再需要调用 flush() 或等到脚本结束时才输出。
- ob_get_clean()：得到当前缓冲区的内容并删除当前输出缓冲区。
- ob_end_flush()：发送内部缓冲区的内容到浏览器，删除缓冲区的内容，关闭缓冲区。

现在我们就用实例分析相关函数，相信在充分了解了以下内容后，就会对输出缓冲控制函数有了较清晰的掌握。因为 ob_end_flush() 函数使用后会关闭缓冲区，下面的例子中使用 ob_flush()函数进行测试说明。

首先在 php.ini 文件中把输出控制配置选项进行如下设置。

```
output_buffering=4
implicit_flush=Off
```

新建 test.php 文件，编辑代码如下所示。

```
<?php
    //打开输出控制缓冲
    ob_start();

    echo 'abc';
    ob_flush();//送出当前缓冲内容，不会输出
    flush();//输出送出的缓冲内容
    sleep(3);

    echo 'de';
    ob_flush();//送出当前缓冲内容，不会输出
    flush();//输出送出的缓冲内容
    sleep(3);

    echo 'fg';
?>
```

在这个示例中，程序运行后先向缓冲区写入 3 个字节（字符"abc"），由于输出缓冲区的大小设置为 4 字节，缓冲区未满，即使调用了"ob_flush()"和"flush()"函数，什么也都不会输出，然后进入睡眠状态。3s 之后睡眠结束，再写入了 2 个字节（字符"de"），这 2 个字节填满了缓冲区，调用的"ob_flush()"和"flush()"函数，会发送内部缓冲区的内容（"abcde"）到浏览器。再过 3s 之后，再输出 2 个字节"fg"，此时缓冲区虽然还有 2 个空字节没有填满，但是 PHP 脚本已经执行完毕，所以包含这两个字节的缓冲区也会立即刷新，从而会在浏览器上输出字符"fg"。

为了更加深入了解 PHP 的输出缓冲控制，把"output_buffering"的值设置为 2，重启 Apache 服务器，修改 test.php 文件，编辑代码如下所示。

```
<?php
    //打开输出控制缓冲
    ob_start();

    echo 'abc';
    ob_flush();//送出当前缓冲内容，不会输出
    flush();//输出送出的缓冲内容
    sleep(3);
```

```
    echo 'd';
    ob_flush();//送出当前缓冲内容,不会输出
    flush();//输出送出的缓冲内容
    sleep(3);

    echo 'fg';
?>
```

  这次由于输出缓冲区的大小设置为 2 个字节,所以当向缓冲区写入 3 个字节(字符"abc"),会立刻输出到浏览器。3s 之后,向缓冲区写入 1 个字节(字符"d"),缓冲区未满,即使调用了"ob_flush()"和"flush()"函数,什么也都不会输出,然后进入睡眠状态。3s 之后睡眠结束,再写入了 2 个字节(字符"fg"),这 2 个字节填满了缓冲区,PHP 脚本已经执行完毕,发送内部缓冲区的内容("dfg")到浏览器。

  从这个示例中可以了解 PHP 输出缓冲区是如何工作的,PHP 输出缓冲区相关函数还有很多,由于和本书内容相关性不大这里不再一一介绍。

附录 C
依赖管理工具 Composer

众所周知，PHP 是一个开源的编程语言，开源也已经渐渐成为主流，每天都会有许多框架或类库开源，而开发者利用这些开源类库来简化工作任务、提高工作效率则是一个不错的选择。

为了更方便、更准确的下载、安装 PHP 的第三方类库，PHP 推出了一个工具用来管理依赖（dependency）关系，这个工具叫作 Composer。PHPer 可以在自己的项目中声明所依赖的外部工具库（libraries），Composer 会安装这些依赖的库文件。

更通俗的说，Composer 是一个第三方代码库的整体管理工具（像是 CentOS 的 yum，方便安装各个版本的软件），Composer 就是用来方便下载、更新指定版本的第三方代码库。

C.1 安装 Composer

下载"Composer-Setup.exe"，双击执行，如图 C-1 所示。

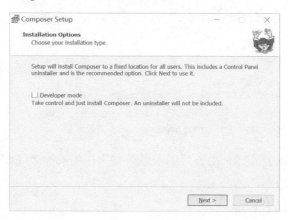

图 C-1　安装页面

为 Comoper 配置 php.exe 路径，如图 C-2 所示。

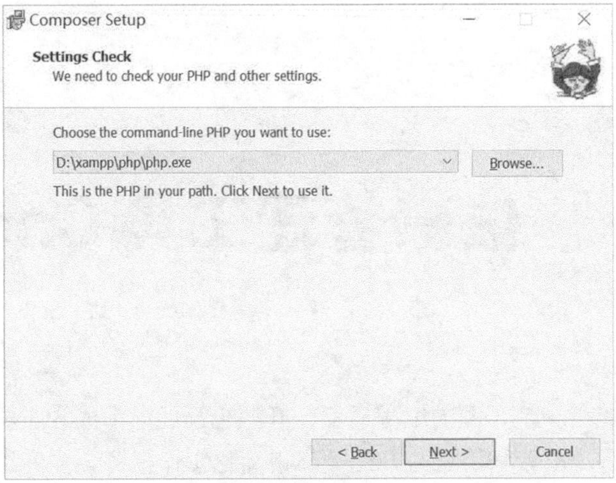

图 C-2　配置 php.exe 路径

暂时不用设置代理服务器，如图 C-3 所示。

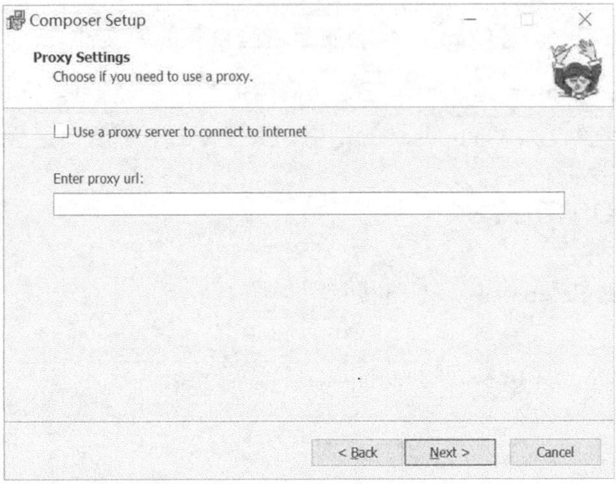

图 C-3　设置代理服务器

设置完成后，准备安装，如图 C-4 所示。

显示此页面表示配置完成，准备开始安装，如果报错就检查 PHP 扩展的 OpenSSL 有没有打开，如图 C-5 所示。

安装完成后，如图 C-6 所示。

C.1 安装 Composer 361

图 C-4　配置完成

图 C-5　配置完成

图 C-6　安装完成

注意：打开 PHP 扩展的 OpenSSL 扩展。

最后验证是否成功。打开命令提示符"cmd.exe"输入 composer，显示如图 C-7 所示，表示安装成功。

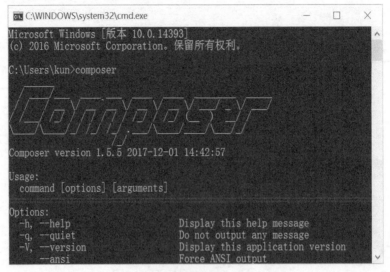

图 C-7　验证 Comoper 安装成功

提示：在安装 Yii2 框架之前，建议先把 Composer 更新成最新版本，更新命令为"composer self-update"。

C.2　安装 Yii2

Composer 安装后，打开命令提示符"cmd.exe"，使用"cd"命令，切换到一个可访问的目录，安装执行如下命令即可安装 Yii2。

首先，为了更快速安装 Yii2，需要配置 Composer 从"中国全量镜像"下载 Yii2 的安装程序，命令如下，效果如图 C-8 所示。

composer config -g repo.packagist composer https://packagist.phpcomposer.com

提示："Composer 中国全量镜像"是由 Laravel China 社区联合"又拍云"与"优帆远扬"共同合作推出的公益项目，旨在为广大 PHP 用户提供稳定和高速的 Composer 国内镜像服务。

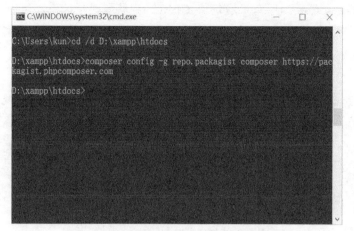

图 C-8　配置 Composer 使用中国全量镜像

其次，Yii2 通过 fxp/composer-asset-plugin 插件来安装前端开发所用到依赖包，此插件会在安装完 PHP 依赖包之后再安装前端开发所依赖的 npm 或 bower 包，如图 C-9 所示。

```
composer global require "fxp/composer-asset-plugin:^1.3.1"
```

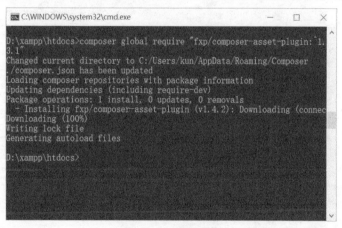

图 C-9　安装插件

将 Yii2 安装在名为 basic 的目录中，如果想使用其它目录名称，可以选择其他目录名称。

```
#基础版
composer create-project --prefer-dist yiisoft/yii2-app-basic basic
#高级版
composer create-project --prefer-dist yiisoft/yii2-app-advanced advanced
```

因为 Composer 需要为所有扩展包从 GitHub 中获取大量信息，可能在使用中超过了 GitHub API 对匿名用户的使用限制，所以在安装过程中 Composer 可能会询问 GitHub 账户的 Token 认证信息，如图 C-10 所示。

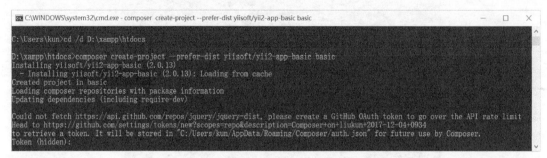

图 C-10　要求输入 GitHub 账户的 Token 信息

要获取 GitHub 账户的 Token 认证信息，需要在 Github 登录你的账号，登录以后单击右上角头像的 Settings，单击"Developer settings"下的"Personal access tokens"，如图 C-11 和图 C-12 所示。

图 C-11　单击 Settings 页面

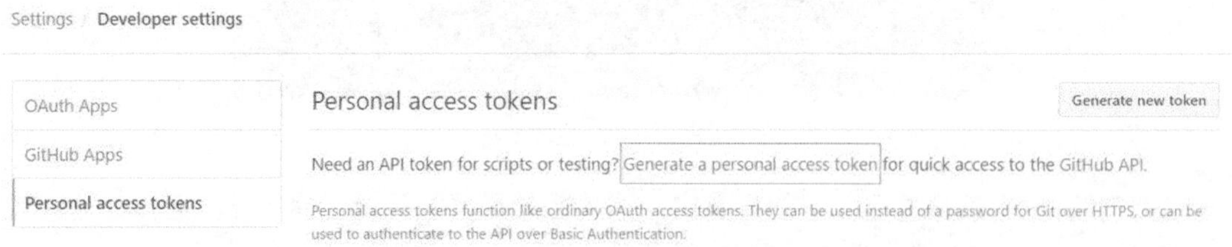

图 C-12　进入生成 Token 页面

在 Token description 中随便填一个描述名称，下面的复选框是 Token 需要的权限，全部勾上就可以了，如图 C-13 所示。

图 C-13　配置生成 Token 页面

单击"Generate token",图 C-14 所示就是生成的 Token 了,可以直接复制使用。

获取 Token 到此就完成了,下面继续使用 Composer 安装 Yii2 框架使用,在命令提示符窗口中输入 Token 后,显示"Token stored successfully",如图 C-15 所示。

图 C-14　Token 页面

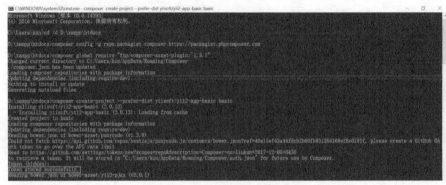

图 C-15　Token 保存成功页面

使用 Composer 安装 Yii2 的过程中，所有的部件都是"Downloading: 100%"，最后才会显示安装成功，安装过程比较长，请耐心等待，如果卡在"Downloading"说明"中国全量镜像"未设置成功，在命令提示符中显示的代码如下所示。

```
D:\xampp\htdocs>composer create-project --prefer-dist yiisoft/yii2-app-basic basic
Installing yiisoft/yii2-app-basic (2.0.13)
  - Installing yiisoft/yii2-app-basic (2.0.13): Loading from cache
Created project in basic
Loading composer repositories with package information
Updating dependencies (including require-dev)
Reading bower.json of bower-asset/punycode (v1.3.0)
Could not fetch https://api.github.com/repos/bestiejs/punycode.js/contents/bower.json?ref=40e15ef43a44fdcb2b60fb631384168ef8e0181f, please create a GitHub OAuth token to go over the API rate limit
    Head to https://github.com/settings/tokens/new?scopes=repo&description=Composer+on+liukun+2017-12-05+0430
    to retrieve a token. It will be stored in "C:/Users/kun/AppData/Roaming/Composer/auth.json" for future use by Composer.
    Token (hidden):
```

```
Token stored successfully.
Package operations: 59 installs, 0 updates, 0 removals
  - Installing yiisoft/yii2-composer (2.0.5): Loading from cache
  - Installing swiftmailer/swiftmailer (v5.4.8): Loading from cache
  - Installing bower-asset/jquery (3.2.1): Loading from cache
  - Installing bower-asset/yii2-pjax (2.0.7.1): Loading from cache
  - Installing bower-asset/punycode (v1.3.2): Loading from cache
  - Installing cebe/markdown (1.1.2): Loading from cache
  - Installing ezyang/htmlpurifier (v4.9.3): Loading from cache
  - Installing bower-asset/inputmask (3.3.11): Loading from cache
  - Installing yiisoft/yii2 (2.0.13.1): Loading from cache
  - Installing yiisoft/yii2-swiftmailer (2.0.7): Loading from cache
  - Installing bower-asset/bootstrap (v3.3.7): Loading from cache
  - Installing yiisoft/yii2-bootstrap (2.0.7): Loading from cache
  - Installing yiisoft/yii2-debug (2.0.12): Loading from cache
  - Installing bower-asset/typeahead.js (v0.11.1): Loading from cache
  - Installing phpspec/php-diff (v1.1.0): Loading from cache
  - Installing yiisoft/yii2-gii (2.0.5): Loading from cache
  - Installing fzaninotto/faker (v1.7.1): Loading from cache
  - Installing yiisoft/yii2-faker (2.0.3): Loading from cache
  - Installing psr/log (1.0.2): Loading from cache
  - Installing symfony/debug (v3.4.1): Loading from cache
  - Installing symfony/polyfill-mbstring (v1.6.0): Loading from cache
  - Installing symfony/console (v3.4.1): Downloading (100%)
  - Installing stecman/symfony-console-completion (0.7.0): Loading from
 cache
  - Installing sebastian/diff (1.4.3): Loading from cache
  - Installing sebastian/recursion-context (2.0.0): Loading from cache
  - Installing sebastian/exporter (2.0.0): Loading from cache
  - Installing sebastian/comparator (1.2.4): Loading from cache
  - Installing behat/gherkin (v4.4.5): Loading from cache
  - Installing symfony/dom-crawler (v3.4.1): Loading from cache
  - Installing symfony/css-selector (v3.4.1): Loading from cache
  - Installing symfony/browser-kit (v3.4.1): Loading from cache
  - Installing symfony/yaml (v3.4.1): Downloading (100%)
  - Installing symfony/event-dispatcher (v3.4.1): Loading from cache
  - Installing symfony/finder (v3.4.1): Loading from cache
  - Installing psr/http-message (1.0.1): Loading from cache
  - Installing guzzlehttp/psr7 (1.4.2): Loading from cache
  - Installing doctrine/instantiator (1.0.5): Loading from cache
  - Installing phpunit/php-text-template (1.2.1): Loading from cache
  - Installing phpunit/phpunit-mock-objects (3.4.4): Loading from cache
  - Installing sebastian/version (2.0.1): Loading from cache
  - Installing sebastian/code-unit-reverse-lookup (1.0.1): Loading from cache
  - Installing phpunit/php-file-iterator (1.4.5): Loading from cache
  - Installing phpunit/php-token-stream (1.4.12): Downloading (100%)
  - Installing sebastian/environment (2.0.0): Loading from cache
  - Installing phpunit/php-code-coverage (4.0.8): Loading from cache
  - Installing sebastian/resource-operations (1.0.0): Loading from cache
```

```
        - Installing phpunit/php-timer (1.0.9): Loading from cache
        - Installing webmozart/assert (1.2.0): Loading from cache
        - Installing phpdocumentor/reflection-common (1.0.1): Loading from cache
        - Installing phpdocumentor/type-resolver (0.4.0): Loading from cache
        - Installing phpdocumentor/reflection-docblock (3.3.2): Loading from cache
        - Installing phpspec/prophecy (1.7.3): Loading from cache
        - Installing myclabs/deep-copy (1.7.0): Loading from cache
        - Installing sebastian/global-state (1.1.1): Loading from cache
        - Installing sebastian/object-enumerator (2.0.1): Loading from cache
        - Installing phpunit/phpunit (5.7.25): Loading from cache
        - Installing codeception/base (2.3.6): Loading from cache
        - Installing codeception/verify (0.3.3): Loading from cache
        - Installing codeception/specify (0.4.6): Loading from cache
    symfony/console suggests installing symfony/lock ()
    symfony/console suggests installing symfony/process ()
    symfony/browser-kit suggests installing symfony/process ()
    symfony/event-dispatcher suggests installing symfony/dependency-injection ()
    symfony/event-dispatcher suggests installing symfony/http-kernel ()
    phpunit/phpunit-mock-objects suggests installing ext-soap (*)
    phpunit/php-code-coverage suggests installing ext-xdebug (^2.5.1)
    sebastian/global-state suggests installing ext-uopz (*)
    phpunit/phpunit suggests installing phpunit/php-invoker (~1.1)
    phpunit/phpunit suggests installing ext-xdebug (*)
    codeception/base suggests installing flow/jsonpath (For using JSONPath in REST module)
    codeception/base suggests installing phpseclib/phpseclib (For SFTP option in FTP Module)
    codeception/base suggests installing league/factory-muffin (For DataFactory module)
    codeception/base suggests installing league/factory-muffin-faker (For Faker support in DataFactory module)
    codeception/base suggests installing symfony/phpunit-bridge (For phpunit-bridge support)
    Writing lock file
    Generating autoload files
    > yii\composer\Installer::postCreateProject
    chmod('runtime', 0777)...done.
    chmod('web/assets', 0777)...done.
    chmod('yii', 0755)...done.
    > yii\composer\Installer::postInstall
```

> 提示：上面的代码仅供参考，只要 Yii2 安装成功即可。

安装成功后在浏览器输入 http://localhost/basic/web/index.php，出现如图 C-16 所示的界面，表示安装成功！

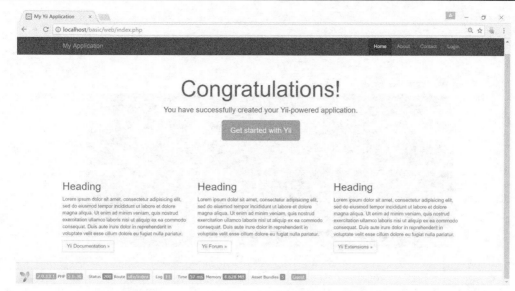

图 C-16　Yii2 安装成功

C.3　安装扩展组件 yii2-widget-datepicker

Yii2 框架中的扩展（Extensions）就是软件包，可以直接安装使用。比如，日期扩展软件包"yii2-widget-datepicker"。

在官网中说明了该扩展以 composer 软件包的形式发布，所以如果使用这个扩展软件包的话，就需要使用 Composer 安装，命令代码如下。

```
composer require kartik-v/yii2-widget-datepicker
```

在命令提示符中，通过依赖管理工具 Composer，使用命令安装日期扩展组件的过程，如图 C-17 所示。

"Using version ^1.4 for kartik-v/yii2-widget-datepicker"表示使用的是日期扩展组件的版本。

"./composer.json has been updated"表示 D:\xampp\htdocs\basic 目录下的 composer.json 文件已经更新了，新增加的代码如下。

```
{
    ……
    "require": {
        ……
        "kartik-v/yii2-widget-datepicker": "^1.4"
```

```
    },
    ……
}
```

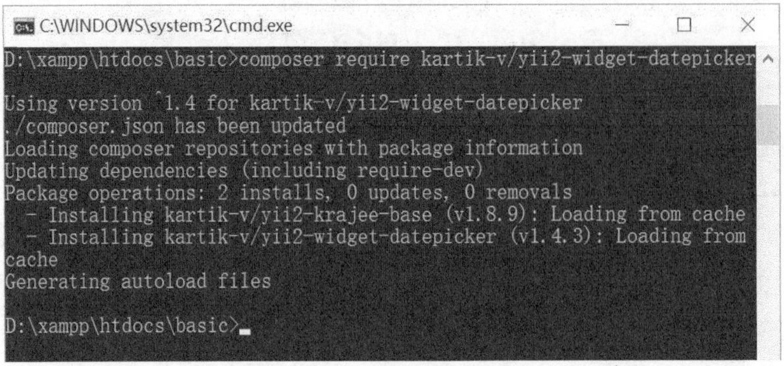

图 C-17　安装日期扩展

"Installing kartik-v/yii2-krajee-base(v1.8.9):Loading from cache"和"Installing kartik-v/yii2-widget-datepicker(v1.4.3):Loading from cache"表示下载并安装完组件，其实就是下载"yii2-krajee-base"和"yii2-widget-datepicker"到 D:\xampp\htdocs\basic\vendor 目录下的 kartik-v 文件夹中。

至此，就完成了使用 Composer 安装扩展组件 yii2-widget-datepicker。

提示：在 7.1.1 节中有日期扩展组件的使用方法。

C.4　安装扩展组件 yii2-admin

本节要安装的 yii2-admin 扩展，属于网站后台管理系统，为了更好的实现本书配套的内容管理系统，需要安装 Yii2 框架的高级版本，安装代码如下所示。

```
//配置镜像
composer config -g repo.packagist composer https://packagist.phpcomposer.com
//安装插件
composer global require "fxp/composer-asset-plugin:^1.3.1"
//composer 更新
composer self-update
//安装 Yii2 高级版
composer create-project --prefer-dist yiisoft/yii2-app-advanced advanced
```

安装完毕之后，目录结构如下。

```
advanced                        应用根目录
│
├─backend                       后台程序部分
│   ├─assets                    包含资源文件
│   ├─config                    包含应用配置及其它配置
│   ├─controllers               包含控制器类
│   ├─models                    包含模型类
│   ├─runtime                   包含Yii2在运行时生成的文件，例如日志和缓存文件
│   ├─tests                     测试
│   ├─views                     包含视图文件
│   └─web                       Web应用根目录，包含入口文件
├─common                        前后台共同使用
├─console                       控制台
├─environments                  环境配置目录
├─frontend                      前台程序部分
│   ├─assets
│   ├─config
│   ├─controllers
│   ├─models
│   ├─runtime
│   ├─tests
│   ├─views
│   └─web
├─vagrant                       虚拟开发环境的工具
└─vendor                        包括Yii2框架自身和扩展包
```

最后还需要初始化，在项目目录下，执行 init 命令，选择开发模式"Development"，如图 C-18 所示。

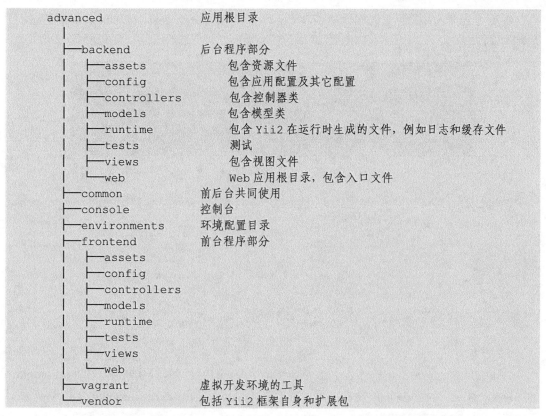

图 C-18　安装日期扩展

接下来继续安装 RBAC 扩展软件包 "yii2-admin"。

在官网中说明了该扩展以 composer 软件包的形式发布，所以如果使用这个扩展软件包的话，就需要使用 Composer 安装，命令代码如下。

```
composer require mdmsoft/yii2-admin "~2.0"
```

在命令提示符中,通过依赖管理工具 Composer,使用命令安装 yii2-admin 扩展的过程,如图 C-19 所示。

```
D:\xampp\htdocs\yii2admin\advanced>composer require mdmsoft/yii2-admin "~2.0"
./composer.json has been updated
Loading composer repositories with package information
Updating dependencies (including require-dev)
Package operations: 1 install, 0 updates, 0 removals
  - Installing mdmsoft/yii2-admin (2.8): Loading from cache
Writing lock file
Generating autoload files
```

图 C-19 安装 yii2-admin 扩展

"./composer.json has been updated" 表示 D:\xampp\composer_yii 目录下的 composer.json 文件已经更新了,新增加的代码如下。

```
{
    ……
    "require": {
        ……
        "mdmsoft/yii2-admin": "~2.0"
    },
    ……
}
```

"Installing mdmsoft/yii2-admin(2.8)" 表示下载并安装完组件,其实就是下载 "yii2-admin" 到 vendor 目录下的 mdmsoft 文件夹中,并且在 vendor\yiisoft\extensions.php 文件中新增加了如下代码。

```
<?php

$vendorDir = dirname(__DIR__);

return array (
  ……
  'mdmsoft/yii2-admin' =>
  array (
    'name' => 'mdmsoft/yii2-admin',
    'version' => '2.8.0.0',
    'alias' =>
    array (
      '@mdm/admin' => $vendorDir . '/mdmsoft/yii2-admin',
    ),
  ),
);
```

至此,就完成了使用 Composer 安装扩展组件 yii2-admin。

提示:在 12.6 节中有 yii2-admin 扩展组件的使用方法。

C.5　安装扩展组件 yii2-adminlte-asset

yii2-adminlte-asset 扩展基于 AdminLTE，是一款完全响应式的后台管理模板，适合多种屏幕分辨率，从小型移动设备到大型台式机，内置了多个页面，包括仪表盘、邮箱、日历、锁屏、登录及注册、404 错误、500 错误等页面。

在官网中说明了该扩展以 Composer 软件包的形式发布，所以如果使用这个扩展软件包的话，就需要使用 Composer 安装，如图 C-20 所示，命令代码如下。

```
composer require dmstr/yii2-adminlte-asset "2.*"
```

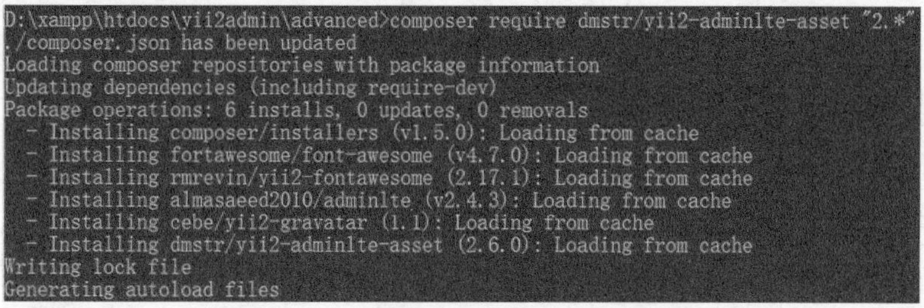

图 C-20　安装 yii2-adminlte-asset 扩展